新编**实用化工产品**丛书

丛书主编　李志健
丛书主审　李仲谨

水处理剂
——配方、工艺及设备

SHUICHULIJI PEIFANG GONGYI JI SHEBEI

孟卿君　刘汉斌　李志健　等编著

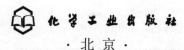

化学工业出版社

·北京·

本书对水处理剂的概念、分类、发展动态以及净水原理等进行了简单介绍。重点阐述了冷却水处理用药剂，油田废水处理药剂，锅炉及工艺用水处理药剂，造纸废水处理药剂，饮用水及生活用水处理药剂以及农业、水产养殖业、景观废水处理药剂的特性、常用配方和生产工艺。同时，对水质检验、水处理剂生产设备等进行了介绍。

本书适合从事水处理剂生产、配方研发、管理的人员使用，同时可供精细化工、环境等专业的师生参考。

图书在版编目（CIP）数据

水处理剂：配方、工艺及设备/孟卿君等编著.
北京：化学工业出版社，2018.8（2023.4重印）
（新编实用化工产品丛书）
ISBN 978-7-122-32299-9

Ⅰ.①水…　Ⅱ.①孟…　Ⅲ.①水处理料剂
Ⅳ.①TU991.2

中国版本图书馆 CIP 数据核字（2018）第 112487 号

责任编辑：张　艳　刘　军　　　　　文字编辑：孙凤英
责任校对：边　涛　　　　　　　　　装帧设计：王晓宇

出版发行：化学工业出版社（北京市东城区青年湖南街 13 号　邮政编码 100011）
印　　装：三河市延风印装有限公司
710mm×1000mm　1/16　印张 12¾　字数 238 千字　　2023 年 4 月北京第 1 版第 8 次印刷

购书咨询：010-64518888　　　　　　　售后服务：010-64518899
网　　址：http://www.cip.com.cn
凡购买本书，如有缺损质量问题，本社销售中心负责调换。

定　　价：48.00 元　　　　　　　　　　　　　　版权所有　违者必究

前言
FOREWORD

"新编实用化工产品丛书"主要按照生产实践用书的模式进行编写。丛书对所涉及的化工产品的门类、理论知识、应用前景进行了概述，同时重点介绍了从生产实践中筛选出的有前景的实用性配方，并较详细地介绍了与其相关的工艺和设备。

该丛书主要面向相关行业的生产和销售人员，对相关专业的在校学生、教师也具有一定的参考价值。

该丛书由李志健任主编，余丽丽、王前进、杨保宏担任副主编，李仲谨任主审，参编单位有西安医学院、陕西科技大学、陕西省石油化工研究设计院、西北工业大学、西京学院、西安工程大学、西安市蕾铭化工科技有限公司、陕西能源职业技术学院。参编作者均为在相关企业或高校从事多年生产和研究的一线中青年专家学者。

作为丛书分册之一，本书主要是从水处理剂中的主要有效成分和其相关功效出发，介绍水处理剂的配方、作用原理、工艺以及相关设备，以满足相关行业的生产、销售人员对水处理剂基本知识的需求，同时也能提高普通消费者对水处理剂的正确认识。

全书共 10 章。第 1 章主要对水资源现状、水处理剂现状和分类、水处理剂的发展趋势进行概述；第 2 章对水处理剂的主要作用原理进行阐述；第 3 章~第 8 章详细阐述各类功效水处理剂的常用配方、生产工艺及性质和用途；第 9 章介绍了水质检验的主要指标及方法；第 10 章介绍了水处理剂生产过程所需的主要设备。

本书的各章编写人员分工如下：

李志健（陕西科技大学）负责编写第 1 章；王念东（陕西科技大学）负责第 2 章、第 8 章；刘汉斌（陕西科技大学）负责编写第 3 章~第 5 章，孟卿君（陕西科技大学）负责编写第 6 章、第 7 章、第 9 章、第 10 章。全书最后由孟卿君和李仲谨（陕西科技大学）统稿和审阅定稿。

在本书的编写过程中，陕西科技大学的宋发发、杨丽红、李俊炜、张文奇、任国靖、陈彦欣、刘苗苗等在书稿的校对中做了大量的工作，在此一并表示诚挚的感谢。

由于作者水平所限，书中难免有疏漏和不妥之处，恳请读者提出意见，以便完善。

编著者
2018 年 5 月

目录
CONTENTS

1

水处理剂概述

1.1　水资源现状

我国水资源总量为 $2.8 \times 10^{12} m^3$。经预测，到 2030 年人口增至 16 亿时，人均水资源量将降到 1760m³。按国际上一般承认的标准，人均水资源量少于 1700m³ 为用水紧张的国家。因此，我国未来水资源的形势是严峻的。

淡水是维持生命的重要因素之一。地球表面绝大部分由水所覆盖，总量近 13.8 亿平方千米，但是 97％的水是海水，不能饮用且不能用于灌溉。为数不多的淡水，却大部分以冰的形式存在，或者存在于很深的地下蓄水层中，不能被人类直接应用。在这么多水源中，真正能被人类应用的淡水仅占淡水水源总量的 0.29％，总量约为 10 万平方千米，存在于河流和湖泊中。

到 2030 年，我国居民需水量将增加到 1340 亿吨，工业用水将增加到 6650 亿吨。水资源缺口将扩大到 2000 亿立方米。水危机将是 21 世纪影响我国经济可持续增长的第一制约因素。到 21 世纪中叶，总的用水量从目前的 5000 多亿立方米增加到 8000 多亿立方米，占我国可利用水资源的 20％，极易产生水危机。我国 617 个城市中，有 300 个城市缺水，50 多个城市严重缺水。有 180 个城市平均日缺水 1200 万立方米，相当于全国城市公共自来水供水能力的 1/5，也就是说需要增加 25％的年供水能力才能满足需要，这意味着需投资 80 亿元。我国每年用水量增长速度高于国家投资的增长速度。所以，要缓解目前的缺水问题，不能仅依靠国家投资来解决。

我国的淡水资源本身不足，废水量却并不低。全国约有 1/3 的工业废水和 4/5 的生活废水未经处理直接排入江河湖海，使水环境遭到严重污染。

我国水资源的总体战略：必须以水资源的可持续利用支持我国社会经济的可

持续发展。节约用水、治理污水具有重要的意义。水处理剂的大力发展对节约用水、治理污水起着重要的作用。

1.2　水处理剂的概念、分类

在工业用水、生活用水、废水处理过程中，为了水质净化、控制腐蚀、结垢及微生物黏泥等而添加的化学药剂称为水处理剂。

水处理剂是工业用水、生活用水、废水处理过程中所必须使用的化学药剂。水处理剂包括工业、农业、环保、城建、生活等方面用于处理水的化学品，涉及冷却水、锅炉水、饮用水、空调水、污水及包括采油用水的工艺水。

水处理剂从大类分包括絮凝剂、缓蚀剂、阻垢剂、杀菌剂、清洗剂、吸附剂、消泡剂等。

水处理剂生产属于精细化工的范畴，相对于常见化学品，它具有精细化学品的许多特性，如生产规模一般不大，因此建厂设备投资少、产量小；产品品种多，品种的更新换代快；附加产值大；技术服务必不可少；各种产品，尤其是复配产品，具有很强的专用性。

中国水处理剂的生产和应用虽然起步较晚，但由于不同水处理领域发展的历史背景不同，因此对目前所体现的国内外差距不能一概而论。

1.3　水处理剂的发展动态

近年来，随着社会对环境的关注加强，水处理剂的研究方向也发生了变化。水处理剂的研究主要朝两个方面发展。一是药剂已从传统单一性化学品朝着复合型及无毒害生物型发展。二是制备高效环保型水处理剂从基础理论角度开展研究。

无机和有机药剂在水处理中各具特色，在生产和保护环境中均起了重要作用。伴随经济发展和人们对良好环境的向往，开发高效低毒多功能絮凝剂势在必行。从国内外发展情况看，开发的复合高分子絮凝剂已经商品化，并不断完善；天然高分子絮凝剂由于它无毒且对某些废水处理效果极佳而得到环境界的重视。为提高适用范围，对其进行改性处理，促使开发出的产品适用于多种类废水处理。开发从两方面入手。其一是天然有机高分子物质的提取技术。根据天然基质化学结构特点，改变其性质。其二是利用生物技术提取特殊菌种，培养驯化成处理特定废水的微生物絮凝剂。国内外已有定型产品，特别是美国、日本等国应用已很成熟，简化了处理流程，提高了处理效果。国内环境保护界也已开展了这项研究，有的已进入终试阶段，有的已用到工程上，实践表明，流程短、处理效率高，有逐渐代替其他类絮凝剂的可能性。

在研究水处理技术和药剂相关理论基础上，重点研究了絮凝机理、缓蚀机理、阻垢机理、杀菌机理及药剂结构与性能之间的科学规律等，从而更科学、有效地开发新型药剂，遏制环境污染，保护人类生存环境。开发新型、高效、多功能的有机高分子絮凝剂已成为国内外共同关心的课题。国外已研制出兼具絮凝、缓蚀、阻垢、杀菌等多功能的水处理药剂，例如聚季噻嗪、聚吡啶和聚喹啉的季铵衍生物，这就是未来的发展方向之一。

2

净水原理

2.1 絮凝剂

2.1.1 絮凝剂的定义

絮凝剂是指用来将水溶液中小的溶质、胶体或者悬浮物颗粒，变为絮状物沉淀的物质。在水处理的初期，向水中加入絮凝剂，使水中的胶体和悬浮物颗粒絮凝成较大的絮凝体，便于从水中分离出来，从而达到水质净化的目的。这是一种经济有效的水质净化方法。根据组成的不同，可将絮凝剂分为无机絮凝剂和有机絮凝剂。再根据其分子量的大小、官能团的性质以及官能团离解后所带电荷的性质，可将其进一步分为高分子、低分子、阳离子型、阴离子型和非离子型絮凝剂。

2.1.2 絮凝剂的分类

絮凝剂通常分为三类：无机絮凝剂、有机絮凝剂、天然高分子絮凝剂。常见的絮凝剂种类及名称见表2-1。

表 2-1 常见的絮凝剂种类及名称

种类	名　称
无机絮凝剂	硫酸铝（别名为矾土）、硫酸铝钾（别名为明矾）、硫酸铝铵、氯化铝、硫酸亚铁、硫酸铁、三氯化铁
无机高分子絮凝剂	聚合氯化铝、聚合硫酸铁
有机阳离子高分子絮凝剂	聚-2-羟丙基-N,N-二甲氨氯化铵、环氧氯丙烷与N,N-二甲基-1,3-丙二胺缩聚物、聚乙烯亚胺、聚丙烯酰胺-丙烯酰氨基二甲胺、丙烯酰胺-甲基丙烯酸二甲氨基乙酯共聚物、聚二烯丙基二甲基氯化铵、丙烯酰胺-二甲基丙基二甲基氯化铵共聚物

种类	名　　称
有机阴离子高分子絮凝剂	丙烯酸-丙烯酰胺共聚物、聚丙烯酰胺
天然高分子絮凝剂	阳离子淀粉、淀粉-丙烯酰胺接枝共聚物、羧甲基淀粉钠、羧甲基纤维素钠、壳聚糖、壳聚糖-丙烯酰胺接枝共聚物、海藻酸钠、瓜尔胶、天然黄原胶

2.1.3　絮凝剂的作用机理

絮凝是水处理工艺中常用的技术之一，其主要目的是破坏水中胶体的稳定性，使其沉降，从而去除水中的天然有机物。絮凝的基本理论是有关胶体的解稳方面的，不同的化学絮凝剂进行胶体解稳的方式有所不同。有些絮凝剂具有凝聚剂的功能，有些絮凝剂具有助凝剂的功能，还有一些絮凝剂能通过一种以上的方式解稳胶体。在天然水中存在的无机盐离子或者在水处理中加入的絮凝剂可以通过多种方式影响微粒的稳定性。一是提供反离子可压缩双电层厚度并降低 ξ 电位的作用；二是溶解产生的各种离子与微粒表面发生化学作用而达到电荷中和作用；三是由水解金属盐类生成的沉淀物发挥卷扫网捕作用使微粒转入沉淀；四是有机絮凝剂对胶体的吸附架桥作用。

（1）改变电位　该方式是通过压缩双电层厚度，降低 ξ 电位，在分散系中加入盐类电解质，将使扩散层中的反离子浓度增大，同时一部分反离子会被挤入 Stern 层，双电层电位由此会较迅速地降落，从而引起 ξ 电位下降和扩散层厚度被压缩。这种情况可由图 2-1 说明。

带电粒子周围的电位由 Gouy-Chapman 提出，对于扩散层电位 Φ_d 较低的情形，可以近似得到公式(2-1)。

$$k = 3.29 \times 10^9 \left(\sum c_i Z_i^2 \right)^{\frac{1}{2}} \qquad (2\text{-}1)$$

式中　k——德拜-尤格尔长度的倒数，m^{-1}；

　　　c_i——i 离子的物质的量浓度；

　　　Z_i——电荷数。

k^{-1} 为特征长度。

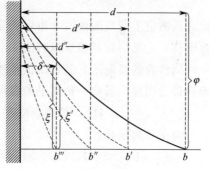

图 2-1　电解质对双电层的影响

由式(2-1) 可以看到，它的大小影响着电位随距离下降的快慢，因而被称为扩散层厚度。由于它可有效地控制带电粒子间静电力的作用范围，所以是一个非常重要的量。k 随离子浓度和电荷数增加而增大。因此，在溶胶中加入无机盐可起到压缩扩散层厚度并同时降低 ξ 电位的作用。由于扩散层厚度的减小，静电排斥作用的范围随之减小，微粒在碰撞时可以更加接近。又因为范德华力作用为近距离作用力，在短距离处它将变得很大，因而排斥势能显得相对较小，引起综合位能曲线上的势垒左移并降低高度。当势能降低到一定程度时，胶体将失去其稳定性而发生絮凝。

实际上，胶体从稳定到絮凝的转变常发生在一个相当窄的电解质浓度范围内。对于一定的盐类可以确定出一个临界絮凝浓度 c_f，称为聚沉值。所谓聚沉值是引起溶胶明显聚沉所需电解质的最小浓度。由 DLVO 理论可证明离子的聚沉值与其电荷的六次方成反比。如式(2-2)所示：

$$M = \frac{c\varepsilon^3 (K_B T)^5 r_0^4}{A^2 Z^6} \qquad (2-2)$$

式中　M——聚沉值；

　　　Z——电解质所带的电荷。

如果以聚沉值的倒数表示聚沉能力并记为 Me，则有：$Me^+ : Me^{2+} : Me^{3+} = 1^6 : 2^6 : 3^6$。

此即叔采-哈迪实验规则，由此可见离子的电荷对其聚沉能力的影响很大。

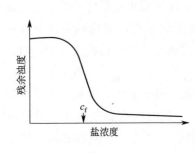

图 2-2　c_f 的确定

除了电荷之外，聚沉能力还受其他许多因素的影响，因而这只是一个近似规律。在实际应用中最简单的方法是准备一系列试管，每支试管中含有相同浓度的胶体粒子，但所含电解质的浓度依次增加，在一定时间后，盐浓度大于 c_f 的试管中将出现浑浊，即发生了絮凝，小于 c_f 的试管中则无变化，直观地目测即能满足需要，由此可确定 c_f 的值。还有一种办法，就是经沉淀之后测定上清液的浊度，也可确定 c_f。对应于临界聚沉浓度 c_f，存在一个临界电位，它是溶胶开始聚沉时的 ξ 电位。如图 2-2 所示。

同价数的反离子，其聚沉值虽然接近，但仍有一定的差异，其中一价离子的差异最为明显。若将一价离子的聚沉能力依次排序，对于正离子，大致为：

$$H^+ > Cs^+ > Rb^+ > NH_4^+ > K^+ > Na^+ > Li^+$$

对于负离子是：

$$F^- > IO_3^- > H_2PO_4^- > BrO_3^- > Cl^- > ClO_3^- > Br^- > I^- > CNS^-$$

同价离子的聚沉能力的这种次序称为感胶离子序。从表 2-2 可以看出，它和离子水化半径由小到大的次序大致相同。因此，同价离子聚沉能力的差异可能是水化后离子体积的差异引起的。水化层的存在削弱了静电引力，水化半径越大，离子越不易被微粒吸附，或者说越不易进入微粒的双电层，聚沉能力就越弱。对于高价离子，价数的影响是主要的，离子大小的影响就不那么明显了。

感胶离子序是对无机小离子而言的，至于大的有机离子，因其与粒子间有很强的范德华力吸引，易被吸附，所以与同价小离子相比，其聚沉能力要大得多。

如上所述，电解质如仅能以压缩双电层厚度并降低 ξ 电位的方式而使溶胶脱稳聚沉，这种电解质习惯上被称为惰性电解质，或者说惰性电解质仅能以静电作用使胶体脱稳。除此之外，还有一类离子与微粒间可发生所谓专属作用而使之脱稳。

表 2-2 离子半径对其聚沉值的影响

电解质	聚沉值 /(mmol/L)	水化后离子半径/Å	水化前离子半径/Å	电解质	聚沉值 /(mmol/L)	水化后离子半径/Å	水化前离子半径/Å
$LiNO_3$	165	2.31	0.78	$Zn(NO_3)_2$	2.5	3.26	0.83
$NaNO_3$	140	1.76	1.00	$Ca(NO_3)_2$	2.4	3.0	1.05
KNO_3	135	1.19	1.33	$Sr(NO_3)_2$	2.38	3.0	1.20
$RbNO_3$	126	1.13	1.48	$Ba(NO_3)_2$	2.26	2.78	1.38
$Mg(NO_3)_2$	2.6	3.32	0.75				

注：水化半径由极限电导及 Stokes 定律算出，绝对值可能有较大出入，但相对次序是正确的。1Å=0.1nm。

(2) 专属作用 是指非静电性质的作用，如疏液结合、氢键甚至范德华力等。在加入过量电解质时，常常发生表面电荷变号的现象，这是专属作用最明显的证据。在专属作用发生的初期，静电吸引起了促进作用，但是当表面电荷变号后，反离子的进一步吸附是在克服静电排斥下发生的，这证明存在着某种更强的专属作用。

专属作用对胶体解稳作用实际是通过影响表面电荷而发生的。当足够数量的反离子由于专属作用而吸附在表面上时，可以使粒子电荷减少到某个临界值，引起 ξ 电位降低，这时静电斥力不足以阻止粒子间的接触，于是发生絮凝。反离子的进一步吸附不但会使粒子表面电荷变号，并有可能使表面电位升高，以致引起胶体的重新稳定。由专属吸附引起絮凝所需要的反离子在溶液中的浓度也称为临界絮凝浓度，记作 cfc，以区别于 c_f。由专属吸附引起胶体重新稳定所需反离子的浓度称为临界稳定浓度，记作 csc，再进一步加入电解质，又可观察到絮凝的发生，这是由于离子强度的增大而引起双电层的压缩所致，此时所需电解质的浓度即是临界絮凝浓度 c_f，如惰性电解质情形一样，如此可发生一系列絮凝现象。

由专属作用引起絮凝的一个重要特点是 cfc 和 csc 依赖于粒子的浓度，准确地讲是依赖于粒子的总表面积。反离子如对表面有很高的亲和性时，cfc 正比于溶胶的浓度，Stumm 和 Omelia 曾应用化学剂量关系描述 cfc 与溶液浓度间的这一线性关系。当反离子在表面吸附较弱时，反离子必须在溶液中达到一定的浓度，即所谓临界吸附密度，在此临界吸附密度以上时，被吸附离子的数目依赖于粒子的浓度，因此 cfc 与粒子浓度间不存在任何简单关系，只有当粒子浓度很高时才存在正比关系。与此相反，对于上面提及的由惰性电解质引起絮凝，临近絮凝浓度与溶胶的浓度无关。

（3）卷扫（网捕）絮凝　在水处理中投加水解金属盐（如硫酸铝或三氯化铁）类絮凝剂进行絮凝时，若投量很大，则可能产生大量的水解沉淀物，在这些沉淀物迅速沉淀的过程中，水中的胶粒会被这些沉淀物所卷扫（或网捕）而发生共沉降，这种絮凝作用称为卷扫絮凝。卷扫絮凝作用的产生，需要投加较高量的电解质，还需要较高的 pH 值及碱度。在发生卷扫絮凝时，若水中胶体粒子的浓度小，则需要投加较多的水解金属盐类，若水中胶体粒子的浓度较大，则只需要投加少量的水解金属盐类。

（4）吸附架桥　在高分子物质浓度较低时，吸附在微粒表面上的高分子长链可能同时吸附在另一个微粒的表面上，通过架桥方式将两个或更多的微粒连接在一起，从而导致絮凝，这就是发生高分子絮凝作用的架桥机理。架桥作用的产生，需要微粒上存在空白表面，如果溶液中的高分子物质浓度很大，微粒表面已完全被所吸附的高分子所覆盖，那么微粒无法通过架桥而絮凝。

由架桥机理知道，高分子絮凝剂的分子要能同时吸附在两个以上的微粒上，才能产生架桥作用，因此作为絮凝剂的高分子多是均聚物。它们的分子量和分子上的电荷密度也是影响其作用的因素。

通常，高分子絮凝剂的分子量越大，架桥作用越容易产生，絮凝率高。但并不是越大越好，因为架桥过程中也发生链段间的重叠，从而产生一定的排斥作用。高分子絮凝剂分子量过高时，这种排斥作用可能会削弱架桥作用，使絮凝效果变差。另一个影响因素是高分子的带电状态，如果高分子电解质所带电荷与微粒所带电荷符号相反，则高分子电解质的离解程度越大，电荷密度越高，分子就越扩展，越有利于架桥；如果高分子电解质的带电符号与微粒相同，则高分子带电越多，越不利于它在微粒上的吸附，就越不利于架桥，絮凝效果会变差。

高分子物质的加入量也是对其絮凝效果产生明显影响的因素。实验证明，对于絮凝的发生，存在一个最佳加入量，低于或超过此用量时，絮凝效果均会下降，如果用量超过太多还会起相反的保护作用。事实上要达到最佳絮凝所需要的聚合物浓度都很小，往往小于 $1mg/L$，而且此最佳聚合物浓度与溶胶中粒子的总表面积成正比例关系。另外，凡是影响表面覆盖率的其他因素也会影响此最佳聚合物浓度，如粒子的带电性质、聚合物的种类、搅拌条件等。

2.2　阻垢剂

2.2.1　阻垢剂的定义

可以阻止水中水垢的形成、沉积或增加碳酸钙的溶解度，使其在水中呈分散状态不易沉积的药剂统称为阻垢剂或分散剂。在工业上常用的形式主要有阻垢缓蚀剂和阻垢分散剂两种。

2.2.2 阻垢剂的分类

阻垢剂的种类丰富，按照阻垢剂的发展历程及起主要作用的官能团大致可分为天然聚合物阻垢剂、含磷类聚合物阻垢剂、聚合物阻垢剂。常见阻垢剂种类及名称见表 2-3。

表 2-3 常见阻垢剂种类及名称

种类	名　称
天然聚合物阻垢剂	鞣质、木质素、淀粉、纤维素、壳聚糖和腐植酸等天然高分子化合物
含磷类聚合物阻垢剂	氨基三亚甲基膦酸、乙二胺四亚甲基膦酸、羟基亚乙基二膦酸、二亚乙基三胺五亚甲基膦酸、2-羟基膦酰基乙酸、多元醇膦酸酯、膦酰基羧酸
聚合物阻垢剂	聚丙烯酸、聚丙烯酸钠、聚马来酸、聚环氧琥珀酸、聚天冬氨酸、马来酸-醋酸乙烯共聚物、丙烯酸-丙烯酸甲酯共聚物、马来酸-丙烯酸共聚物、丙烯酸-2-甲基-2-丙烯酰胺基丙烷磺酸共聚物

2.2.3 阻垢剂的作用机理

(1) 螯合增溶作用　阻垢剂与水中 Ca^{2+}、Mg^{2+} 等阳离子形成可溶性的螯合物，从而阻止 Ca^{2+}、Mg^{2+} 与成垢阴离子（如 CO_3^{2-}、PO_4^{3-} 和 SiO_3^{2-} 等）的接触，使得成垢的概率大大下降，使得冷却水中 Ca^{2+}、Mg^{2+} 的允许浓度相对提高，也就相应地增大了钙、镁盐的溶解度。

(2) 凝聚与分散作用　阴离子型阻垢剂在水中解离生成的阴离子，在与 $CaCO_3$ 微晶碰撞时，会发生物理化学吸附现象，使微晶的表面形成双电层而带负电。因阻垢剂的链状结构可吸附多个相同电荷的微晶，静电斥力可阻止微晶相互碰撞，从而避免了大晶体的形成。在吸附产物碰到其他阻垢剂分子时，将已吸附的晶体转移过去，出现晶粒均匀分散现象，从而阻碍了晶粒间和晶粒与金属表面的碰撞，减少了溶液中的晶核数，将 $CaCO_3$ 稳定在溶液中。

分散作用的结果是阻止成垢粒子间的相互接触和凝聚，从而可阻止垢的生长。成垢粒子可以是钙离子、镁离子，也可以是由千百个 $CaCO_3$ 和 $MgCO_3$ 分子组成的成垢颗粒，还可以是尘埃、泥沙或其他水不溶物。

(3) 静电斥力作用　聚羧酸阻垢剂溶于水后，由于离子化产生迁移性反离子（H^+、Na^+），脱离高分子键区向水中扩散，使分子链成为带负电荷聚离子（—COOH）。分子链上带电功能基团相互排斥，使分子扩张，改变了分子表面的电荷密度分布，表面带电性的无机盐（$CaCO_3$ 或 $CaSO_4$）微晶体将被吸附在聚离子上，当一个聚离子分子吸附两个或多个微晶体时，可以使微晶体带上相同的电荷，使微粒间的静电斥力增加，从而阻碍微晶体之间的相互碰撞而形成垢。

（4）晶体畸变作用　无机盐（$CaCO_3$ 或 $CaSO_4$）从水中析出形成垢的过程，结晶动力学观点认为，结垢的过程首先是产生晶核，形成少量的微晶粒，然后微晶粒在溶液中碰撞，且按一种特有的次序集合或排列，由微晶粒生长成大晶体而沉积。

当有机磷酸或聚电解质加入水溶液中，由于它们对钙离子具有螯合能力，阻碍或干扰了无机盐微晶体正常生长，致使晶体不能按特有的次序排列，形成了不规则的或有较多缺陷的晶体，使晶体发生畸变。从而使晶体易于破裂，阻碍垢的生长。对于 $CaCO_3$ 垢，则可使其变为软垢，这种软垢易被水流冲掉和分散。

2.3　缓蚀剂

2.3.1　缓蚀剂的定义

缓蚀剂是一种以适当的浓度和形式存在于环境介质中的，可以防止或减缓腐蚀的化学物质或几种化学物质的混合物。缓蚀剂的加入应是少量的，它们在抑制腐蚀的过程中可以是化学计量的，但大多数情况下是对金属活性溶解过程的阻抑，因此是非化学计量的。有些化学物质用量较大时可以明显降低金属的腐蚀速率，但不被称为缓蚀剂，例如常温下硝酸水溶液浓度提高到 40%，硫酸水溶液浓度提高到 80%，碳钢的腐蚀速率明显下降，但一般不把硝酸和硫酸称为缓蚀剂。另外有些化学物质通过降低或消除水溶液中氧化剂的含量，可以明显降低金属的腐蚀速度，但这类化学物质也不被称为缓蚀剂。例如，向水中添加亚硫酸钠和肼等物质，可以去除水中的溶解氧，从而减缓金属的腐蚀速率，但这些物质并不是缓蚀剂。

2.3.2　缓蚀剂的分类

缓蚀剂的分类方法有很多，可从不同的角度对缓蚀剂分类。

（1）根据化学成分分类　根据产品的化学成分分类，可分为无机缓蚀剂、有机缓蚀剂，见表 2-4。

表 2-4　无机缓蚀剂及有机缓蚀剂

种类	名　称
无机缓蚀剂	铬酸盐、亚硝酸盐、硅酸盐、钼酸盐、钨酸盐、聚磷酸盐、锌盐等
有机缓蚀剂	膦酸（盐）、膦羧酸、巯基苯并噻唑、苯并三唑、磺化木质素等一些含氮氧化物的杂环化合物

（2）根据对化学腐蚀的控制部位分类　根据对化学腐蚀的控制部位分类可分为阳极型缓蚀剂、阴极型缓蚀剂和混合型缓蚀剂，见表 2-5。

表 2-5　阳极、阴极及混合型缓蚀剂

种类	名　称
阳极型缓蚀剂	铬酸盐、钼酸盐、钨酸盐、钒酸盐、亚硝酸盐、硼酸盐等
阴极型缓蚀剂	锌的碳酸盐、磷酸盐和氢氧化物,钙的碳酸盐和磷酸盐等
混合型缓蚀剂	巯基苯并噻唑、苯并三唑、十六烷胺等

阳极型缓蚀剂是通过抑制腐蚀反应的阳极过程来达到缓蚀的目的。阳极型缓蚀剂通常为无机强氧化剂。在使用阳极型缓蚀剂时,需要较高浓度的阳极型缓蚀剂,以使全部阳极都能够被钝化,一旦缓蚀剂剂量不足,将在被钝化的部位造成点蚀。

抑制电化学阴极反应的化学药剂,称为阴极型缓蚀剂。阴极型缓蚀剂则依赖金属腐蚀电池的阴极反应的产物,生成膜状物,阻止金属表面阴极电子与其他物质的结合。

某些含氮、含硫或羟基的、具有表面活性的有机缓蚀剂,也称混合型缓蚀剂。它们一般不直接参与金属腐蚀的阴阳极过程。其分子中有两种性质相反的极性基团,通过分子中极性基团的特性吸附,在清洁的金属表面形成单分子膜,它们既能在阳极成膜,也能在阴极成膜,形成金属与水相界面的阻隔层,或物质扩散和反应的势垒,从而起缓蚀作用。

(3) 根据生成保护膜的类型分类　除了中和性能的水处理剂,大部分水处理用的缓蚀剂的缓蚀机理是在与水接触的金属表面形成一层将金属和水隔离的金属保护膜,以达到缓蚀的目的。根据缓蚀剂形成保护膜的类型,缓蚀剂可分为氧化膜型、沉积膜型和混合型缓蚀剂,见表 2-6。

表 2-6　氧化膜型、沉积膜型和混合型缓蚀剂

种类	名　称
氧化膜型缓蚀剂	铬酸盐、亚硝酸盐、钼酸盐、钨酸盐、钒酸盐、正磷酸盐和硼酸盐
沉淀膜型缓蚀剂	锌的碳酸盐、磷酸盐和氢氧化物,钙的碳酸盐和磷酸盐
混合型缓蚀剂	含氮、含硫或含羟基的、具有表面活性的有机化合物

铬酸盐和亚硝酸盐都是强氧化剂,无需水中溶解氧的帮助即能与金属反应,在金属表面阳极区形成一层致密的氧化膜。其余的几种,或因本身氧化能力弱,或因本身并非氧化剂,都需要氧的帮助才能在金属表面形成氧化膜。由于这些氧化膜型缓蚀剂是通过阻抑腐蚀反应的阳极过程来达到缓蚀的,这些阳极缓蚀剂能在阳极与金属离子作用形成氧化物或氯氧化物。

常见的沉淀膜型缓蚀剂主要有锌的碳酸盐、磷酸盐和氢氧化物,钙的碳酸盐和磷酸盐。由于它们是由锌、钙阳离子与碳酸根、磷酸根和氢氧根阴离子在水中与金属表面的阴极区反应而沉积成膜,所以又被称作阴极型缓蚀剂。阴极缓蚀剂能与水中有关离子反应,反应产物在阴极沉积成膜起保护膜的作用。锌盐与其他

缓蚀剂复合使用可起增效作用。

混合型缓蚀剂多为有机缓蚀剂，它们具有极性基团，可被金属的表面电荷吸附，在整个阳极和阴极区域形成一层单分子膜，从而阻止或减缓相应电化学的反应。如某些含氮、含硫或含羟基的、具有表面活性的有机化合物。

2.3.3　缓蚀剂的作用机理

（1）缓蚀剂在金属表面的成膜观点　成膜理论的要点是在金属与介质两相之间，由于缓蚀剂的作用而存在界面膜的独立相，用于水介质的缓蚀剂，一般其本身可溶于水，但在一系列的物理和物理化学作用下，可在金属表面形成不溶于水或难溶于水的保护膜，它阻碍了金属离子的水合反应或与溶解氧发生的还原反应，从而抑制金属的腐蚀过程；缓蚀剂在金属表面形成的独立相很薄，习惯称为保护膜。通常根据保护膜的性质将缓蚀剂膜分为氧化膜型（钝化膜型）、沉淀膜型和吸附膜型。

许多金属的氧化型膜是致密的，与基础金属结合紧密，膜比较薄，所以并不使金属在两相间传热效率降低。氧化薄膜型缓蚀剂大多具有优良的防腐效果，其缺点是在低浓度下使用容易发生局部腐蚀，同时向环境排放时受到严格限制。氧化膜型缓蚀剂在成膜过程中一般消耗较大，如果水介质中存在还原性物质时，氧化膜型缓蚀剂消耗量更大，因此在使用初期，需要投加较高浓度的氧化膜型缓蚀剂。

典型的沉淀膜型缓蚀剂（如聚磷酸盐）与水中钙离子和作为缓蚀剂而加入的锌离子结合，在碳钢表面形成不溶性薄膜而起作用。沉淀薄膜型缓蚀剂薄膜与氧化膜型缓蚀剂薄膜相比，膜没有与金属表面直接结合，因而质地多孔，缓蚀效果较差。这种膜与金属的附着力不强，所以不能在流速很大的系统中使用。如果为提高缓蚀效果而增加缓蚀剂量，则导致薄膜过厚而有可能影响传热。

以胺类为代表的吸附性薄膜缓蚀剂，大多是在同一分子内具有能吸附到金属表面的极性基和遮蔽金属表面的疏水基的有机化合物。这类缓蚀剂在清洁活性的金属表面扩散，从而抑制腐蚀反应。如果在金属表面已经有腐蚀产物或少量污垢存在时，就无法形成良好、完整的保护膜，这时应向水介质中添加分散剂、润湿剂等，帮助缓蚀剂向金属基体表面渗透，从而提高缓蚀效果。

无论何种类型的缓蚀剂，单独使用时都会因药剂缺点而达不到完美的使用效果，所以通常把数种药剂配合起来使用。

对缓蚀剂成膜过程进行电化学研究发现，有的缓蚀剂对金属在水介质中腐蚀的阳极过程产生阻抑，有的会抑制腐蚀电池的阴极反应进程，也有的缓蚀剂对金属腐蚀的阴阳极反应都有影响，有的通过不同途径使金属在水介质中产生钝化。典型的阳极型缓蚀剂有铬酸盐、亚硝酸盐和磷酸三钠等。从组成腐蚀电池的理论极化曲线（见图 2-3）上看到，金属氧化的阳极过程变得愈来愈困难，极化曲线变陡，阳极电流 i_C 下降到 i_{C1}；金属离子化过程受阻的结果使腐蚀电位由 ϕ_C 上升到 ϕ_{C1}。在对腐蚀电池进行实际极化曲线测量时，明显可以看到，腐蚀电位的上升和阳极极化曲线变陡，而阴极曲线几乎没有变化。如图 2-4 所示。

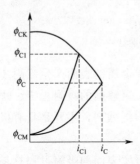

图 2-3　阳极型缓蚀剂理论极化曲线示意

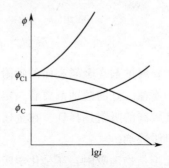

图 2-4　阳极型缓蚀剂实测极化曲线示意

常见的阴极型缓蚀剂有聚合磷酸盐和锌盐等。这类缓蚀剂或是直接使阴极还原过程受阻（如提高阴极反应的过电位），或是与阴极还原产物结合在金属表面生成难溶或不溶的表面化合物，阻碍了阴极过程的进一步进行。其特征为阴极极化曲线变陡、腐蚀电位负移和腐蚀电流的下降。由于阴极型缓蚀剂对金属表面的阳极区没有直接的覆盖，因此当其用量不足时也会引起局部腐蚀。而且一旦发生局部腐蚀以后，再加大缓蚀剂的浓度，也不会消除已经产生的局部腐蚀。有时把消耗介质中氧化性物质的药剂称为阴极型缓蚀剂。

混合型缓蚀剂形成的保护膜往往能把金属表面全部覆盖，其特点是腐蚀电流明显减小，而腐蚀电位却变化不大。

钝化一般是由阳极过程引起的，如图 2-5（a）所示。阳极型钝化缓蚀剂投加到水溶液中以后，与金属氧化产物作用而形成钝化膜，抑制金属离子化过程，腐蚀电位明显上升，致钝电流和维钝电流有很大的减小。阴极极化曲线没有明显变化，但与阳极极化曲线的交点由活性溶解区移到钝化区。只要钝化膜不受机械损伤或局部沉积脏物而影响氧化性物质对金属表面的补充，这种缓蚀剂能使金属的腐蚀速度控制在很小的数值。

可钝化的金属在一定的水溶液中，投加强烈阴极还原药剂以后，可使金属由活性溶解状态进入钝化状态，这种药剂称为阴极钝化剂，如图 2-5（b）所示。这时金属本身的阳极极化曲线没有变化，而阴极过程变得更容易了，当在致钝电位下，阴极还原电流超过金属阳极调节电流时，金属就能进入钝化状态。实现这种形式的钝化，可以提高缓蚀剂的浓度，可以使用多种缓蚀剂联合作用。其特征是腐蚀电位上升，腐蚀速度下降，但腐蚀速度只能下降到金属原有钝化区维钝电流的大小。很明显，当这类缓蚀剂用量不足时很有可能加快金属局部腐蚀。

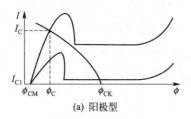
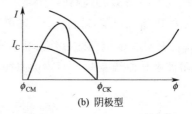

(a) 阳极型　　　　　　　　　　　(b) 阴极型

图 2-5　可钝化缓蚀剂极化曲线

（2）缓蚀剂在金属表面的吸附　缓蚀剂只有在金属的表面产生吸附才能阻滞金属的腐蚀。好的缓蚀剂要有一定的吸附覆盖度、足够高的吸附稳定、快的吸附速度和较高的吸附选择性。在金属表面产生吸附的缓蚀剂，主要是具有极性基团的有机缓蚀剂。

无论是物理吸附，还是化学吸附，缓蚀剂在金属表面的吸附过程总是伴随着体系自由能的降低。如非极性基团在水中迁移时对水分子簇的破坏，金属表面键力与缓蚀剂极性基团的作用，吸附在金属表面的缓蚀剂分子间的相互作用，缓蚀剂分子对金属表面已经吸附的水分子的取代等。

因静电或范德华力而引起的吸附称为物理吸附，其特点是吸附的作用力小，吸附热也小，吸附作用快速，但脱附也容易。这种吸附具有可逆性，温度系数小，对各种金属几乎无选择性。特性吸附的阴离子对阳离子缓蚀剂在金属表面的吸附有较大影响。如四丁基铵阳离子缓蚀剂，由于 I^-、HS^- 先在金属表面吸附，而使金属表面带负电，有利于阳离子的吸附，可使缓蚀效果提高。在酸性溶液中，缓蚀剂的碱性越强，阳离子越稳定，物理吸附越好，缓蚀率就越高。缓蚀剂的碱性还要表现在其中心原子具有容易与 H^+ 结合的孤对电子，不因水化作用而脱附。S、O、N、P 有孤对电子，当它们与几个氧原子结合成酸根时，就没有这种性能了。但实际使用时也要注意缓蚀剂的个性，如在酸性溶液中具有很好缓蚀性能的胺类物质，当使用浓度过低时，有可能促进金属的腐蚀。

铁、镍等过渡金属原子具有未占据的空 d 轨道，易于接受电子。大部分有机缓蚀剂分子中含有 S、O、N、P 等为中心原子的极性基团，具有一定的供电子能力，两者可以形成配位键而发生化学吸附。这种缓蚀剂称为供电子型缓蚀剂或电子给予体缓蚀剂。化学吸附的作用力大，吸附热高，受温度影响大，对金属的吸附有选择性。但吸附速度较缓慢，在同温度下，吸附具有不可逆性，即一经吸附就难以脱附。缓蚀剂中心原子上的电子云密度越大，提供电子的能力也越强，越容易对金属进行化学吸附。因此，与中心原子相连的其他原子或基团的性质，对中心原子电子云密度的影响，进一步影响缓蚀剂的吸附能力，如亲核取代基衍生物比亲电子取代基衍生物的反应中心电荷密度更高，缓蚀性能更好。

苯环、双键和三键上的 π 电子起着与孤对电子同样的作用，也属于供电子型缓蚀剂。如丙烯酸分子中极性基团的中心原子的孤对电子与 π 电子形成共振体系，进而形成大 π 键，可加强对金属的吸附，提高缓蚀性能。如果用甲氧基、乙氧基取代酸根后，不能形成大 π 键，导致缓蚀率的降低。当有三键在分子的端部，而且在三键的附近，特别是在 α 位置上有羟基的 6～10 个碳原子的炔烃类，它们在 π 键、羟基和 α 活泼氢原子的共同作用下，使整个金属表面都能产生强烈的吸附而形成完整的保护膜，缓蚀性能最好。

除了提供电子型缓蚀剂外，还存在着提供质子对金属进行吸附的缓蚀剂。例如，50℃时 5％的 HCl 中投加 $7.8×10^{-5}$ mol/L 的十六烷基硫醇对金属铜有较好的缓蚀效果，硫醇中的硫原子是难以向金属表面提供电子的，然而它可以吸引相邻氢原子的电子后，使氢原子如带正电荷的质子一样，容易吸附在金属表面多电子的阴极区。

分子立体结构的空间位阻、分子中极性基团的数目，对缓蚀性能也有重要影响。空间位阻小，有利于吸附；极性基团多，分子能以多中心方式吸附，可增大覆盖度。

不少实验结果表明，无论是在阳极电位或是阴极电位下，大部分缓蚀剂在铁表面上的吸附都是一个缓慢过程，如在酸性介质中 2-萘酚-3,6-二磺酸、Cl^- 及 Br^- 在铁电极上的吸附速度常数比在铀、金和铜上的小 2～3 个数量级，这是由于铁的溶解使得缓蚀剂吸附的基础不牢固。改变吸附的历程以降低吸附活化能垒，可望提高缓蚀剂的吸附速度。吸附粒子的性质对吸附速度有较大影响，如 I^- 的吸附速度快于 Br^- 和 Cl^-，硫脲的吸附速度快于 2-萘酚-3,6-二磺酸，这说明表面活性高、吸附能力强的粒子可以有较快的吸附速度。通过两种或多种粒子的联合吸附，可以改变缓蚀剂吸附的动力学历程，降低吸附活化能，提高吸附速度。如在电极表面预先吸附有 Cl^- 的情况下，质子化的有机胺缓蚀剂可通过静电引力快速吸附，吸附速度常数比无 Cl^- 吸附时大两个数量级。

缓蚀剂吸附的稳定性表现在吸附键能高、脱附活化能高、脱附速度小以及脱附速度不因外界条件的改变而增大。吸附稳定性与电极表面电荷、电极材料和吸附粒子的性质密切相关。脱附电位在一定程度上可作为缓蚀剂吸附稳定性的量度。脱附电位越正，吸附越稳定。研究表明，有机胺缓蚀剂与 I^-、Cl^- 等卤素在铁电极上联合吸附能明显提高吸附层的稳定性，其阳极脱附电位显著正移。缓蚀剂的阳极脱附存在一个诱导期，脱附动力学具有自催化特征。缓蚀性能好、吸附稳定性高的缓蚀剂，脱附自催化效应更明显；外加电位越正，缓蚀剂脱附速度越快，脱附的诱导期越短。脱附可能是由于电极反应中间产物与缓蚀剂竞争吸附使后者失去吸附稳定性的结果。

如果缓蚀剂与金属阳极反应活性部位有较强的相互作用，与水溶液中侵蚀粒子有很强的竞争吸附能力，而且缓蚀剂具有较快的传质和吸附速度以及在快速的阳极溶解或反应条件下，缓蚀剂能保持较高的吸附稳定性，这说明缓蚀剂能够有选择地优先吸附在反应的活性位置或对阳极和阴极反应进行选择抑制。金属的活性位置包括合金中的活泼组分、能量较高的晶相组织、电极表面的缺陷或应力集中处、钝化膜的缺陷处等。如极低浓度的苯并三唑（BTA）使黄铜在选择性溶解过程中锌的固相扩散系数降低两个数量级；哌啶抑制不锈钢孔蚀发展过程存在选择性抑制效应，显著降低了蚀孔中铬元素的溶解速度；硫脲优先吸附在非晶态 Fe、Ni、Si、B 合金原子能量较高的非晶相上；十二烷基胺优先吸附在部分晶化的非晶态合金中较活泼的非晶相上等。

联合吸附可以影响吸附粒子与材料表面的相互作用、改变吸附层中吸附粒子间的相互作用力性质甚至改变吸附中间过程，可提高吸附覆盖度和提高吸附稳定性，改变吸附速度。

(3) 缓蚀剂在金属表面作用的酸碱理论　固体表面的原子或离子处于化学力不均衡状态，这种不均衡状态可通过表面能来表达。固体表面具有降低表面能的趋势，可以通过减少它的表面积或从邻近物相吸附分子或离子的方式进行。从配位化学的观点看，此种化学力不均衡状态可理解为金属表面配位不饱和。配位过程的本质是 Lewis 酸碱反应，所形成配合物的稳定性服从软硬酸碱规则。酸碱反应的本质是电子在两个分子之间共享。一个分子的最低空轨道 LUMO 接受一对电子成为 Lewis 酸，而另一个分子的最高占有轨道 HOMO 给出一对电子成为 Lewis 碱。因此，阻止电子转移，就可以阻止金属的腐蚀。采用缓蚀刻将金属的电子转移过程变为电子共享过程。酸性溶液中，裸露的金属表面存在配位中心，缓蚀过程就是腐蚀剂分子的孤对电子向配位中心配位过程，所形成配位键的强度服从软硬酸碱规则。可归结为 3 种类型：缓蚀剂没有直接和金属表面配位，而是间接地通过特性阴离子静电作用将缓蚀剂吸引到金属表面；缓蚀剂分子的极性配位基直接与金属表面配位；除了缓蚀剂分子的极性配位基作用外，不饱和烷基具有进一步发生反应的能力，分子之间开链聚合形成膜。

按照软硬酸碱分类，在金属表面的闭塞电池内，金属基体是属于软酸，溶解的金属离子属于硬酸，覆盖膜解离的羟基属于硬碱。加入钝化剂、硬碱的缓蚀剂和金属离子，可有效地控制金属的局部腐蚀。在酸性溶液中，铁表面是裸露的，是具有软酸性质的配位中心，它易吸附软碱类型的缓蚀剂。按照酸碱规则，如果缓蚀剂分子中含有软碱的功能基配体，再在分子结构中存在具有产生静电引力的氨基，另外投加能够产生特性吸附的协同组分，就可以实现很高的缓蚀率。含 N、O 的碱性有机缓蚀剂与软酸性金属表面可形成吸附键，而含 S 的软碱性有机缓蚀剂与软酸性金属表面可形成更强的吸附键。

3

冷却水处理用药剂

3.1 冷却水水质要求

　　冷却水是大多数工业企业进行生产不可缺少的工艺条件，特别是在火力发电、冶金、石油和化工等行业。冷却水带走生产过程中产生的多余热量，使工艺介质得到冷却，从而满足生产工艺的要求；使发热和高温环境的部件、设备得到冷却，以满足这些部件和设备对温度的要求。冷却水的污染除主要与补充水、空气中的可溶性物质及悬浮物含量有关外，微生物的生成和繁殖也是一个不容忽视的因素。

　　冷却水在循环使用过程中，大量吸收空气中的氧气，使水中的溶解氧浓度大幅度提高；水不断被蒸发，水中盐分浓度逐渐增加；被冷却介质泄漏，水中营养物浓度增加；阳光照射、适宜的温度等，都可能导致水质的恶化，从而出现腐蚀、结垢、菌藻生长、黏泥滋生等问题。水垢在水冷器传热面上形成和沉积，水冷器传热效率降低，影响生产装置的正常运行。腐蚀可能会造成水冷器和管线穿孔，给安全生产带来严重隐患。所以，冷却水的水质是有一定要求的，要对其进行处理以防止冷却水出现以上各种问题。

3.2 冷却水污染物来源及分类

　　在循环冷却水运行过程中，水质不断污染恶化，引起换热器的腐蚀。造成污染的原因主要有：①补充水水质差，藻类多，浊度大；②部分循环水系统为敞开式循环，当冷却水通过冷却塔时，氧被不断地补充进水中，这是加剧敞开式循环水系统腐蚀的主要原因；③冷却水从空气中洗涤下来的污染物（如周围的气体 SO_2、NH_3、H_2S 等）和颗粒物质（细砂、灰尘、杂质等），使循环水具有较高的腐蚀率；④冷却水通过冷却塔时，由于蒸发所造成的溶解固体浓缩，特别是氯化物、硫化物、氨类的浓缩，增加了循环水的腐蚀性；⑤水中藻类、菌类（铁细菌、硫酸盐还原菌、异养菌）的大量繁殖加速了循环水冷却系统的垢下腐蚀（点蚀）；⑥换热器泄漏导致循环水中氨、硫化氢等有害物质浓度大大增加，加剧了设备腐蚀。

3.3 冷却水污染防治

① 改善新水水质状态，添加水处理剂杀灭水中藻类。

② 调整循环水的浓缩倍数，采取排水补水措施，给予适当的补水，使水中的 pH 值和碱度在短时间内回升。

③ 敞开式循环水的腐蚀，主要是在水中添加一定量的水处理剂（如缓蚀阻垢剂、杀菌剂等）来控制的，因此根据现场水质情况，选择适当的缓蚀阻垢剂和杀菌灭藻剂，可使水冷器的腐蚀速度和结垢速度大大降低。

④ 加强循环水的跟踪监测力度，将原料泄漏控制在萌芽状态，防止水冷器泄漏致使水中污染物增加、造成设备腐蚀的恶性循环。

水处理剂在冷却水水质控制方面有着重要影响。常用于冷却水的水处理剂有缓蚀剂、阻垢剂、杀生剂、清洗剂等。

3.3.1 缓蚀剂

循环冷却水系统中金属设备的腐蚀一直是水业界的一大困扰，投加缓蚀剂是一种普遍使用的防腐蚀方法。缓蚀剂是一种用于腐蚀介质中抑制金属腐蚀的添加剂。缓蚀剂通过促进金属或合金表面生成致密的钝化膜来减缓腐蚀速度。

用缓蚀剂来控制冷却水中金属的腐蚀时，应根据冷却水系统中换热器的材质选用相应金属的缓蚀剂。对于一定的金属腐蚀介质体系，只要在腐蚀介质中加入少量的缓蚀剂，就能有效降低该金属的腐蚀速度。缓蚀剂的使用浓度一般很低，故添加缓蚀剂后腐蚀介质的基本性质不发生变化。缓蚀剂的使用不需要特殊的附加设备，也不需要改变金属设备或构件的材质或进行表面处理。因此，投加缓蚀剂是一种经济效益较高且适应性较强的金属防护措施。

3.3.2 阻垢分散剂

阻垢分散剂的作用是在很低浓度条件下能够抑制冷却水中难溶盐析出或悬浮物沉积成为水垢的物质。阻垢分散剂对晶核和晶体的活性点有特殊的吸附能力，从而抑制晶体的生长，故只要投加几毫克每升的浓度，就显示出优良的效果。

3.3.3　杀生剂

在循环冷却水系统中，经常可以看到微生物大量生长繁殖的情况。微生物的大量生长繁殖会使换热器发生腐蚀，甚至穿孔，影响生产的正常运行；微生物的大量繁殖还会使冷却水中产生大量的微生物黏泥沉积在换热器管子的表面上，降低冷却效率；一旦微生物黏泥大量生成，会导致冷却水水质迅速恶化，缓释阻垢药剂失效。因此，必须对水中微生物进行控制。控制冷却水系统中微生物生长最有效和最常用的方法之一是向冷却水系统中添加杀生剂。

杀生剂又称杀菌灭藻剂、杀微生物剂或杀菌剂等。冷却水系统中的杀生剂可以简称为冷却水杀生剂。工业界对冷却水杀生剂的要求通常是控制水中微生物的生长，从而控制冷却水系统中的微生物腐蚀和微生物黏泥，但不一定要求它能灭杀冷却水系统中的所有微生物。

氧化性杀生剂选用的是一些具有强氧化性的物质，如：氯、二氧化氯、臭氧、溴、溴化物、次氯酸盐、氯化异氰酸盐等，利用它们的强氧化性进行灭菌处理。

大部分的氧化性杀生剂由于其氧化性强，导致化学性质不稳定，使得保存和使用不方便。与之相比，非氧化性杀生剂更为有效、方便。

3.3.4　清洗剂

冷却水系统在运行过程中，其冷却设备的金属表面上常常会发生沉积物的集积。沉积物的存在会大大降低换热器的冷却效果；微生物黏泥和油垢是微生物生长的基地和养料，黏泥还是微生物躲避杀生剂的庇护所，油垢的存在会增加冷却水的耗氧量，降低杀生剂的杀菌效果，从而促进微生物的生长和微生物腐蚀的发展；沉积物还阻碍冷却水中缓蚀剂到达冷却设备的金属表面，使其难于与金属反应而生成保护膜，从而降低缓蚀剂的效果；沉积物覆盖于金属表面，为垢下腐蚀创造了条件。因此，不论从提高冷却效果还是从防止腐蚀来考虑，都应对冷却水系统进行定期清洗，以除去金属表面上的沉积物。

清洗剂品种繁多，根据清洗剂的性质可分为酸性清洗剂、碱性清洗剂、螯合清洗剂和清洗助剂几大类。在实际工作中应根据清洗对象的材料、结构特点等来选择合适的清洗剂。酸性清洗剂为最常用的一类清洗剂，由于其具有酸性，对金属氧化物及一些水垢、污垢，有较好的清洗效果。然而，酸洗过程往往伴随着对各种金属材质设备的腐蚀，在酸洗液中或在酸洗前添加缓蚀剂可有效防止腐蚀的发生。

酸洗缓蚀剂绝大多数是含氮、氧、磷、硫等元素的有机化合物。酸洗缓蚀剂依靠分子吸附作用在金属表面上形成分子定向排列的保护膜，以防止金属被腐蚀介质所腐蚀。吸附作用以化学吸附为主：一方面，氮、氧、磷、硫等元素含有孤对电子，它们在有机化合物中都以极性基团的形式存在；另一方面，铁、铜等过渡金属由于 d 电子轨道未填满可以作为电子受体，这些元素与金属元素配位结合，形成牢固的化学吸附层。

金属换热器经过酸洗后，换热器中还残留有酸液，其金属表面处于十分活泼的活化状态。为此，需要对换热器进行中和及水冲洗，以除去其中的残酸。如果换热器清洗后暂时不使用，则需进行钝化，然后加以封存。钝化的目的是防止换热器在清洗后的存放期间腐蚀生锈。钝化应该在清洗（包括中和及水冲洗）后进行。

清洗后，尤其是酸洗后的金属冷却设备（包括换热器）再投入正常运行之前，需要进行预膜处理。预膜处理的目的是让清洗后尤其是酸洗后处于活化状态下的新鲜金属表面，或其保护膜曾受到重大损伤的金属表面，在投入正常运行之前预先生成一层完整而耐腐蚀的保护膜。

为了获得更好的水质，往往需要将各种作用的化学品复配以获得较全面的水处理剂，下面一节将着重介绍一些冷却水处理剂配方，以供参考。

3.4　冷却水处理剂配方

配方 1

原料配比：

原料名称	质量份	原料名称	质量份
甲基三亚甲基膦酸	70～90	羟基苯并噻唑	20～35
六偏磷酸钠	65～75	乙醇	10～25
硫酸锌	30～55	水	适量

制备方法：将各组分按配方比例，加入水中，混合均匀即可。

性质与用途：本产品配方合理，制备工艺简单，生产成本低，具有无毒、无污染、无腐蚀、稳定性好等优点，适合于强碱性、高温度等水质，效果理想。本产品主要用于设备冷却水的处理，可以有效防止设备的腐蚀、生锈，并能有效控制冷却水中有害物质的产生。

配方 2

原料配比：

原料名称	质量份	原料名称	质量份
钼酸钠	5～8	羟基亚乙基二膦酸	3～5
硫酸锌	2～3.5	硫酸锌	0.2～2
钼酸钾	5～10	水	适量
聚丙烯酸钠	3～5		

制备方法：将各组分按配方比例，加入水中，混合均匀即可。

性质与用途：本产品具有很好的缓蚀作用，而且还具有阻垢效果，对于铸铁、钢、铜、铝有很好的缓蚀作用，可以用于循环冷却水中，有效防止水对金属管道的腐蚀。

配方 3

原料配比：

原料名称	质量分数/%	原料名称	质量分数/%
丙烯酸-2-丙烯酰胺-2-甲基丙磺酸多元共聚物	10～40	羟基亚乙基二膦酸	15～30
		锌盐	5～10
膦羧酸	20～30	水	30～80

制备方法：将各组分按配方比例，加入水中，混合均匀即可。

性质与用途：该药剂对处理高强度、高硬度水具有良好的缓蚀阻垢效果，其腐蚀率及垢沉积速度均小于循环水质监测控制指标；对延长设备使用寿命及检修周期，保证设备长期安全运行，节省钢材，节约用水，减少环境污染等方面都是其他水处理药剂不可比的。该水处理药剂应用于工业冷却水循环系统，具有相当大的经济效益和社会效益，有很好的推广价值。

配方 4

原料配比：

项目	原料名称	质量分数/%
A 组分	钼酸钠	5～15
	钨酸钠	5～15
	葡萄糖酸钠	15～25
	硼酸钠	5～15
	硫酸锌	15～25
	氯化锌	5～10
	硅酸钠	3～8
	苯并三唑	2～6
B 组分	HEDP	15～25
	PBTC	15～25
	AA/AMPS	35～50
	水	15～25

注：A 组分投加浓度为 65～80mg/L，B 组分投加浓度为 35～60mg/L，维持此浓度下可长年运行。

制备方法：

A 组分：按上述药剂配比和顺序依次将药剂粉末加入不锈钢混合搅拌器内进行均匀混合搅拌后，称量包装即可。

B 组分：将所需原料按配比一并加入容器内，混合均匀即可。

性质与用途：本产品为含高卤素离子循环冷却水系统用高效缓蚀阻垢剂。通过复合配方内钼酸钠、钨酸钠、硼酸钠、硅酸钠、锌盐、苯并三唑的合理比例搭配，使之发挥最大的缓蚀增效作用，在金属表面形成一层致密的缓蚀保护膜，防止水中腐蚀离子的进一步侵蚀。同时结合阻垢分散剂的协同效应，能有效防止无机盐垢的产生、缓蚀剂的沉淀析出，达到高效缓蚀抑垢的效果。

配方 5

原料配比：

原料名称	质量分数/%	原料名称	质量分数/%
PAPEMP	10~50	铜缓蚀剂	1~10
锌盐	2~10	水	30~75
聚羧酸类分散剂	5~50		

注：其中，锌盐是硫酸锌、氯化锌、氧化锌中的一种或几种；分散剂是 AA/AMPS、聚丙烯酸等聚羧酸类化合物的一种；铜缓蚀剂是 TTA、BTA、MBT 中的一种。

制备方法：根据原料配比，在干燥的反应釜中加入水，然后加入 PAPEMP，混合搅拌 5~10min；向搅拌后的溶液中加入锌盐，搅拌 15~20min；加入分散剂，搅拌 5~15min；加入铜缓蚀剂，搅拌 20~40min 即可。

性质与用途：本产品配方合理，使用效果好，生产成本低，适用于任何敞开式的循环冷却水系统，特别适用于高硬度、高碱度、高 pH 值的循环冷却水系统。

配方 6

原料配比：

原料名称	质量分数/%	原料名称	质量分数/%
丙烯酸-丙烯酸酯-磺酸盐共聚物	10~25	氢氧化钠	4~6
巯基苯并噻唑	10~20	水	适量
腐植酸钠	2~3		

注：本产品运行环境为 20~50℃的工业冷却水系统。

制备方法：按配比称取各组分，溶解，用自动加药装置加入到漂洗干净的系统中，首次加药按总水量的 150mg/kg 加入，以后再按补充水量的 100mg/kg 加药，并定期排污。

性质与用途：本产品加入循环水中后能有效地起到缓蚀、阻垢的效果，安全稳定。本产品对水中的各种主要成垢金属离子都有很好的络合能力，能有效地防止它们与成垢阴离子结合生成水垢；本产品对水中颗粒有很好的分散作用，对水中的沉积物有很好的抑制消除作用，能有效地破坏沉积物的晶格顺序，使其由致密变得疏松，进而被稳定地分散在水中，使设备和管道始终维持清洁状态，保持高的运行效率。本产品加入循环水系统后能在设备和管路表面快速地形成一层致密膜，此保护膜具有自身修补作用，维持保护膜的完整性。

本产品非常高效，只需较低的浓度即可发挥良好的作用，是一种成本低廉、使用方便的缓蚀阻垢水处理剂，适合长期使用。另外，本产品除了特别适用于工业水系统以外，对于其他与工业水系统相似的循环系统都有较好的效果，如常见的锅炉系统、中央空调系统等。

配方7

原料配比：

原料名称	质量分数/%	原料名称	质量分数/%
马来酸酐	26～28	二亚乙基三胺五亚甲基膦酸	12
氨水	52～54	去离子水	6
氧化铁和氧化镍的混合物	2	氢氧化钠水溶液	适量

制备方法：①将配方量的马来酸酐、氨水送入化学反应釜中，开始搅拌升温至 50～60℃，加入配方量的催化剂氧化铁和氧化镍的混合物，搅拌均匀后停止搅拌，保温反应 1～1.2h；②继续搅拌，加入配方量的去离子水，停止加热，边搅拌边降温至常温，添加适量的氢氧化钠水溶液，调 pH 值为 9～10 之间后加入配方量的二亚乙基三胺五亚甲基膦酸，搅拌至混合均匀后得到成品。

性质与用途：该生产方法具有工艺简单、反应条件温和、生产成本低、产品质量好等优点，产品主要作为在水处理中用作循环冷却水和锅炉水的阻垢缓蚀剂，特别适用于碱性循环冷却水中作为不调 pH 值的阻垢缓蚀剂，并可用于含碳酸钡高的油田注水和冷却水、锅炉水的阻垢缓蚀剂。

配方8

原料配比：

原料名称	质量份	原料名称	质量份
氨基吡咯烷	15	环己胺	8
羟基亚乙基二膦酸	25	去离子水	适量
亚硫酸钠	2		

制备方法：将所需原料一并加入容器内，常温下继续搅拌 4～10min，待充分混合均匀即可。

性质与用途：本产品综合性能好，具有优良的阻垢功能，还有很好的分散能力，同时可降低循环冷却水中总磷的含量，降低常用有机磷药剂因磷含量高而对环境的危害，满足日益严格的环保要求。该产品主要用于高腐蚀性工业循环冷却水系统，如燃油锅炉、燃气锅炉、回水锅炉、热水锅炉及需要进行阻垢处理的工业锅炉。

配方9

原料配比：

原料名称	质量份	原料名称	质量份
有机磷酸盐 HEDP	9	腐植酸钠	1
有机磷酸盐 EDTMP12	12	苯并三唑	2
丙烯酸	8	氢氧化钠	10
磷酰化聚马来酸酐	1	去离子水	38
L-天冬氨酸	16		

制备方法：取上述各组分，在室温下置于容器中搅拌均匀即可。

性质与用途：①本产品配方为低磷配方，使用过程中不易形成磷酸钙垢；②将生化技术及表面技术与传统的水质稳定技术相结合，有效地改善了换热器设备金属表面的阻垢与防腐性能，尤其针对我国北部地区高硬度、高碱度水质容易结垢的行业难度问题，使得循环冷却水能够在超浓缩（浓缩倍数大于 5 倍）条件下进行，节约了大量的水资源；③本品在提高浓缩倍数时，无需加酸处理，采用自然 pH 值运行，既节约了设备投资，简化了操作程序，又有利于提高设备寿命，保证系统的正常运行；④本品同时具有净化水质的功能，解决了由于循环水水质恶化造成的一系列危害循环水正常运行的问题，使循环水系统能更清洁地运行，对环境保护也有很大的促进作用；⑤本品制备工艺简单，使用方便，用量少，成本低，有利于降低循环水运行成本和加强循环水的管理。本产品主要用在高硬度、高碱水质的循环冷却水处理。

配方 10

原料配比：

原料名称	质量分数/%	原料名称	质量分数/%
亚乙基二胺四亚甲基膦酸钠	69～71	聚羧酸盐	10
马来酸-丙烯酸共聚物	14～16	氯化锌	5

制备方法：①将配方量的亚乙基二胺四亚甲基膦酸钠、马来酸-丙烯酸共聚物送入化学反应釜中后开动搅拌机搅拌，转速为 32r/min，随即向反应釜夹层内送入蒸汽，使反应釜内缓慢升温，控制温度在 40～42℃ 之间，搅拌反应 1h；②停止向反应釜供汽，降温至 26～28℃，继续搅拌，同时加入配方量的聚羧酸盐、氯化锌，搅拌 0.5h 后停止搅拌，降温至常温后即可得到成品。

性质与用途：该配方具有生产工艺简单、成本低廉、无"三废"排放的优点，是一类应用广泛的阻垢缓蚀剂，在水处理中用作循环冷却水和锅炉水的阻垢缓蚀剂，还可用于无氰电镀的络合剂、印染工业软水剂等。

配方 11

原料配比：

原料名称	质量份	原料名称	质量份
硅酸钠	30～50	硫酸锌	2～5
HEDP	2～6	巯基苯并噻唑	0.8～2
硼砂	1～2	水	适量
铬酸盐	8～10		

制备方法：按上述比例混合，搅拌均匀即可。

性质与用途：本产品具有很好的缓蚀作用，适用于以碳钢、不锈钢、钢材等作为换热器材的冷却水处理，且具有低毒、高效、经济的特点。

配方 12

原料配比：

原料名称	质量分数/%	原料名称	质量分数/%
马来酸酐	26~28	多元醇磷酸酯	11
氨水	53~55	去离子水	6
氧化铁和氧化镍的混合物	2	氢氧化钠水溶液	适量

制备方法：①将配方量的马来酸酐、氨水送入化学反应釜中，开始搅拌，升温至 50~60℃，加入配方量的催化剂氧化铁和氧化镍的混合物，搅拌均匀后停止搅拌，保温反应 1~1.2h；②继续搅拌，加入配方量的去离子水，停止加热，待降至常温，添加适量的氢氧化钠水溶液，调 pH 值为 9~10 后加入配方量的多元醇磷酸酯，搅拌至混合均匀后即可得到成品。

性质与用途：产品主要作为在水处理中的阻垢缓蚀剂，特别适用于高硬度、高碱度、高 pH 值的循环冷却水系统和油田水处理，对碳酸钙、磷酸钙、硫酸钙的阻垢性能优异，同时可有效地抑制硅垢的形成。

配方 13

原料配比：

原料名称	质量分数/%	原料名称	质量分数/%
马来酸酐	26~28	多氨基多醚基亚甲基膦酸	8
氨水	56~58	去离子水	6
氧化铁和氧化镍的混合物	2	氢氧化钠水溶液	适量

制备方法：①将配方量的马来酸酐、氨水送入化学反应釜中，开始搅拌升温至 50~60℃，加入配方量的催化剂氧化铁和氧化镍的混合物，搅拌均匀后停止搅拌，保温反应 1~1.2h；②继续搅拌，加入配方量的去离子水，停止加热，边搅拌边降温至常温，添加适量的氢氧化钠水溶液，调 pH 值为 9~10 后加入配方量的多氨基多醚基亚甲基膦酸，搅拌至混合均匀后得到成品。

性质与用途：本产品主要作为在水处理中的阻垢缓蚀剂，特别适用于高硬度、高碱度、高 pH 值的循环冷却水系统和油田水处理，对碳酸钙、磷酸钙、硫酸钙的阻垢性能优异，同时可有效地抑制硅垢的形成。

配方 14

原料配比：

原料名称	质量分数/%	原料名称	质量分数/%
二亚乙基三胺五亚甲基膦酸	74~76	聚天冬氨酸钠	6
聚环氧琥珀酸钠	15~17	高效溶锌剂	3

制备方法：①将配方量的二亚乙基三胺五亚甲基膦酸、聚环氧琥珀酸钠送入化学反应釜中后开动搅拌机搅拌，转速为 26r/min，随即向反应釜夹层内送入蒸

汽，使反应釜内缓慢升温，控制温度在 38～40℃，搅拌反应 1h；②停止向反应釜供汽，降温至 23～25℃，继续搅拌，同时加入配方量的聚天冬氨酸钠、高效溶锌剂，搅拌 0.6h 后停止搅拌，降温至常温后得到成品。

性质与用途：本产品具有生产工艺简单、成本低廉、无"三废"排放的优点，是一类应用广泛的阻垢缓蚀剂，在水处理中用作循环冷却水和锅炉水的阻垢缓蚀剂，主要用作油田水处理、工业循环冷却水、锅炉水的阻垢缓蚀剂。

配方 15

原料配比：

原料名称	质量分数/%	原料名称	质量分数/%
次氮基三亚甲基磷酸	70～72	羟基亚乙基二膦酸钠	8
氨基三亚甲基膦酸钾	14～16	聚丙烯酸钠	6

制备方法：①将配方量的次氮基三亚甲基磷酸、氨基三亚甲基膦酸钾、羟基亚乙基二膦酸钠送入化学反应釜中，开动搅拌机搅拌，转速为 28r/min，随即向反应釜夹层内送入蒸汽，使反应釜内缓慢升温，控制温度在 40～42℃，搅拌反应 0.8h；②停止向反应釜供汽，降温至 20～22℃，继续搅拌，加入配方量的聚丙烯酸钠，搅拌 0.5h 后停止搅拌，降温至常温后得到成品。

性质与用途：本产品具有生产工艺简单、成本低廉、无"三废"排放的优点，是一类应用广泛的阻垢缓蚀剂，在水处理中用作循环冷却水和锅炉水的阻垢缓蚀剂，主要用于火力发电厂的循环冷却水、炼油厂的循环冷却水、油田回注水系统，可以起到减少金属设备或管路腐蚀、结垢的作用。

配方 16

原料配比：

原料名称	质量分数/%	原料名称	质量分数/%
二亚乙基三胺五亚甲基膦酸钠	71～73	水解聚马来酸酐	8
羟基亚乙基二膦酸钠	16～18	硫酸锌	3

制备方法：①将配方量的二亚乙基三胺五亚甲基膦酸钠、羟基亚乙基二膦酸钠送入化学反应釜中后开动搅拌机搅拌，转速为 30r/min，随即向反应釜夹层内送入蒸汽，使反应釜内缓慢升温，控制温度在 44～46℃，搅拌反应 0.8h；②停止向反应釜供汽，降温至 24～26℃，继续搅拌，同时加入配方量的水解聚马来酸酐、硫酸锌，搅拌 0.5h 后停止搅拌，降温至常温后得到成品。

性质与用途：本产品具有生产工艺简单、成本低廉、无"三废"排放的优点，是一类应用广泛的阻垢缓蚀剂，在水处理中用作循环冷却水和锅炉水的阻垢缓蚀剂，并可用作含碳酸钡高的油田注水和冷却水的阻垢缓蚀剂。

配方 17

原料配比：

原料名称	质量分数/%	原料名称	质量分数/%
多氨基多醚基亚甲基膦酸	70~72	聚丙烯酸钠	6
膦酰基羧酸共聚物	14~16	马来酸-丙烯酸共聚物	8

制备方法：①将配方量的多氨基多醚基亚甲基膦酸、膦酰基羧酸共聚物送入化学反应釜中后开动搅拌机搅拌，转速为20r/min，随即向反应釜夹层内送入蒸汽，使反应釜内缓慢升温，控制温度在35~40℃，搅拌反应1h；②停止向反应釜供汽，降温至25~30℃，继续搅拌，同时加入配方量的聚丙烯酸钠、马来酸-丙烯酸共聚物，搅拌0.5h后停止搅拌，降温至常温后得到成品。

性质与用途：本产品具有生产工艺简单、成本低廉、无"三废"排放的优点，产品的效果大大优于单一的多氨基多醚基亚甲基膦酸，是一类应用广泛的阻垢缓蚀剂，在循环冷却水系统和油田水处理中，可以有效地阻止水垢的生成。

配方 18

原料配比：

原料名称	质量份	原料名称	质量份
多元醇磷酸酯	30	丙烯酸-磺酸盐共聚物	10
硫酸锌	20	水	适量

制备方法：将各组分一并加入密闭混合容器中，在常温常压下搅拌均匀即可。

性质与用途：该新型高效阻垢缓蚀剂，主要用在炼油厂、化工厂、化肥厂、医药、食品等行业的空调系统和铜质换热器等循环冷却水系统，设备锅炉以及供热管道系统腐蚀和结垢处理上，以及脱盐、超纯净水制备、污水处理、各种分离提纯过程，特别适用于作为油田注水操作过程中的阻垢剂。

配方 19

原料配比：

原料名称	质量份	原料名称	质量份
钨酸钠	20	聚羧酸	3
葡萄糖酸钠	20	苯并三唑	12
有机膦酸盐	15	水	30

制备方法：按原料配比称取各组分，一并加入装有搅拌器的电加热的反应釜中，待升温至20~30℃，停止加热，保持常温，继续搅拌4~10min即可。

性质与用途：本产品主要用于工业循环冷却水系统，如燃油锅炉、燃气锅炉、回水锅炉、热水锅炉及需要进行阻垢处理的工业锅炉。其特点是：本产品所用材料钨酸盐的缓蚀作用可以应用于含高氯离子的水质条件，由于钨系水处理剂低毒、无环境污染，因此应用范围广泛，前景广阔。本品可替代常用的磺酸共聚物，加入锌盐，可用于低硬度的水质，可提高配方的缓蚀率。

配方 20

原料配比：

原料名称	质量分数/%	原料名称	质量分数/%
2-膦基丁烷-1,2,4-三羧酸	12～16	多醚基多氨基膦酸盐共聚物	25～35
羟基亚乙基二磷酸	8～12	磺酸盐共聚物	45～55

制备方法：根据上述比例称取各组分，并将其混合搅拌均匀即可。

性质与用途：本产品为无锌、碱性、全有机膦系配方，它可以简化工艺操作，浓缩倍数可控制在 4～6，其腐蚀率及垢沉积速度都均小于循环水水质监测控制指标，节约工业用水，减少环境污染，可广泛适用于化工、化纤等同类循环冷却水系统。

配方 21

原料配比：

原料名称	质量份	原料名称	质量份
丙烯酸	45	烯丙酯甘油醚	3
丙烯酸羟丙酯	17	水	200
甲基丙烷磺酸	35	过硫酸钠(引发剂)	相对于单体的10%(质量分数)

制备方法：四种单体在溶液中进行共聚反应而制得。聚合过程在搅拌条件下进行，将单体与溶剂混合，加热至 70～130℃，在 1～3h 内加入引发剂，加完后继续保温反应 1～3h 即可。

性质与用途：本产品的特点是共聚物分子链上同时存在强酸、弱酸及其两种不同亲和力的非离子基团，对水中的氧化铁、磷酸钙、磷酸锌、碳酸钙显示出独特的分散能力。并且还具有很高的钙容忍度，在高硬、高碱、高铁、高 pH 值、高温与含油条件下，仍能成功地控制水中各种难溶盐沉积。不仅可以扩大水处理范围，降低冷却水水质要求，还可以提高冷却水处理的凝缩倍数，从而进一步提高经济效益和环保效果。在制作上生产工艺简单，原料成本低廉，除垢效果明显，使用方便，用途广泛，没有污染。本品主要用于循环水冷却系统、油田水与锅炉水等工业水处理。

配方 22

原料配比：

原料名称	质量份	原料名称	质量份
丙烯酸(AA)	5～15	过硫酸铵	5～10
丙烯酸羟丙酯(HPA)	10～20	次亚磷酸钠	1～5
2-丙烯酰胺-2-甲基丙基磺酸(AMPS)	15～30		

制备方法：在装有回流冷却器、温度计、恒压滴液漏斗和磁力搅拌器的多口烧瓶中加入一定量的水和还原剂，升温并搅拌，当烧瓶中水升至一定温度时，同时滴加混合单体（AA/AMPS、HPA）和氧化剂（过硫酸铵），维持一定的温度范围，滴加完毕，继续维持一定的温度，保温反应一段时间，冷却即可得到共聚物缓蚀阻垢剂。

性质与用途：本产品中，AA/AMPS 为丙烯酸与 2-丙烯酰胺-2-甲基丙磺酸共聚而成。由于分子结构中含有阻垢分散性能好的羧酸基和强极性的磺酸基能提高钙容忍度，对水中的磷酸钙、碳酸钙、锌垢等有明显的阻垢作用，并且分散性能优良，特别适合高 pH 值、高碱度、高硬度的水质。使用于高硬度、高碱度、高浓缩倍数运行的冷却水系统，可以有效节约工业用水，降低企业成本。

配方 23

原料配比：

原料名称	质量份	原料名称	质量份
黄酸腐殖酸碱剂	16～26	2-乙胩基次乙基-1,1-二膦酸	1～2
碳酸钠	4～6	乙二醇	2～6
聚马来酸酐	2～6		

制备方法：根据上述比例称取各组分，并将其混合搅拌均匀即可。

性质与用途：本产品的特点是原料易得，设备投资小，成本低，可以使循环水的 pH 值保持在 8～9，适用于管程或壳程敞开式冷却水设备中的循环冷却水以及其他多种水质的循环冷却水处理，兼具有缓蚀阻垢和杀菌灭藻效果。

配方 24

原料配比：

原料名称	质量分数/%
聚环氧琥珀酸钠	10～20
聚天冬氨酸钠（PASP）	10～20
丙烯酸-2-丙烯酰胺基-2-甲基丙磺酸共聚物（AA-AMPS）	15～25
水解聚马来酸酐（HPMA）	10～20
去离子水	适量

制备方法：根据上述比例称取各组分，并将其混合搅拌均匀即可。

性质与用途：该产品与传统含磷复合缓蚀阻垢剂相比，在加药浓度超过 $5\mu L/L$ 后，阻垢性能更加优异，且本复合缓蚀阻垢剂属于无磷配方，使用过程中，循环水中滋生的菌藻类微生物相对于使用传统含磷复合缓蚀阻垢剂要少得多，大大减少了杀菌剂的用量，所排放的水体也不会对周围水体造成富营养化污染。

配方 25

原料配比：

原料名称	质量份	原料名称	质量份
马来酸酐	3～5	聚环氧琥珀酸钠	3～5
巯基苯并噻唑	1～2	丙烯酸与 2-丙烯酰胺-2-甲基丙磺酸共聚物	2～5
苯甲酸钠	3～4	硝基丙二醇	1～2
邻苯二甲酯	3～4	聚天冬氨酸	8～10
羟基亚乙基二膦酸	2～5	去离子水	180～220
六甲基磷酰胺	3～4		

制备方法：根据上述比例称取各组分，并将其混合搅拌均匀即可。

性质与用途：本产品节能环保，具有较好的冷却水处理效果，避免冷却水使用过程中出现结垢，发生沉淀，影响使用效果，且配方制备简单、方便，改善了制造生产效果，方便根据需要使用。

配方 26

原料配比：

原料名称	质量分数/%	原料名称	质量分数/%
聚天冬氨酸	10～15	丙烯酸-2-丙烯酰胺-2-甲基丙磺酸共聚物	15～25
聚环氧琥珀酸	10～20		
硫酸锌	5～15	葡萄糖酸钠	10～20
唑类衍生物	1～2	水	适量

制备方法：在常温下将各原料组分按比例加入反应器中搅拌均匀即可。

性质与用途：本产品配方成分具有明显的协同增效作用，并且配方成分不含磷，是绿色环保缓蚀阻垢剂，排放后对环境无污染，是一种环境友好型水处理剂，能有效解决循环冷却水中存在的结垢腐蚀等问题，特别适用于投加硫酸提高浓缩倍数的循环冷却水系统。对碳酸钙、硫酸钙、硫酸钡等污垢具有良好的分散效果，并使碳钢、铜等金属的腐蚀速率达到国家标准。

配方 27

原料配比：

原料名称	质量分数/%	原料名称	质量分数/%
聚天冬氨酸	15～25	甲基苯并三唑	10～20
聚丙烯酸钠	10～15	无铜异噻唑啉酮	10～25
月桂酰基肌氨酸钠	20～30	水	适量
十二烷基苯磺酸钠	10～15		

制备方法：在常温下将各原料组分按比例加入反应器中搅拌均匀即可。

性质与用途：本产品适用于铜铁共用体系的循环冷却水系统，有良好的阻垢、缓蚀、杀菌性能，同时对我国各地的水质有良好的适应性。配方中的药剂为无磷环保无公害的药剂，具有高效性，且添加浓度低、成本低。

配方 28

原料配比：

原料名称	质量份	原料名称	质量份
聚天冬氨酸	20～30	丙烯酸-丙烯酸酯-磺酸盐共聚物	10～20
聚环氧琥珀酸	20～30	纯净水	20～40
烷基环氧羧酸酯	5～20		

制备方法：根据上述比例称取各组分，并将其混合搅拌均匀即可。

性质与用途：本产品的主要成分为聚天冬氨酸、聚环氧琥珀酸、烷基环氧羧酸酯等具有优良的生物可降解性和较高的缓蚀阻垢性能，是一种绿色的水处理剂。属于全无磷配方，使用过程中不会形成磷酸钙垢；所排废水不会对环境造成富营养化污染；使用前不需预膜；使用方便，使用量少，成本低，有利于降低循环水运行成本和加强循环水的管理。

配方 29

原料配比：

原料名称	用量/(mg/L)	原料名称	用量/(mg/L)
聚天冬氨酸(PASP)	10～25	聚环氧琥珀酸(PESA)	1～10
羟基亚乙基二膦酸(HEDP)	1～10	聚偏磷酸钠(SHMP)	1～5
氨基三亚甲基膦酸(ATMP)	1～5	多元醇磷酸酯	1～5

制备方法：先加入聚天冬氨酸，然后加入其他物料；加热温度为 60～80℃，搅拌速度为 300r/min，pH 值为 8.1～10.2，静置 1～6h。

性质与用途：本产品具有优异的阻垢性能，属于低磷配方，使用过程中磷酸钙垢的生成率极低，用本配方所排废水不会对环境造成富营养化污染，属于环境友好产品，尤其适合高钙硬和高碱硬的循环水处理。

配方 30

原料配比：

原料名称	质量份	原料名称	质量份
膦羧酸共聚化合物	1～10	铜缓蚀剂	0～5
钼酸盐(以钼酸根离子计)	1～10	锌盐(以锌离子计)	0～5
稀土元素的盐	0.1～10		

注：其中，钼酸盐为钼酸铵或钼酸钠；稀土元素选自镧系元素铈、镧、镨，该稀土元素的盐为其硝酸盐；铜缓蚀剂为苯并三唑，锌盐选自氯化锌、硫酸锌及其水合物。

制备方法：按配比称取各组分物料置于 1000000 份水中，搅拌混合均匀即可。

性质与用途：本产品为低磷、环保型配方，阻垢、缓蚀性能优异，特别适用于高硬、高碱、高 pH 值、高悬浮物的"四高"苛刻水质条件，且原料易得，开发了稀土元素在水处理中的应用范围，对于发展我国的稀土事业具有非常积极的意义。

配方 31

原料配比：

原料名称	质量分数/%	原料名称	质量分数/%
异噻唑啉酮	10～30	戊二醛	15～25
2,2-二溴-3-次氮基丙酰胺	3～15	硫酸铜	0.5～2
聚乙二醇	5～20	鞣质	3～10
α-溴代肉桂醛	5～15	去离子水	适量

注：其中，异噻唑啉酮中 5-氯-2-甲基-4-异噻唑啉-3-酮与 2-甲基-4-异噻唑啉-3-酮的比例为 2：1；异噻唑啉中活性物含量 14%；硫酸铜为五水硫酸铜。

制备方法：先将 2,2-二溴-3-次氮基丙酰胺和 α-溴代肉桂醛溶于聚乙二醇后加入反应设备中，再在 50～60℃并且搅拌条件下依次加入去离子水、异噻唑啉酮、硫酸铜、鞣质和戊二醛，搅拌 20～50min 后静置即可。

性质与用途：本产品用于循环冷却水的复合杀菌灭藻剂，成本低，配方成分具有明显的协同增效作用，与其他水处理剂不产生干扰，具有优良的杀菌灭藻及黏泥剥离效果。

配方 32

原料配比：

原料名称	质量份	原料名称	质量份
聚丙烯酸	10～20	邻苯二甲酯	1～3
异丙醇	30～40	水	80～100

制备方法：根据上述比例称取各组分，并将其混合搅拌均匀即可。

性质与用途：本产品配方合理，使用效果好，生产成本低。

配方 33

原料配比：

原料名称	质量份	原料名称	质量份
磺化琥珀酸-2-乙基乙酯钠盐	10～20	苯甲酸	2～5
乙二醇	30～40	水	90～100

制备方法：根据上述比例称取各组分，并将其混合搅拌均匀即可。

性质与用途：本产品配方合理，使用效果好，生产成本低。

配方 34

原料配比：

原料名称	质量份	原料名称	质量份
去离子水	12～30	磺酸盐	7～20
有机膦酸	17～50	锌盐	5～20
聚羧酸盐	6～25	助剂	1～2

注：有机膦酸为羟基亚乙基二膦酸或氨基三亚甲基膦酸或乙二胺四亚甲基膦酸的其中一种；聚羧酸盐为膦酰基羧酸共聚物或丙烯酸-丙烯酸羟丙酯共聚物的其中一种；磺酸盐为丙烯酸磺酸共聚物或丙烯酸酯-磺酸盐共聚物或丙烯酸-2-丙烯酰胺-2-甲基丙磺酸共聚物，三者任选其一；锌盐为硫酸锌或氯化锌的其中一种；助剂为盐酸或硫酸的其中一种。

制备方法：①投料：将反应釜冲洗干净后，按照配方配比注入部分去离子水和聚羧酸盐，打开搅拌，开启加热或冷却水装置，保持温度 15～40℃；②升温：当温度为 15～40℃时，按照配方配比投加锌盐，将温度提高到 60℃，并保持 30min；然后按照配方配比投加助剂，在 60℃ 保持 30min；③降温：打开冷却水，降温至 15～40℃，按照配方配比投加磺酸盐，搅拌 20min 使溶液均匀后投加有机磷酸，保持温度在 15～40℃搅拌 30min；④补水：补足去离子水，使溶液达到 1000kg，再搅拌 30min，至溶液澄清透明为止；⑤放料：打开放料阀，将上述药液过滤装入包装桶中即可，入库存放于避光阴凉通风处。

性质与用途：本产品原料对环境无毒、无污染，生产过程中无"三废"排放，阻垢率和缓蚀率均满足国家或行业的相关标准要求，节约了大量工业用水，从而也达到了环保节约的目的。本产品可以实现工业循环冷却水系统在结垢状态下，在不停车、不影响生产的情况下溶垢除垢。

配方 35

原料配比：

原料名称	质量分数/%	原料名称	质量分数/%
乙二胺四乙酸	12～25	聚磷酸盐	25～35
腐殖酸钠	15～25	羟基亚乙基二磷酸	20～30

注：该清洗剂的使用温度为 30～80℃。其可在常温下进行清洗，如果进行适当加温，将获得更好的清洗效果。

制备方法：按比例称取各组分，将其混合搅拌均匀即可。

使用方法：在一个工业循环水系统中，保持系统正常运行状态，加入本产品。降温后升高到 50℃，经 3h 完成清洗；室温下，经过 5h，污垢基本去除。

性质与用途：本产品具有高效的清洗效率，几乎没有腐蚀性，可以不停产清洗，洗脱物不易沉积等优点。

配方 36

原料配比：

原料名称	质量分数/%	原料名称	质量分数/%
硫脲	15～20	硅酸钠	10～20
苯并三唑	8～20	水	35～55
巯基苯并噻唑	5～10		

制备方法：按比例称取各组分，混合均匀即可。

使用条件：本产品作用温度为 20～50℃，作用时间为 3～8h。

性质与用途：本产品是一种酸洗前使用的缓蚀剂，可以应用于盐酸、硝酸、EDTA、柠檬酸等多种清洗剂介质中，而且还是多种金属材质在清洗介质中良好的缓蚀剂。本产品特别适用于大型的工业冷却循环水系统，其能够针对多种酸、多种金属发挥良好的缓蚀效果。

配方 37

原料配比：

原料名称	质量份	原料名称	质量份
尿素	10～20	苯胺	2～5
亚硝酸钠	10～20	水	90～100
苯甲酸钠	2～5		

制备方法：根据上述比例称取各组分，并将其混合搅拌均匀即可。

性质与用途：本产品配方合理，使用效果好，生产成本低。

配方 38

原料配比：

原料名称	质量份	原料名称	质量份
尿素	10～20	硫氰酸钾	0.1～0.5
亚硝酸钠	10～20	水	90～100
碳酸钠	2～5		

制备方法：根据上述比例称取各组分，并将其混合搅拌均匀即可。

性质与用途：本产品配方合理，使用效果好，生产成本低。

配方 39

原料配比：

原料名称	质量份	原料名称	质量份
聚磷酸盐	80～90	异丙醇	1～3
硫酸锌	1～5		

制备方法：根据上述比例称取各组分，并将其混合搅拌均匀即可。

性质与用途：本产品配方合理，使用效果好，生产成本低。

配方 40

原料配比：

原料名称	质量分数/%	原料名称	质量分数/%
聚磷酸酯	20～40	硫酸锌	15～35
六偏磷酸钠	30～50		

制备方法：根据上述比例称取各组分，并将其混合搅拌均匀即可。

性质与用途：本产品特别适用于工业冷却水系统。本产品能够迅速地在工业冷却水系统表面形成一层保护膜。

配方 41

原料配比：

原料名称	质量分数/%
多元醇磷酸酯	35～42
无机磷酸盐	9～15

原料名称	质量分数/%
丙烯酸-丙烯酸酯-顺丁烯二酸酐共聚物或丙烯酸-丙烯酸羟丙酯共聚物	16～36
木质素磺酸钠	15～35
十四烷基二甲基苄基氯化铵或氯锭	适量
锌盐	适量

注：作清洗、预膜剂用时，复合水处理剂浓度调控在150～450mg/L，pH值调控在4.5～6.0，运行48h后边排污边补水至浊度＜10mg/L；作加强预膜剂用时，复合水处理剂浓度调控在200～550mg/L，pH值调控在5.2～6.8，运行48h后边排污边补水至浊度＜10mg/L；作正常运行药剂时，复合水处理剂浓度调控在10～50mg/L，pH值调控在6.8～8.6。

制备方法：在常温常压下，将符合工业纯质量指标要求的配方中的多元醇磷酸酯、无机磷酸盐、丙烯酸-丙烯酸酯-顺丁烯二酸酐共聚物或丙烯酸-丙烯酸羟丙酯共聚物、木质素磺酸钠按一定配比分别由入口输送到反应釜中，开动搅拌器，边投料边搅拌，投料完毕后补足按计算需投入的软水或自来水，继续搅拌20～30min，搅拌停止后开启复合液出口，将制好的复合液装入成品罐中加以密封。当实际使用时，把适量工业纯的杀菌灭藻剂十四烷基二甲基苄基氯化铵或氯锭和适量锌盐加入到已经制备的复合液中稍微搅拌即可。

性质与用途：本产品由缓蚀剂、阻垢剂、杀菌灭藻剂构成，用于防止循环冷却水碳钢换热器管壁产生锈瘤和点蚀。

4

油田废水处理药剂

4.1　油田废水的污染物来源及处理意义

　　油田勘探开发过程中难以避免产生环境污染问题，尤其是随着油田开发和地下水的大量开采，油田稠油注汽开采、三次采油配制聚合物等过程又需耗用大量的淡水资源。同时，油田生产开发过程中会产生大量污水，大部分作为生产用水回注地层用于驱油，但仍有大量污水未被利用而剩余。油田污水无法处理，容易出现地下水污染、区域水位下降等环境地质问题，地下水污染一旦形成，消除则很困难，费用也高。所以油田开发对当地地下水的影响一直是各方关注的比较敏感的问题，地下水资源的优劣直接关系到当地人民群众的生存和发展。随着国家逐步缩减甚至禁止污水排放，剩余污水的有效处理就成为了制约油田持续发展的难题。

　　油田废水处理具有重要意义。首先，油田废水处理是解决油田废水产生严重环境污染问题的根本途径。随着人们环境意识的不断增强，国家对环保问题越来越重视，油田废水的达标排放已成为制约油田可持续发展的重要因素之一。其次，油田废水处理也是充分利用水资源，节约成本的需要。油田废水经处理后代替地下水进行回注，是循环用水的一种好方法。提高处理废水回注率，即可大量减少对注水水源的消耗，实现对水的循环利用。

4.2　油田废水所含污染物质

　　油田废水主要来源于油田采出水、钻井废水以及洗井水。目前，我国大部分油田已进入石油开采的中后期，采出液的含水量为 $70\%\sim80\%$，有的油田甚至高达 90%以上。油田采出水随原油一起从地下采出，并同原油混合，进入集输系统的集油站，进行脱水分离，脱出的水仍含一定浓度的油。采出水中石油类有机物含量高，并含有一定的破乳剂成分。钻井废水是钻井施工过程中产生的废水，由振动筛冲洗水、钻井泵冲洗水、机械设备清洗水，废弃钻井池清洗液、钻机排出的冷却水及井场生活废水组成。钻井废水中的主要污染物是石油类有机物和钻井液添加剂等。洗井水主要产生于井下作业洗井及注水井的定期清洗。洗井水主要含有石油类有机物、表面活性剂以及酸、碱等污染物。

4.3 油田废水处理方法

对于油田废水，可以根据其污染物类型及污染程度，采用一种或多种水处理剂进行处理。常用于处理油田用水的水处理剂有絮凝剂、破乳剂、缓蚀剂、阻垢剂、杀菌剂等。

4.3.1 絮凝剂

在水处理初期，可以用单一絮凝剂或者复配絮凝剂，使水中的胶体和悬浮物颗粒絮凝成较大的絮凝体，便于从水中分离出来，从而达到水质净化的目的。再根据其分子量的大小、官能团的性质以及官能团离解后所带电荷的性质，可将其进一步分为高分子、低分子、阳离子型、阴离子型和非离子型絮凝剂。

4.3.2 破乳剂

破乳剂大体分为两大类，一类是油包水乳状液的破乳剂，一般称为传统破乳剂，主要是用来脱除油中含的少量水分。第二类是水包油乳状液的破乳剂，称为反相破乳剂。反相破乳剂主要用于含油污水处理，广泛应用于油田、气田、页岩气开采、炼油、石化、化工等行业含油废水的除油操作。

反相破乳剂分为以下几类：

（1）电解质 可压缩、减少油珠表面的扩散双电层，减少油珠表面电荷，增加油珠碰撞合并的机会，可用的电解质有 $NaCl$、$MgCl_2$、$CaCl_2$ 等。

（2）低分子醇 如甲醇、乙醇、正丁醇、异丙醇、正戊醇等。另外，低分子胺或低分子酸也具有低分子醇相似的作用。

（3）表面活性剂 阳离子表面活性剂如十四烷基三甲基氯化铵、二癸基二甲基氯化铵，它们可与阴离子类型的乳化剂反应，改变其亲水亲油平衡值，或吸附在水湿性黏土颗粒表面，改变其润湿性，破坏水包油型乳状液。另外，一些可作为油包水型乳化剂的阴离子表面活性剂以及油溶性的非离子表面活性剂，也可用作水包油型乳状液破乳剂。

（4）高分子化合物　主要使用的是阳离子型高分子化合物，也可使用非离子型高分子化合物。它们通过形成不牢固的吸附膜聚集油珠、增溶乳化剂等起到破乳作用。阳离子型高分子化合物还可中和油珠表面的负电性，或与表面带负电的固体乳化剂等起到破乳作用。

以上各类反相破乳剂通常复配使用，如氧烷基化酚醛树脂与多烯多胺复配，高当量石油磺酸盐与无机盐复配，低分子醇与盐复配，季铵盐、醇与盐复配等。一般而言，复配剂的作用效果优于单剂。

4.3.3　杀菌剂

在油田二次采油中，需要大量回注水，由于回注水中一般都含有硫酸盐还原菌（SRB）、腐生菌（TGB）和铁细菌等一系列不利于注水采油的细菌微生物。油田系统中微生物的生长、代谢和繁殖可造成钻采设备和注水管线及其他金属材料的腐蚀和损坏、管道和注水井的堵塞；使油层孔隙渗透率下降，妨碍注水采油；甚至可以降解其他油田化学品并且降低药剂的使用效率。由于化学品处理法具有经济、方便、高效等特点，因此在我国油田工业生产实际运行中一直作为主要的处理手段。油田常用杀菌剂包括氧化型杀菌剂和非氧化型杀菌剂。

① 氧化型杀菌剂主要包括氯系列（如氯气、二氧化氯、稳定性二氧化氯、次氯酸、次氯酸钠等）、溴系列（如溴素、活性溴化物、氯溴等）、臭氧及过氧化氢等。

② 非氧化型杀菌剂主要包括离子型杀菌剂、非离子型杀菌剂和复合杀菌剂。

4.3.4　除氧剂

油田注入水中含有溶解氧会产生诸多危害：①水中溶解氧不仅直接造成管道腐蚀，而且如果钢铁表面有沉积物存在，就会形成氧浓度差电池腐蚀，其腐蚀速度相当快；②水中溶解氧进入油层后对水中溶解铁和原油中的胶体进行缓慢的氧化，形成细小的沉淀，导致油层孔隙减小，降低原油的采收率；③三次采油中的注聚合物驱油提高采收率的广泛应用，亦对水中含氧有严格要求。实验表明，水中溶解氧会氧化聚合物，使高分子聚合物的分子链变短，致使黏度变小，最终降低了驱油效果。总而言之，对油田注入水除氧是十分必要的。

油田常用的除氧剂有亚硫酸钠、联氨以及丙酮肟等，他们可以单独使用，有时也与催化剂或其他除氧助剂配合使用。

4.3.5　阻垢剂

结垢问题是困扰注水开采和三元复合驱技术发展应用的大问题。在油田注入系统，由于碱与二氧化碳的不完全反应生成阴离子碳酸根或碳酸氢根，并与水中的阳离子（钙离子、镁离子及钡离子等）结合，在地下储层中，泵头、泵阀、静混器、注入泵及采油井井筒内，地面油气集输设备管线内产生无机盐结垢。在采出系统中，由于碱与油藏中的一些岩石矿物质发生化学反应，使采出液随温度、pH 值、摩擦力变化，导致井筒中大量结垢。这些结垢问题常常导致正常生产过程的中断，降低产油率，增加成本。因此阻垢剂的研究和使用一直受到人们的重视。

油田所用阻垢剂多为聚合物阻垢剂，根据聚合物阻垢剂成分，分为天然与合成聚合物阻垢剂两类。合成聚合物根据是否含有磷元素又可分为合成含磷聚合物阻垢剂和无磷阻垢剂。

① 天然聚合物阻垢剂，如淀粉、木质素等天然物质来源广、价格低廉，对环境无污染。但是，总体来说阻垢效果一般，在尚未发展聚合物阻垢剂的时期广泛使用。如果对它们改性，则能显著提高其阻垢效果。

② 合成含磷聚合物阻垢剂主要有两种形式，一种是在聚合物阻垢剂中加入含磷化合物，另一种则是直接使用含磷聚合物，如聚多氨基多醚亚甲基膦（PAPEMP）（平均分子量 600 左右）。

③ 合成无磷聚合物阻垢剂。由于有机磷流失到环境中会给环境带来严重污染，因此无磷聚合物阻垢剂越来越受到人们的重视。

4.4 油田废水处理剂配方

配方 1

原料配比：

原料名称	质量分数/%	原料名称	质量分数/%
碱木质素	2.5～20	二硫化碳	8～30
醛类化合物	1～25	碱液	3～40
含氮化合物	8～25	水	10～50

碱木质素是木质纤维原料采用碱法或硫酸盐法制浆过程中所产生的废液，通过沉淀、分离、提取等后处理过程而获得的。醛类化合物为甲醛、三聚甲醛或多聚甲醛。含氮化合物为脲、乙二胺、四亚乙基五胺、六亚甲基四胺中的一种或两种含氮化合物的混合物。碱液为质量分数为 20%～60% 的氢氧化钠或氢氧化钾水溶液。

制备工艺：首先将木质素分散在水中，搅拌均匀，然后将体系的 pH 值调节至 9.5～11.5；加热升温至 65～95℃后加入醛类化合物，反应 10～30min 加入含氮化合物；继续反应 2～5h 后降温至 0～25℃，然后缓慢加入碱液的同时滴入二硫化碳，反应 2～5h 后，升温至 50～75℃，继续反应 1～4h；将所得到的黏稠液体减压浓缩、过滤，并在丙酮中结晶得到棕褐色粉末。

性质与用途：此絮凝剂主要采用制浆造纸工业中的副产物木质素为原料，所有的产品具有成本低廉，并且兼有除油和絮凝的双重功效；产品稳定性好，毒性低，便于运输和储存；生产工艺简单，原料易得等优点。

配方 2

原料配比：

原料名称	质量分数/%	原料名称	质量分数/%
硫酸铝	50～90	膨润土	5
氯化镁	2～20	聚丙烯酰胺(阳离子型, 分子量 1200 万以上)	0.5～5
氢氧化镁	3～20		

制备方法：将以上各原料放入反应釜中，加入蒸馏水搅拌即可。

性质与用途：本品原料易得，成本低，工艺简单，用量少，除油效率高，特别适合炼油厂废水、油田污水的预处理。充分发挥无机絮凝剂和有机絮凝剂的优点，无机絮凝剂形成絮凝核，有机絮凝剂丙烯酰胺产生架桥作用，快速高效达到絮凝处理的目的。

配方 3

原料配比：

原料名称	质量份	原料名称	质量份
聚合物 A	1	聚合物 C	1～28
聚合物 B	1		

注：表中聚合物 A 为二甲基二烯丙基氯化铵、丙烯酰胺和丙烯酸的共聚物；聚合物 B 为二甲基二烯丙基氯化铵、丙烯酰胺和二乙基二烯丙基氯化铵的共聚物；聚合物 C 为聚二甲基二烯丙基氯化铵。

制备方法：①在反应釜中，加入二甲基二烯丙基氯化铵、丙烯酰胺、丙烯酸以及引发剂，在 10～80℃的温度下反应 3～8h，制得聚合物 A；②在另一反应釜中，加入二甲基二烯丙基氯化铵、丙烯酰胺、二甲基二烯丙基氯化铵以及引发剂，在 10～80℃的温度下反应 3～8h，制得聚合物 B；③将聚合物 A 和聚合物 B 混合，再加入聚合物 C，在 10～50℃的温度下混合，即得到絮凝剂产品。

性质与用途：本产品具有制备工艺简单、操作安全、性能优良、使用方便、絮凝速度快、除油效率高、水质透明度高、污泥产生量少等优点，特别适合含油废水的处理。

配方 4

原料配比：

原料名称	份数(物质的量)	原料名称	份数(物质的量)
硫酸铁	1	氯化铝	2～5

制备方法：无水硫酸铁固体用去离子水配成溶液，加到沸水中，煮沸后冷却

至 40～60℃，在搅拌下加入氯化铝溶液；然后加入稀硫酸调节 pH 值至 1～3，保持温度不变，反应 45～60min，制得本产品无机颗粒絮凝剂。

性质与用途：本产品是一种油田用无机颗粒絮凝剂，其制备采用硫酸铁与氯化铝两种成分，具有工艺简单、原料易得、组分简单、配制方便、快速高效、成本低廉、应用面广、使用量小、产品绿色环保、对采油废水中的悬浮物和乳化油有高效去除、强絮凝能力等优点。

配方 5

原料配比：

原料名称	质量分数/%	原料名称	质量分数/%
聚二甲基二烯丙基氯化铵	5～8	聚合氯化铝	10～30
聚丙烯酰胺	1～5	蒸馏水	70～80

制备方法：①将聚二甲基二烯丙基氯化铵和丙烯酰胺分别溶解于蒸馏水中，并不断搅拌，备用；②将聚合氯化铝溶解在蒸馏水中并搅拌 30min，然后加入已经溶解好的聚二甲基二烯丙基氯化铵和丙烯酰胺，继续搅拌 1h 后即得成品。

性质与用途：本产品具有絮凝能力强、能够快速破乳、沉降速度快、絮凝体体积小的优点，它是在碱性和中性条件下同样有效的一种新型絮凝剂。

配方 6

原料配比：

原料名称	质量分数/%	原料名称	质量分数/%
硫酸铁铝	10～30	活性硅酸	20～40
盐酸铁铝	10～30	硼酸	1～2

制备方法：原料放入反应釜中，加水搅拌即可。

性质与用途：本产品比较适合石油开采中污水的净化，使用过程中所需的净水剂用量小，除污过程中额外产生的污泥少，避免了二次污染。

配方 7

原料配比：

原料名称	质量分数/%	原料名称	质量分数/%
硫酸亚铁	60～70	过氧化氢(30%)	8～10
浓硫酸(98%)	8～10	磷酸钠	18～20

制备方法：①将硫酸亚铁加入到反应釜中，然后加入浓硫酸，常温下缓慢加入过氧化氢，过程中注意控制反应釜内温度不超过 30℃。过氧化氢加完后，搅拌 0.5h，温度升高到 80℃，反应 2h。②将磷酸钠水溶液缓慢加入到反应釜内，80℃保温反应 1h，得到深红棕色液体产品。

性质与用途：本产品是一种无机高分子净水剂。磷酸根的引入扩大了聚合硫酸铁的适用 pH 值范围。适宜于生活水、油田污水、炼油厂污水以及造纸、印染污水的处理。

配方 8

原料配比：

原料名称	份数（物质的量）	原料名称	份数（物质的量）
环氧氯丙烷	1.4～2.0	乳化剂 OP-10	0.025～0.05
二甲胺	1	六亚甲基四胺	0.08～0.12
十二胺	0.08～0.12		

制备方法：①将十二胺、乳化剂 OP-10 及环氧氯丙烷混合，搅拌溶解并升温至（75±5）℃，得到混合溶液；②向所述混合溶液中滴加六亚甲基四胺水溶液及二甲胺的混合液，利用反应热使反应液升温至（90±3）℃，然后调节滴加速度维持（90±3）℃，直至六亚甲基四胺水溶液及二甲胺的混合液滴加完毕；③待反应液降温至（70±5）℃后，加酸调节反应液的 pH 值至 4～6，加入适量催化剂，再维持（70±5）℃反应 4～5h，然后降至室温，得到所述聚合物阳离子净水剂。

性质与用途：本产品是一种阳离子净水剂，是缩合型季铵盐高分子，具有较好的絮凝效果，用量小，成本低，尤其对油田三元复合驱采出液具有显著的净化效果。

配方 9

原料配比：

原料名称	质量分数/%	原料名称	质量分数/%
聚醚嵌段共聚物	45～50	酯化封端的聚醚类表面活性剂	10～20
聚醚多元醇	30～40		

注：表中聚醚嵌段共聚物是以丙二醇为起始剂的聚氧乙烯与聚氧丙烯的多嵌段聚醚，聚醚多元醇是以丙二醇为起始剂的聚氧化乙烯醚，酯化封端的聚醚类表面活性剂是以丙二醇为起始剂的聚氧乙烯与聚氧丙烯的两嵌段酯化封端聚醚。

制备方法：将上述原料充分混合即可。

性质与用途：本产品具有破乳、聚结-絮凝、吸附-顶替等作用。将其加入复合驱采出液中，在脱出污水处理过程中无需再添加其他絮凝净水剂，可达到一剂二用的效果。

配方 10

原料配比：

原料名称	质量分数/%	原料名称	质量分数/%
亚氯酸钠水溶液（14%）	10～15	苯	30～40
盐酸水溶液（18%）	25～35	过碳酸钠溶液（10%）	15～20

制备方法：①在反应釜中加入亚氯酸钠水溶液和苯，然后加入盐酸水溶液，高温下剧烈搅拌 0.5h，反应后除去水相。②将过碳酸钠溶液加入反应釜中，搅拌混合 10min，直到有机相中的黄色褪去，静置分层，下层即为稳定性的二氧化

硫杀菌剂，上层为苯，可回收利用。

性质与用途：本产品是具有无色、无味、无毒、无腐蚀、不易燃等特点，同时，不易分解，有效期长；可作为工业循环水和油田水处理的杀菌剂。

配方 11

原料配比：

原料名称	质量份	原料名称	质量份
二氧化氯溶液(2%)	10~30	十二烷基二甲基氯化铵	8~15
过氧化氢溶液(27.5%)	5~15	蒸馏水	100~130

制备方法：先将蒸馏水加入反应容器中，然后将二氧化氯、过氧化氢、十二烷基二甲基氯化铵依次加入反应容器中，搅拌 30min 后即得成品。

性质与用途：本产品是针对对油田危害最大的细菌（包括硫酸盐还原菌、铁细菌和腐生菌）的一种新型低成本的杀菌剂。

配方 12

原料配比：

原料名称	质量分数/%	原料名称	质量分数/%
季鏻盐	20~30	丁二胺	10~20
有机溴类	10~20	纯水	30~60

制备方法：将四种物质按照一定的质量比依次投入到搅拌容器中搅拌溶解即可得到本产品。

性质与用途：本杀菌剂为浓缩型液体药剂，可无限稀释使用。本产品中四种物质按一定质量比复配使用，杀菌效果明显优于其中任何一种物质单独使用，且用量比现有油田回注水杀菌剂使用量要少，可节约油田开发的药剂成本。本产品在高硬度、高碱度、高温度条件下水解作用稳定，对真菌、黏泥形成菌，特别是硫酸盐还原菌、铁细菌、腐生菌均有较好的杀菌作用，可广泛用于油田回注水及常规冷却水处理等领域。

配方 13

原料配比：

原料名称	质量分数/%	原料名称	质量分数/%
N,N-二甲基二硫代二丙酰胺	3~7	1,2-二氯乙烷	70~82
磺酰氯	8~12	氢氧化钠	适量

制备方法：①将 1,2-二氯乙烷加入反应釜中，搅拌条件下加入 N,N-二甲基二硫代二丙酰胺，维持温度 10~15℃，使二者充分混合；②反应 2h 后，控制反应釜内温度 20~25℃条件下加入磺酰氯，然后搅拌反应 20h；③产物过滤得到 2-甲基-4-异噻唑啉-3-酮盐酸化合物（a）；④滤液浓缩后 40~60℃升华得到 5-氯-2-甲基-4-异噻唑啉（b）；⑤将上述产物（a）用氢氧化钠中和至 pH 值为 4.0，

然后和产物（b）全部溶于水中，配成 1.5%～2.0% 的水溶液，得到异噻唑啉酮衍生物杀菌剂。

性质与用途：本产品是一种广谱、高效、低毒的非氧化型杀菌剂，可广泛用于油田污水，以及造纸、农药、皮革、化妆品等污水的处理。

配方 14

原料配比：

原料名称	质量分数/%	原料名称	质量分数/%
异噻唑啉酮	40～60	氯化十二烷基二甲基苄基铵	40～60

制备方法：将二者按比例混合均匀即可。

性质与用途：本产品对多种微生物具有较强的灭杀和抑制能力，且杀灭速度快、环境毒性低，生物降解性好，可广泛用于油田污水，以及造纸、农药、皮革、化妆品等污水的处理。

配方 15

原料配比：

原料名称	质量分数/%	原料名称	质量分数/%
直链脂肪胺	15～25	稳定剂	20～25
冰醋酸	3～8	水	40～50
分散剂	1～4		

制备方法：①反应釜中加入直链脂肪胺和适量水，然后缓慢加入冰醋酸，过程中注意控制釜内温度不超过 55℃。加完冰醋酸，升高温度到 90℃，反应 2h，然后加入适量水和稳定剂，搅拌 30min。②向上述体系中加入分散剂和适量水，搅拌 1h，即得到产品。

性质与用途：本产品具有广谱、高效、低毒、使用方便等优点，对油田硫酸盐还原菌特别有效；使用过程中无乳化现象，与其他油田助剂配伍性良好；主要用于油田注水系统的杀菌剂。

配方 16

原料配比：

原料名称	质量分数/%	原料名称	质量分数/%
有机胍类	2～15	表面活性剂	1～5
有机醛类	5～20	去离子水	50～84
季鏻盐类	5～15		

制备方法：将以上组分混合搅拌 1～5h，再静置 24h 后即得到杀菌剂产品。

性质与用途：本产品与油田油水体系的配伍性好、对体系 pH 值变化适应性强、对菌落的穿透力强和剥离能力较好，具有较好的缓蚀作用和广谱的杀菌效果。

配方 17

原料配比：

原料名称	质量份	原料名称	质量份
对氯苯酚	0.1～0.3	十二烷基二甲基苄基氯化铵	0.02～0.05
五氯酚钠	5～12	二硫氰基甲烷	2～3

制备方法：将四种物质按照一定的质量比依次投入到搅拌容器中搅拌溶解即可得本产品。

性质与用途：本产品对油田的杀菌效果和抑菌效果明显优于其中任何一种物质单独使用，且不易产生抗药性，对环境危害低，是一种符合可持续发展需要的杀菌剂。其制备方法简单，原料易得，操作方便。

配方 18

原料配比：

原料名称	质量分数/%	原料名称	质量分数/%
四羟甲基硫酸磷	20～25	黄原胶	0.3～0.5
二硫氰基甲烷	0.3～0.5	吐温 80	0.3～0.5
戊二醛	3～5	水	适量

制备方法：加水混合四羟甲基硫酸磷、戊二醛，得到药剂 A；加水混合二硫氰基甲烷、黄原胶和吐温 80，得到药剂 B；加水混合药剂 A、B，得到该杀菌剂。

性质与用途：本产品杀菌效果好，能彻底杀灭硫酸盐还原菌、铁细菌和腐生菌，同时不降低聚合物黏度，不影响化学驱超低界面张力，是一种适合化学驱使用的新型高效杀菌剂。

配方 19

原料配比：

原料名称	质量分数/%	原料名称	质量分数/%
氯化锌	10～15	聚丙烯酸共聚物	15～30
十二烷基二甲基苄基氯化铵	20～30	异丙醇	5～10
羟基亚乙基二磷酸	15～30	水	适量

制备方法：将二者按比例混合均匀即可。

性质与用途：本产品加药过程简易，使季铵盐与锌盐发挥协调增效作用，缓释阻垢作用明显。

配方 20

原料配比：

原料名称	质量分数/%	原料名称	质量分数/%
锌盐	10～15	聚丙烯酸分散剂	15～30
季铵盐	20～30	助剂	5～10
有机膦酸	15～30		

制备方法：将上述原料按比例混合均匀即可得到产品。

性质与用途：本产品通过科学复配的助剂，将季铵盐和锌盐建立起协同效应，解决了阻锶钡垢的药剂不能和油田水通用的缓蚀剂咪唑啉相溶的问题，降低了药剂的总用量；加药过程简易，适应于以硫化物和二氧化碳为去极化剂的水的缓蚀阻垢剂，特别是硫酸盐还原菌超标的系统。

配方 21

原料配比：

原料名称	质量分数/%	原料名称	质量分数/%
锌盐	10～20	氨基磺酸	5～10
季铵盐	60～75	醇类	5

制备方法：将上述原料按比例混合均匀即可。

性质与用途：本杀菌缓蚀剂以锌盐和季铵盐为主剂的缓蚀杀菌剂，解决了锌盐和季铵盐配伍的问题，通过实验检测，该配方配伍性好，产品稳定，对硫酸还原菌的抑制效果好，对以硫化物和二氧化碳为主要腐蚀成分的油田水有良好的腐蚀抑制效果，专门用于油田的回注水、掺输水和油井采出水的缓蚀、杀菌。

配方 22

原料配比：

原料名称	质量分数/%	原料名称	质量分数/%
去离子水	30～60	鞣质	5～20
咪唑啉季铵盐	15～65	有机磷酸盐	2～15

制备方法：在反应釜中加入去离子水和鞣质，混合搅拌 30～60min，然后加入咪唑啉季铵盐和有机磷酸盐，搅拌 15～30min，即得到产品。

性质与用途：本产品能够在金属表面与铁离子或氧化铁反应生成一种网状结构的不透性保护膜，能抑制铁的腐蚀，从而起到缓蚀作用。另外，还具有阻垢的性能，能够减少碳酸钙在热交换器管壁上的沉积以及能够减少水中硫酸钙的沉积。

配方 23

原料配比：

原料名称	质量分数/%	原料名称	质量分数/%
油酸双咪唑啉	5～20	乙醇	5～30
乳酸	3～9	水	适量

制备方法：将乳酸和乙醇加入到 50～80℃的水中，混合均匀，然后加入油酸双咪唑啉，混合均匀，即得所需产品。

性质与用途：本缓蚀剂用于控制油气设备腐蚀，具有用量少、功效强的优点。本产品可大大提高设备的防腐性能，可用于油、气井设备，金属管道缓蚀。

配方 24

原料配比：

原料名称	质量分数/%	原料名称	质量分数/%
喹啉氯化苄季铵盐	1~20	脂肪胺聚氧乙烯醚表面活性剂	1~15
醇	1~10	Gemini 季铵盐	1~15
有机脲	1~20	聚乙烯醇	1~20
乌洛托品	1~10	水	适量
碘化钾	0.1~2		

制备方法：将上述原料按比例混合均匀即可。

性质与用途：本产品能够控制油田注水系统各种不同注入污水的腐蚀，加药量达到 100mg/L 时，缓蚀率可达到 80% 以上，腐蚀速率均能够控制在 0.076mm/a 以下，解决了市场上注水缓蚀剂对注入污水性质变化适应范围小、缓蚀率低、需要针对注入污水性质变化不断进行缓蚀效果筛选评价的问题。

配方 25

原料配比：

原料名称	质量分数/%	原料名称	质量分数/%
羟基亚乙基二膦酸(HEDP,40%~60%)	20~50	硫酸锌	0.1~10
马来酸-丙烯酸共聚物(40%~60%)	20~50	无机碱	3~40
烷基咪唑啉缓蚀剂(30%~60%)	0~10	六偏磷酸钠	10~30

制备方法：以上原料经过捏合搅拌、蒸发浓缩、造型干燥、混合等工序得到成品。

性质与用途：本产品可用于有固体加药系统的油田回注水水质处理，可以有效降低制剂储存期六偏磷酸钠的分解，对回注水处理系统和运输系统有很好的防腐阻垢作用。

配方 26

原料配比：

原料名称	质量分数/%	原料名称	质量分数/%
喹啉与烷基叔胺的双季铵盐	1~30	戊二醛	1~10
烷基叔胺的双季铵盐	1~30	炔醇类	1~10
有机脲类化合物	1~15	高级脂肪酰胺类衍生物	1~10
有机胺化合物	1~10	烷基酚聚氧乙烯聚氧丙烯醚	1~10
烷基季铵盐	1~20	水	适量

制备方法：将上述原料按比例混合均匀即可。

性质与用途：本发明能够控制油田生产油气水集输系统油井产出液不同油水比介质的腐蚀，加药量达到 100mg/L 时，缓蚀率可达到 75% 以上，腐蚀速率均能够控制在 0.076mm/a 以下，杀菌率均达到 99% 以上，解决了市场上缓蚀剂对油井产出液介质性质变化适应范围小、缓蚀率低，乳化影响破乳的问题，缓蚀剂不能控制介质细菌繁殖问题。

配方 27

原料配比：

原料名称	质量分数/%	原料名称	质量分数/%
淀粉基体	6～12	复合引发剂(过硫酸铵或高锰酸钾复合引发剂)	0.4～0.8
丙烯酸	12.6～14.7		
2-丙烯酰胺基-2-甲基丙磺酸	3.6～9.6	水	适量

制备方法：在复合引发剂的作用下，将淀粉基体、丙烯酸和 2-丙烯酰胺基-2-甲基丙磺酸，在 50～60℃、搅拌条件下，进行聚合反应 4～6h 后，制备得到所述的耐高温淀粉基阻垢剂。

性质与用途：本产品能够应用于油田水、工业用水和生活用水的阻垢工作。本发明的耐高温淀粉基阻垢剂具有耐高温、高效、无毒、无二次污染等特点。

配方 28

原料配比：

原料名称	质量分数/%	原料名称	质量分数/%
苯乙烯磺酸	30～50	聚天冬氨酸	20～30
聚环氧琥珀酸	15～25	2-膦酸丁烷-1,2,4-三羧酸	5～10

制备方法：将四种物质按照一定的质量比依次投入到搅拌容器中搅拌溶解即可得本产品。

性质与用途：本产品为超浓缩型液体药剂，可无限稀释使用。具有使用量少，节约油田开发成本等优点。此外，本产品在高硬度、高碱度、高温度条件下水解作用稳定，对碳酸钙、磷酸钙具有优良的阻垢分散作用，同时具有良好的分散氧化铁和稳定锌盐作用，可广泛用于油田回注水及常规水处理等领域。

配方 29

原料配比：

原料名称	质量份	原料名称	质量份
聚环氧琥珀酸盐	1～5	聚马来酸酐	1.5～3
羟基亚乙基二膦酸盐	1～2	水	3～5
氨基三亚甲基膦酸盐	1～2		

制备方法：将上述原料按比例混合均匀即可。

性质与用途：本产品不仅对碳酸钙、硫酸钙、硫酸钡、磷酸钙等有较好的阻垢效果，特别是对硅铝酸盐垢有较强的抑制作用，能够减少甚至完全防止硅铝酸盐垢的形成；在经济实用的处理浓度下，将该阻垢剂加入三元复合驱油井中，基本不影响三元体系的黏度及界面张力；生产工艺简单，反应条件温和，使用过程无污染问题、绿色环保。

配方 30

原料配比：

原料名称	质量分数/%	原料名称	质量分数/%
高分子量聚马来酸酐	15～30	硫脲	5～10
聚环氧琥珀酸	5～10	乙二胺四乙酸二钠	1～5
硫酸锌	6～9	水	适量
二乙基二硫代氨基甲酸钠	5～10		

制备方法：①将聚马来酸酐和水加入反应釜中，常温搅拌 20～30min，使其充分水解；②向反应釜中加入硫酸锌、二乙基二硫代氨基甲酸钠、硫脲、乙二胺四乙酸二钠，搅拌 20～30min，使配料充分溶解；③在反应釜中加入聚环氧琥珀酸，搅拌均匀即得产品。

性质与用途：本产品是一种高效、无磷、环保的油田系统用阻垢缓蚀剂，尤其适用于碱度高、矿化度高、氯根高、硅酸盐垢严重的油田系统，本发明配方的各组分具有很好的相溶性、协同性和互补性，其阻垢率可高达 99.9%，缓蚀率可高达 98.5%。

配方 31

原料配比：

原料名称	质量份	原料名称	质量份
乌头酸	25～40	烯丙基磺酸钠	6～12
丙烯酸	8～20	过硫酸铵	3～7
马来酸酐	12～18	水	130～220

制备方法：①在 50～60℃条件下，将马来酸酐溶解于水中，待温度降低到室温时加入丙烯酸，配成溶液（A）；②将烯丙基磺酸钠和过硫酸铵按质量比溶解于水中，配成溶液（B）；③将乌头酸溶解于剩余的水中，搅拌条件下滴加溶液（A），滴加完毕后，50～60℃恒温反应 30min，然后升高温度到 75～85℃，再滴加溶液（B），全部滴加完毕后，75～85℃恒温反应 3～4h，停止反应。在 50℃左右向产物中滴加 50% 氢氧化钠溶液，将 pH 值调至弱碱性，得到一种红棕色透明液体，即为成品。

性质与用途：本产品对碳酸钙、磷酸钙、硫酸钡垢有优异的阻垢效果，还具有缓蚀性能，同时还有耐高温、分子量稳定、无磷等特点，整个生产过程无"三废"排放。本产品处理工业循环水、油田水等工艺简单，用药量少，成本低、效果好，具有较好的经济效益和广泛的社会效益。

5

锅炉及工艺用水处理药剂

5.1　锅炉及工艺用水水质要求

锅炉是一种能量转换设备,向锅炉输入的能量有燃料中的化学能、电能,锅炉输出具有一定热能的蒸汽、高温水或有机热载体。提供热水的锅炉称为热水锅炉,主要用于生活,工业生产中也有少量应用。产生蒸汽的锅炉称为蒸汽锅炉,常简称为锅炉,多用于火电站、船舶、机车和工矿企业。锅炉不仅可以直接为工业生产和人民生活提供所需热能,也可通过蒸汽动力装置转换为机械能,或再通过发电机将机械能转换为电能,在人们的生产生活中起到重要作用。

国家标准 GB/T 1576—2008 对锅炉水质提出了非常严格的要求,这些控制性条件包括了浊度、硬度、pH 值、溶解氧、油含量、磷酸根浓度、电导率等。因此对锅炉的进水进行严格处理是十分必要的。

水中杂质对锅炉运行可能造成的危害有:

① 结垢。水中的杂质进入锅炉内,会在和水接触的受热面上析出,成为与金属壁紧密结合的固体附着物,称为水垢。水垢的导热性差,大约为金属的 1/300~1/15。在有水垢时,要达到与无水垢相同的炉水温度,受热面管壁温度必然要提高。当温度超过了金属所能承受的允许温度时,就会引起鼓包和爆管等事故。此外,结垢还会造成燃料的浪费,锅炉效率的降低,锅炉使用寿命的降低,以及后续的除垢工作,也会增加大量的人力和物力消耗。

② 腐蚀。水中的杂质会加速金属的腐蚀。金属的腐蚀有可能会造成锅炉的爆炸,从而带来重大的人员伤亡和财产损失。

③ 恶化蒸汽品质。蒸汽中的盐含量过高,可能会引起过热器、汽轮机积盐,从而影响设备的安全经济运行。

5.2 锅炉及工艺用水处理药剂

目前，锅炉水处理最常用的方式是采用化学处理法。通过使用水处理剂来抑制循环水结垢、减少细菌和藻类的生长、避免锅炉材料腐蚀而进行水质净化的方法就是化学处理法。锅炉水处理常用的化学药剂有离子交换剂、软化剂、除氧剂、pH调节剂、阻垢剂、缓蚀剂、清洗剂以及吸附剂等，本章将对这些化学助剂及其配方进行一一介绍。

5.2.1 离子交换剂

天然水体中溶解的离子主要有8种（见表5-1），它们占水中溶解固体总量的95%以上。此外，天然水中还有一些生物生成，包括氮化合物（NH_4^+、NO_3^-）、磷化合物（HPO_4^{2-}、$H_2PO_4^-$、PO_4^{3-}）、铁化合物、硅化物，以及微量元素（Co^{2+}、Ni^{2+}等）。这些离子的存在是造成锅炉结垢的主要原因，因此去除锅炉入水中的离子或降低其浓度十分重要。常用的去除水中离子的方法就是使用离子交换剂。

表 5-1　天然水中的主要离子

阳离子		阴离子		浓度的数量级
名称	符号	名称	符号	
钠离子	Na^+	碳酸氢根	HCO_3^-	
钾离子	K^+	碳酸根	CO_3^{2-}	几毫克/升～
钙离子	Ca^{2+}	硫酸根	SO_4^{2-}	几十克/升
镁离子	Mg^{2+}	氯离子	Cl^-	

不溶于水，但可用自己的离子把水溶液中某些同种电荷的离子置换出来的颗粒物质称为离子交换剂。离子交换剂分为无机和有机两大类。无机离子交换剂的颗粒核心结构紧密，只能进行表面交换，效果较差，因此目前很少使用。有机离子交换剂的颗粒核心结构疏松，交换反应不但在颗粒表面，而且在颗粒内部同时进行，交换效果好。有机离子交换剂也被称为离子交换树脂。根据交换的离子种类不同，又可分为阳离子交换剂、阴离子交换剂和惰性离子交换剂。

必须指出的是，无机离子交换剂的种类较少。天然沸石是最早应用的无机离子交换剂，是含有水的钠、钙以及钡、锶、钾等硅铝酸的盐类。色浅，具玻璃光泽，是阳离子交换剂。除天然产品外，也有人工制成的合成沸石。它的交换容量低，在酸中不稳定，不能作氢离子交换，曾用于水的软化。由于无机离子交换剂耐高温和辐照，研制出锆氧、铬氧和钛氧等的磷酸盐或钨酸盐构成的阳离子交换剂，它们的交换容量高，应用于核工业中；而在锅炉水处理中则很少使用。

当前锅炉水处理用离子交换剂主要是离子交换树脂。它们大多是苯乙烯与二乙烯苯的共聚物，也有的是丙烯酸系的共聚物或苯酚甲醛的缩聚物。离子交换树脂按它的交换基团分成阳离子交换树脂和阴离子交换树脂两大类。阳离子交换树脂又分为强酸性与弱酸性，前者具有的磺酸基交换基团，适用于所有的酸性溶液，后者则是羧基、膦酸基或酚羟基，仅能用于中性至碱性溶液，但交换容量大，容易再生。阴离子交换树脂又分为强碱性与弱碱性，前者带有季铵基，适用于所有碱度的溶液，还能交换吸附弱酸；后者带有叔氨基或仲氨基，仅能用于中性至酸性溶液，但交换容量大，容易再生。离子交换树脂按物理结构又分为凝胶型和大孔型，前者是外观透明的均相凝胶结构，离子通过基体的大分子链间孔隙，才能扩散到交换基团附近，只适用于交换一般无机离子。此外，还有大孔离子交换树脂，在它的颗粒内有毛细孔道，具有非均相凝胶结构，适用于交换分子量较大的有机离子。近年来为适应生物化学工程的需要，在葡聚糖或纤维素上引入交换基团，用于提取多肽、核酸等物质。

市场上的离子交换剂产品系列已经相当完善，可直接购买使用。

5.2.2 软化剂

锅炉水结垢的重要原因是含有的钙、镁离子导致水的硬度过高，因而，对水的软化具有重要意义。目前对锅炉水的软化处理方式主要分为物理和化学两种。物理处理有热力法、磁化法、离子交换膜法。锅炉给水一般不采用热力法。磁化法是使水流过磁场与磁力线相切割，水受磁场外力作用后，水中的钙镁盐类不生成硬垢，大部分生成松散泥渣随排污排出。膜分离法的主要原理是用天然或人工合成膜，以外界能量或化学位差作为推动力，对双组分或多组分溶质和溶剂进行分离、分级、提纯和富集。

化学法在锅炉水的处理中应用十分普遍。化学软化法是指在软化水过程中发生化学反应生成新的物质，具体方式有炉内加药法和炉外软化法两种。炉内加药法，向炉内加某种化学药剂，改变沉渣的结构形式，防止或减少锅垢的生成。应用较广泛的方法是向炉内加入定量的磷酸钠、纯碱和含有鞣质的有机物质。炉外软化法，目前应用最多的是离子交换法。离子交换剂是一种难溶的固态物质，它能用自身含有的阴、阳离子和水中的钙、镁离子发生交换并去除钙、镁离子。

钠离子交换剂常用于炉外软化。钠离子交换剂（NaR）对水的软化机理主要是：

$$2NaR + Ca^{2+} \longrightarrow 2Na^+ + CaR_2$$

$$2NaR + Mg^{2+} \longrightarrow 2Na^+ + MgR_2$$

R 表示离子交换剂中的复合阴离子，一种不溶于水的高分子化合物。当交换剂上的钠离子全部被钙离子、镁离子所代替，就失去了软化硬水的作用。这时，可用 8%～10%的食盐溶液浸泡，这个过程叫再生，用 Na^+ 将 Ca^{2+} 和 Mg^{2+} 置换出来，交换剂可再次使用。钠离子既可除暂时硬度，又可除永久硬度，获得可靠的软化效果，在锅炉水处理中得到广泛的采用。

5.2.3 除氧剂

锅炉给水经过软化后，除去了钙离子、镁离子等矿物质离子，降低了水的硬度，但水中溶解的氧气和二氧化碳等气体能引起金属腐蚀，使锅炉壁厚减薄，降低机械强度。氧和二氧化碳的腐蚀特征是，在金属表面形成鼓包。鼓包表面颜色由黄褐色逐渐转变为砖红色，内部包裹黑色腐蚀产物。将其清除后，便出现凹坑，造成锅炉的局部缺陷，影响锅炉的使用寿命，长此以往可能导致锅炉爆炸等严重安全事故。因此对锅炉给水进行除氧操作十分重要。常用的除氧方法有热力除氧、解吸除氧和化学除氧。所谓化学除氧，就是向水中加入一定量的化学除氧剂。除氧剂主要分为无机除氧剂和有机除氧剂。

亚硫酸钠曾是最常见的无机除氧剂。其作用机理为：

$$2Na_2SO_3 + O_2 \!\!=\!\!= 2Na_2SO_4$$

亚硫酸钠作为除氧剂有如下优点：在催化剂存在下除氧速度快，操作容易、无危险，残余氧低。缺点为：亚硫酸钠和氧的反应速率会受到 pH 值、温度和催化剂等因素的影响，通常需要过量添加才可以保证锅炉的正常使用。此外，反应得到的是稳定盐——硫酸钠，使炉水内的可溶性物质增多，使水质变差，锅炉需要提高排污次数，从而造成化学试剂的浪费和燃料费用的提高。而且，当锅炉的工作压力超过 6.2MPa 时，亚硫酸钠会发生分解，得到腐蚀性的硫化氢与二氧化硫，并且这些气体会跟随水蒸气一起排出，可能造成后面设备的腐蚀。

联氨是另一种常见的锅炉无机除氧剂。其反应机理为：

$$N_2H_4 + O_2 \!\!=\!\!= N_2 + 2H_2O$$

高压锅炉多采用联氨作为除氧剂的优点为：药剂加药量低，在温度很高时除氧速度很快，对水中的盐量无影响，联氨会在金属表面形成钝化层，能够抑制金属的腐蚀。缺点为：在除氧效率上低于亚硫酸钠，水温低的时候除氧速度慢，只可以在温度较高的情况下才可以有效地和氧发生反应从而达到除氧的目的。联氨的蒸气有毒，与皮肤接触会造成皮炎。此外，联氨在高浓度时有可燃性，不易运输、储存。

无机除氧剂使用比较早，应用过程已经成熟，而且价格不高。联氨虽然有毒，但是目前使用得最多。有机除氧剂的除氧效果和钝化效果都比联氨要好，但一般仍需复配，一方面增强了除氧效果，另一方面加药量较低，降低成本。常见的有机除氧剂有肟类化合物、异抗坏血酸及其钠盐以及胺类化合物。

5.2.4 pH 值调节剂

锅炉的氧腐蚀与锅炉水 pH 值有密切关系，当锅炉水 pH 值低于 10 时，极容易发生氧腐蚀，而 pH 值为 10～12 时，就能使锅炉本体氧腐蚀减缓或得以避免。目前，大多数锅炉使用单位为保证热水锅炉的锅水 pH 值在 10～12，通常加入碳酸钠、氢氧化钠等。运行实践表明，这些药剂用量大，效果不明显，而且仍然产生一定的腐蚀，是排污率增加，降低锅炉热效率，造成经济损失。

5.2.5 阻垢剂

随锅炉给水进入锅内的一些有害物质，在受热蒸发和不断浓缩的条件下，经过各种物理、化学过程，将会以不同形态的沉淀物析出，这些沉淀物牢固地附着在受热面上的沉淀物，其结晶体坚硬而致密，称为水垢。而另外一部分悬浮物，呈疏松絮状或细小晶粒状，称为水渣，可以通过锅炉的表面排污和定期排污排出锅外。

锅炉结垢会产生诸多危害：

① 影响传热。如果锅炉在运行中结生水垢，首先会严重影响传热，由于水垢的热导率只有钢材的几十分之一，所以当锅炉内表面结垢后，燃料燃烧产生的热量不能很好地传到水侧，从而造成排烟温度升高，浪费燃料，增加运行成本。据有关资料介绍，锅炉结垢后被浪费的燃料成下列比例关系：当水垢的厚度 ≥ 1mm 时，锅炉将多消耗燃料 5%～8%；当水垢的厚度 ≥ 2mm 时，锅炉将多消耗燃料 10%～18%；当水垢的厚度 ≥ 3mm 时，锅炉将多消耗燃料 18%～26%。

② 锅炉爆管。当锅炉结垢后，燃料燃烧的热量不能及时传递到水侧，使受热面温度升高，锅炉受热面若长期在超温状态下运行，金属材料将发生蠕变、鼓包，强度下降，导致爆管；若锅炉的水管因大量结垢而堵塞的话，将很快发生爆管。

③ 锅炉腐蚀。锅炉结垢后会引起锅炉垢下腐蚀，锅炉腐蚀将缩短使用寿命，危及安全运行。

④ 炉管穿孔。锅炉腐蚀有可能造成炉管穿孔，甚至发生锅炉爆炸，严重威胁人身和设备安全。

水垢形成的原因是：

① 蒸发浓缩。锅水受热，激烈沸腾，产生大量水蒸气，使锅水不断浓缩。水蒸气本身携带的杂质极少，因此给水中原含有的少量有害杂质，外加锅内腐蚀增加的杂质，就以几十倍的浓度留在锅水中。由于锅内各处受热面蒸发强度有差别，使某些局部锅水浓缩程度会更高。这时，结垢性的钙、镁阳离子与某些阴离子结合，往往可超过相应沉淀物的溶度积（在难溶强电解质饱和溶液中，组成该

物质的各离子浓度的系数次方之积，在一定温度下为该物质固有的常数，称溶度积），析出沉淀物。

② 高温分解。钙和镁的碳酸氢盐在锅水蒸发过程中受热发生分解反应，生产沉淀物析出。碳酸镁在水中有一定的溶解度，它能进一步水解，生成溶解度更小的氢氧化镁沉淀。

③ 高温沉淀。大多数物质的溶解度，随着温度的升高而增大；但有少数物质的溶解度却随温度的升高而减少，例如硫酸钙，它极易在受热强度较大的部位析出。

④ 表面结晶。锅水中的难溶物质，其相应离子的浓度时常都超过了其溶度积，处于过饱和溶液状态，但还没有沉淀产生，一旦锅水中或与锅水接触的金属表面有某种诱因，如有结晶核心形成，或局部金属表面条件有差异，或发生某种物理化学作用，就会有大量的沉淀物析出。

锅内加阻垢剂是向锅内注入有机或无机药物，使水中成垢离子变成非黏附性的水渣，通过排污排出炉外，从而防止锅内结垢和腐蚀，还可以使已附着在锅壁上的水垢松软脱落。另外，还可以与钙、镁等离子形成稳定的螯合物，提高了这些成垢离子在水中的溶解性。与锅外化学水处理相比，锅内加阻聚剂处理方法具有设备简单、维护方便和经济高效等优点。

5.2.6　缓蚀剂

缓蚀剂是一种以适当的浓度和形式存在于环境（介质）中时，可以防止或减缓腐蚀的化学物质或几种化学物质的混合物。缓蚀剂防腐方法与其他通用的防腐蚀方法相比，缓蚀剂防腐技术由于其具有很好的缓蚀效果和较高经济效益，已经成为防腐技术中应用最广泛的方法之一。

缓蚀剂的缓释机理有三种：

① 沉淀膜机理。缓蚀剂，它与共轭阴极反应的产物（一般为 OH^-）或金属基体腐蚀产物（如 Fe^{2+}、Fe^{3+}）在金属基体表面形成一种沉淀膜，阻止介质与金属基体的接触，起到缓蚀效果。

② 氧化膜机理。缓蚀剂，它与金属基体发生氧化反应，在金属基体表面形成一层致密且附着力强的氧化膜，很好地抑制了金属的腐蚀。氧化膜的厚度一般能达到为 $5\sim10\mu m$，防腐性能良好，然而在酸性介质中特别是强酸性介质中，这种保护作用将会失效，因为形成的氧化膜会被溶解掉，因此不能作为酸洗缓蚀剂。中性介质中常用的缓蚀剂，如 Na_2CrO_4、$NaNO_2$、$NaMnO_4$ 等就属于氧化膜缓蚀剂。

③ 吸附膜机理。它能在金属/溶液的界面上形成均匀、致密的吸附层，从而阻挡了水分子和腐蚀性物质与金属基体接触，或是抑制了金属腐蚀的过程。此类

缓蚀剂基本上都是含有 O、N、S、P 不饱和键的有机物或极性基团。因此形成的保护膜又分为化学吸附膜或物理吸附膜，它的缓蚀膜很薄，一般为单分子或几个分子层的厚度。

缓蚀剂按照应用介质一般可以划分为以下三种类型：

① 酸性缓蚀剂。包括各种无机酸，如硫酸、氢氟酸、盐酸等，有机酸如草酸、EDTA、氨基磺酸、柠檬酸等。

② 中性缓蚀剂。在水溶液中，pH 为 6～11 的缓蚀剂可称为中性缓蚀剂。

③ 碱性缓蚀剂。包括铬酸盐，有机类的 8-羟基喹啉、无机类硅酸钠，间苯二酚等。如果按照化学组成分类则可以分为无机缓蚀剂和有机缓蚀剂。由于各种缓蚀剂一般都存在协同作用，因此常常复配使用。

5.2.7 清洗剂

硬垢通常胶结于锅炉或管道表面，产生诸多危害。首先，硬垢导热性很差，会导致受热面传热情况恶化，从而浪费燃料或电力。其次，硬垢如果胶结于锅炉内壁，还会由于热胀冷缩和受力不均，极大地增加锅炉爆裂甚至爆炸的危险性。再次，硬垢胶结时，也常常会附着大量重金属离子，如果该锅炉用于盛装饮用水，会有重金属离子过多溶于饮水的风险。另外，工业锅炉如果管路堵塞，可导致爆炸。

化学清洗的关键是根据设备的材质以及污垢的类型，正确地选用清洗药剂。锅炉清洗剂的通俗叫法为锅炉除垢剂，顾名思义指的是能清除锅炉内部水垢的一种化学药剂，广泛适用于电锅炉除垢、燃油锅炉除垢、燃气锅炉除垢、燃煤锅炉除垢、开水炉除垢、热水锅炉除垢、采暖锅炉除垢、浴池锅炉除垢、蒸汽锅炉除垢及板式换热器除垢等。常用的清洗剂可分为无机酸和有机酸。无机酸常有盐酸、硫酸、硝酸、磷酸、氢氟酸等，清洗效率高，但对钢铁有腐蚀作用，对贵重设备、特种金属材料清洗时受到限制，废液排放污染环境；有机酸则有柠檬酸、甲酸、乙二胺四乙酸、氨基磺酸、羟基乙酸、葡萄糖酸等，清洗效率高，对钢铁腐蚀性很小，无毒、无味、不污染，属安全型清洗剂。

5.2.8 吸附剂

吸附剂是能有效地从气体或液体中吸附其中某些成分的固体物质。吸附剂一般有以下特点：大的比表面、适宜的孔结构及表面结构；对吸附质有强烈的吸附能力；一般不与吸附质和介质发生化学反应；制造方便，容易再生；有良好的机械强度等。吸附剂可按孔径大小、颗粒形状、化学成分、表面极性等分类，如粗孔和细孔吸附剂，粉状、粒状、条状吸附剂，碳质和氧化物吸附剂，极性和非极性吸附剂等。

常用的吸附剂有以碳质为原料的各种活性炭吸附剂和金属、非金属氧化物类吸附剂（如硅胶、氧化铝、分子筛、天然黏土等）。最具代表性的吸附剂是活性炭，吸附性能相当好，但是成本比较高，曾应用在松花江事件中用来吸附水体中的甲苯。其次还有分子筛、硅胶、活性铝、聚合物吸附剂和生物吸附剂等。

对于锅炉进水而言，吸附剂主要用于除去重金属、有毒有机物等杂质，避免对设备和蒸汽质量的危害。

5.3 锅炉及工艺用水处理药剂配方

配方 1

原料配比：

原料名称	质量份	原料名称	质量份
钛酸	8～10	盐酸	1～5
硫酸	0.5～1	水	适量

制备方法：将上述各组分混合均匀即可。

性质与用途：本产品配方合理，使用效果好，生产成本低。

配方 2

原料配比：

原料名称	质量分数/%	原料名称	质量分数/%
甲基丙烯酸烷基酯	10～30	自由基引发剂	0.5～2
甲基丙烯酸	60～80	制孔剂	5～10
交联剂	1～10		

制备方法：①通过在水相中悬浮聚合来固化甲基丙烯酸烷基酯、甲基丙烯酸、交联剂、自由基引发剂和制孔剂，如果适合的话，制孔剂的单体混合物以生成珠状聚合物；②在碱性条件下在 100～160℃ 的温度皂化形成珠状聚合物。

性质与用途：本产品可用于水中阳离子的去除，以及化学工业、电子工业和发电厂的水的钝化。

配方 3

原料配比：

原料名称	质量份	原料名称	质量份
3,3-双羟甲基-1-氧杂环丁烷	150～200	三氟化硼乙醚	50～70
2,3-环氧丙基三甲基氯化铵	80～100	N,N-二甲基甲酰胺	100～250
季戊四醇	10～15	N,N-二甲基乙酰胺	50～100
二氯甲烷	300～650	2%～3%甲醇钠的甲醇溶液	50～100
乙醇	30～50	硝酸镧	50～100

制备方法：将 3,3-双羟甲基-1-氧杂环丁烷加入二氯甲烷中形成溶液 A；

将季戊四醇、二氯甲烷和乙醇混合后除氧、通氮气，加入三氟化硼乙醚，滴加溶液 A，冰水浴条件下反应，加入甲醇钠的甲醇溶液，加入蒸馏水中，干燥得到聚醚中间体；将 2,3-环氧丙基三甲基氯化铵加入 N,N-二甲基甲酰胺和 N,N-二甲基乙酰胺混合溶液中，加入聚醚中间体，除氧、通氮气后加入引发剂反应，洗涤、干燥得到中间体；将中间体浸泡后洗净、烘干得到预处理树脂；将预处理树脂加入硝酸镧溶液中，调节体系的 pH 值并搅拌，静置后洗涤、烘干。

性质与用途：本产品是一种大孔强碱性离子交换树脂，其制备条件温和，所得的离子交换树脂交换容量高，交换速度快。适用于处理锅炉用水。

配方 4

原料配比：

原料名称	质量分数/%	原料名称	质量分数/%
肟类化合物	10～30	去离子水	30～85
羟胺类化合物	5～10		

注：肟类化合物为二乙基酮肟、乙醛肟甲基乙基酮肟中的一种或几种。羟胺类化合物为二乙基羟胺、N-异丙基羟胺中的一种或两种。

制备方法：在反应釜中加入去离子水，然后加入肟类化合物，搅拌 20～30min。而后加入羟胺类化合物，搅拌 40～60min，即得成品。

性质与用途：本产品能够降低给水的含铁量，防止锅炉因形成氧化铁沉积物而引起金属管过热和腐蚀损坏，同时，对沉积在管道、省煤器等处的铜的腐蚀产物有清洗作用。此外，该除氧剂会高温分解为甲酸、乙酸及氮的氧化物等，具有无毒、排放无污染等优点，是一种环保型的除氧剂。

配方 5

原料配比：

原料名称	质量分数/%	原料名称	质量分数/%
氢醌衍生物	10～40	去离子水	30～50
有机还原剂	5～20		

注：氢醌衍生物为蒜酸、鞣质、对氨基苯酚中的一种或几种。有机还原剂为二乙基羟胺、吗啉、环己胺、三乙醇胺、二甲基酮肟、N-异丙基羟胺中的一种或几种。

制备方法：在反应釜中加入去离子水，然后加入氢醌衍生物，搅拌 20～50min。而后加入有机还原剂，搅拌 20～30min，即得成品。

性质与用途：本产品能够降低给水的含铁量；防止锅炉因形成氧化铁沉积物而引起金属管过热和腐蚀损坏。同时，无毒无害，可以在锅炉回水用作饮用水或与食品接触时使用。

配方 6

原料配比：

原料名称	质量分数/%	原料名称	质量分数/%
催化亚硫酸钠	70~80	环己胺	5~10
2,3-二氨基-哌啶	10~20		

制备方法：将上述各组分按比例混合均匀即可。

性质与用途：本产品是一种多组分锅炉除氧剂，能够使锅炉水中的溶解氧迅速除去，解决锅炉及管路、换热器的腐蚀，控制锅炉水的含氧量在国家标准范围内。本发明的多组分除氧剂还具有除残硬和阻垢作用。

配方 7

原料配比：

原料名称	质量份	原料名称	质量份
去离子水	80	亚乙基二胺四亚甲基磷酸钠	2
D-异抗血坏酸钠	10	聚丙烯酸钠	1
磷酸三钠	4	聚马来酸酐	8
三聚磷酸钠	1	固体氢氧化钠	3

制备方法：搅拌器中加入去离子水，待升温到 20~30℃后，依次加入 D-异抗血坏酸钠、磷酸三钠、三聚磷酸钠，溶解后，停止加热，保持常温。然后，依次加入亚乙基二胺四亚甲基磷酸钠、聚丙烯酸钠、聚马来酸酐，进行搅拌。用固体氢氧化钠调节 pH 值到 10~12，搅拌 4~10min 即可得产品。

性质与用途：本产品是一种除氧阻垢剂，该项技术主要用在燃油锅炉、燃气锅炉、回水锅炉、热水锅炉及需要进行除氧、缓蚀、阻垢处理的工业锅炉。其特点是：①能快速除去给水溶解氧。②所用的主要配方药品为食物添加剂类物质，不会增加环境污染。③能够适应多种水质要求。④解决了 D-异抗坏血酸钠在使用中存在的一些问题，如加药量的控制、加药点的选择、保质期的延长、抑制厌氧菌的生长等。

配方 8

原料配比：

原料名称	质量分数/%	原料名称	质量分数/%
酰肼衍生物	5~30	水	余量
有机胺	2~25		

注：酰肼衍生物分子式为 $R^1—CO—NH—R^2$，其中 R^1，R^2 为取代基团，R^1 为 CH_3、$CH_3(CH_2)$、NH_2、$NH_2—NH$、$C_6H_5—NH$、$COOH$、烷基、环烷基、卤代基或杂芳基，R^2 为 CH_3、$CH_2(CH_3)$、NH_2、$NH_2—NH$、C_6H_5、$COOH$、烷基、环烷基、卤代基或杂芳基；有机胺为环己胺、吗啉、三乙醇胺、二乙醇胺、一乙醇胺或分子式为 $R^3—NH_2$ 的胺，其中 R^3 为 $C_1~C_{20}$ 的直链烷基、支链烷基、环烷基或芳基。

制备方法：先向反应釜中加入水和有机胺，加热到 50℃，搅拌 10min，然后加入酰肼衍生物，搅拌 60min，温度降低到室温，即得成品。

性质与用途：本产品适用于一级或二级除盐水作给水的中、高压锅炉给水系统；除氧速度快，无需再辅助加入氨水等 pH 值调节剂。此外，本产品还具有钝化效果，能在金属表面形成保护膜，防止腐蚀。全有机配方没有杂质或副产物的引入，不会影响锅炉的排污和蒸汽质量。液体产品无毒、无闪点、使用安全操作方便。

配方 9

原料配比：

原料名称	质量分数/%	原料名称	质量分数/%
1-氨基吡咯烷	10～20	琥珀酸	20～30
1-氨基哌啶	10～20	水溶性聚合物	40～50
腐殖酸钠	1～5		

注：水溶性聚合物为聚丙烯酸或聚马来酸。

制备方法：首先将 1-氨基吡咯烷、1-氨基哌啶和水溶性聚合物混合，然后加入腐殖酸钠和琥珀酸，混合均匀即得产品。

性质与用途：本产品是一种低毒高效的除氧剂，与溶解氧的反应速率极快，并且在水中不生成其他副产物和沉淀，也不产生有害气体，不会对锅炉设备以及环境产生任何不良的影响。

配方 10

原料配比：

原料名称	质量份	原料名称	质量份
碳酸钠	65～80	亚硫酸钠	1～5
三聚磷酸钠	10～15	聚丙烯酸钠	1～5
六偏磷酸钠	7～13		

制备方法：将上述各组分按比例混合均匀即可。

性质与用途：本发明的热水锅炉 pH 值调节剂具有使用方法简单、操作方便、既经济又实用的特点，从根本上解决了热水锅炉锅水不达标和锅炉腐蚀的问题。

配方 11

原料配比：

原料名称	质量份	原料名称	质量份
水解聚马来酸酐	30～50	硫酸锌	20～35
磷酸二氢钠	10～25	苯并三唑	2～10
聚丙烯酸钠	5～20	水	10～40

制备方法：将上述各组分混合均匀后，用氢氧化钠调节 pH 值到 9～10 即可。

性质与用途：本锅炉阻垢剂可在常温下作用，适用的 pH 值范围较宽。具有优异的除垢分散效果，且成本低廉，可长期使用。可用于工业循环冷却水，对软钢、铜、镍等材质的锅炉进行阻垢，其制造方法简单，可实现工业化大规模生产。

配方 12

原料配比：

原料名称	质量分数/%	原料名称	质量分数/%
盐酸	5～13	硫酸锌	11～21
硅酸钠	12～16	甘油	7～18
氢氧化铵	8～15	去离子水	余量
羟基亚乙基二磷酸	10～16		

制备方法：将盐酸、甘油和去离子水加入反应釜中，加温至 80～100℃，真空度至少为 0.04MPa，搅拌 10～15min 后，降温至 65～75℃并保持恒温，再加入硫酸锌、羟基亚乙基二膦酸、硫酸锌，在反应釜中搅拌，当全部组分互溶后，降温至 60℃以下，再加硅酸钠搅拌至全部互溶，经检测过滤后包装。

性质与用途：本产品是一种成本价格低廉、性能稳定，且集缓蚀、阻垢性能于一体的锅炉阻垢剂及生产方法。

配方 13

原料配比：

原料名称	质量份	原料名称	质量份
藻朊酸钠	5～10	碳酸钠	5～10
鞣质	1～5	乙二胺	1～5
六偏磷酸钠	3～8		

制备方法：将上述各组分混合均匀即可。

性质与用途：本产品配方合理，使用效果好，生产成本低。适用于做锅炉用水阻垢剂。

配方 14

原料配比：

原料名称	质量分数/%	原料名称	质量分数/%
乙二胺四乙酸二钠	2～5	乌洛托品	2～5
聚马来酸酐	5～10	氨基三亚甲基磷酸	10～15
胡敏酸钠	20～40	水	余量
磺酸琥珀二辛酸酯盐	2～3		

制备方法：将上述各组分混合均匀即可。

性质与用途：本产品阻垢效果好，保存时间长，生产成本低。

配方 15

原料配比：

原料名称	质量份	原料名称	质量份
木质素磺酸钠	4～11	鞣质	0.8～2.2
聚天冬氨酸	1.4～6.5	次磷酸共聚物钠盐	1～3.5
乙二胺四乙酸四钠	6～14		

制备方法：将上述各组分混合均匀即可。

性质与用途：阻垢剂使用方便，毒性小，无味，分散性能好。

配方 16

原料配比：

原料名称	质量份	原料名称	质量份
氨基吡咯烷	15	环己胺	8
羟基亚乙基二磷酸	25	去离子水	余量
亚硫酸钠	2		

制备方法：将上述各组分一并加入容器中，保持常温继续搅拌 4～10min，待充分混合均匀即可成产品。

性质与用途：本产品综合性能好，具有优良的阻垢功能，还可降低循环冷却水中总磷的含量，降低常用有机磷药剂因磷含量高而对环境的危害，满足日益严格的环保要求。

配方 17

原料配比：

原料名称	质量份	原料名称	质量份
碳酸钠	2～4	铁氰酸盐	1.2～2.3
纳米碳酸钙	3～7	聚丙烯酰胺-乙二醛树脂	0.3～1.1
氯化铝	1～5	有机酸	6～10
氯化钙	2.2～4	表面活性剂	3～5
聚丁二酸丁二醇酯	1.3～3.5	缓蚀剂	1.1～2.4

制备方法：将上述各组分混合均匀即可。

性质与用途：本产品是一种锅炉设备阻垢剂，能够延缓锅炉设备水垢、污垢的形成时间，保障管道的畅通，减少细菌的生成。

配方 18

原料配比：

原料名称	质量分数/%	原料名称	质量分数/%
聚天冬胺酸	35～40	膦酰基羟基乙酸	10～20
2-膦基丁烷-1,2,4-三磷酸	18～28	氢氧化钠	余量
1,2-二氨基环己烷四乙酸	15～20	去离子水	适量
丙烯酸-丙烯酸甲酯-马来酸酐共聚物	15～20		

制备方法：将上述各组分加入到反应釜中，50℃下搅拌均匀后，用 50%的

氢氧化钠调节 pH 值至中性即得产品。

性质与用途：本产品对 $CaCO_3$、$Ca_3(PO_4)_2$ 和 $BaSO_4$ 垢有优异的阻垢效果，本产品用于处理锅炉用水，方法简单，效果好。

配方 19

原料配比：

原料名称	质量分数/%	原料名称	质量分数/%
聚环氧琥珀酸钠	30～50	聚丙烯酸	10～30
三聚磷酸钠	10～30	环己胺	5～20
六偏磷酸钠	5～20		

制备方法：首先将聚环氧琥珀酸钠在去离子水中充分搅拌混匀，也可加入适当的促有机物质溶解的有机溶剂；然后依次加入三聚磷酸钠、六偏磷酸钠、聚丙烯酸、环己胺，充分混匀，过滤，去除杂质，即得产品。

性质与用途：本产品是一种蒸汽锅炉水处理阻垢剂，适用的温度为 25～40℃，适用的 pH 为 6.0～8.0。本发明的蒸汽锅炉水处理阻垢剂具有较高的分散能力，在高硬、高碱、高铁、高 pH、高温与含油条件下，仍然能有效地控制结垢，并能与其他现有的阻垢分散剂复配使用，是一种较为理想的水处理阻垢剂。

配方 20

原料配比：

原料名称	质量份	原料名称	质量份
磷酸三钠	10～20	玉米淀粉	3～8
氢氧化钠	0.1～0.5	碳酸钠	5～10

制备方法：将上述各组分按比例混合均匀即可。

性质与用途：本产品是一种电厂锅炉阻垢剂，其配方合理，使用效果好，生产成本低。

配方 21

原料配比：

原料名称	质量份	原料名称	质量份
磷酸二钠	3～8	丙烯酰异丙胺基甲磺酸	2～8
丙烯酸	50～60		

制备方法：将上述各组分按比例混合均匀即可。

性质与用途：本产品配方合理，使用效果好，生产成本低。可用作锅炉用水阻垢剂。

配方 22

原料配比：

原料名称	质量分数/%	原料名称	质量分数/%
植物油	10～20	乳化剂	1～2
水	70～80	化学药剂	3～15

注：乳化剂由20%～60%的司盘80、20%～60%的吐温80以及20%～60%的羧基淀粉组成；化学药剂由10%～40%的硅酸盐、10%～40%的硼酸盐、20%～40%的硝酸盐以及10%～40%的有机胺组成。

制备方法：先将植物油、水、乳化剂进行混合搅拌乳化，得到白色糊状的乳化液。再加入具有缓蚀、保护作用的无机盐及有机胺类粉末状的化学药剂继续搅拌，直到化学药剂均匀地分散，悬浮于乳化液中为止，得到的乳化液即为产品。

性质与用途：本配方中的硝酸盐能在炉膛中使金属受热面的表面产生钝化保护膜，该钝化保护膜能非常有效地保护金属受热面。另外，化学药剂中的有机胺受热分解后也与锅炉内的金属表面起吸附反应形成保护膜，这种牢固的化学吸附层是以缓蚀剂分子中的电子供给体与金属表面的电子接受体以配位共价键的形式结合而成的，从而达到高效缓蚀及保护燃煤锅炉受热面的目的。

配方 23

原料配比：

原料名称	浓度/(g/L)	原料名称	浓度/(g/L)
5-巯基-1-四氮唑乙酸钠	0.1～2	辅助剂	0.05～0.1
5-碘尿嘧啶	0.1～2	酸洗液	余量
表面活性剂	0.11～0.25		

制备方法：将上述各组分按比例混合均匀即可。

性质与用途：本产品具有缓蚀效率高、协同作用明显、适应性强、后效性好等优势，且明显抑制了酸对钢材的腐蚀作用，能适用于钢在无机酸和有机酸中酸洗，可应用于石油化工设备、锅炉、管道的清洗，本发明缓蚀剂使用方便、安全、操作简单、见效快。

配方 24

原料配比：

原料名称	质量分数/%	原料名称	质量分数/%
十二烷基胺醋酸盐或十八烷基胺醋酸盐	5～10	乙二胺四亚甲基磷酸钠盐	3～10
环己胺或吗啉	60～80	水	余量

制备方法：将上述各原料按比例加入反应釜中，加热至70℃，搅拌至完全溶解，冷却至室温即得成品。

性质与用途：本产品是一种工业锅炉蒸汽冷凝水缓蚀剂。该缓蚀剂能够在金属表面形成致密的保护膜；除掉冷凝水中的二氧化碳；能够在锅炉给水硬度不达标时，防止锅炉结垢等。本发明缓蚀剂具有投加药量少、水处理成本低、缓蚀效果好、易操作等特点。该缓蚀剂用于工业锅炉蒸汽冷凝水的回用，节能减排效果显著。

配方 25

原料配比：

原料名称	质量份	原料名称	质量份
聚环氧琥珀酸	20～35	聚甲基丙烯酸	3～6
聚马来酸酐	20～50	水合联氨	1～3
六偏磷酸钠	10～20	蒸馏水	60～80
氨基三亚甲基磷酸	5～30		

制备方法：①向反应器中加入聚环氧琥珀酸、聚马来酸酐和蒸馏水进行搅拌，充分混合；②向反应器中加入六偏磷酸钠、氨基三亚甲基磷酸，并进行搅拌，充分混合；③加入聚甲基丙烯酸，水合联氨，搅拌 3～4h 后制得成品。

性质与用途：在锅炉的一般使用条件下使用，本配方的锅炉用缓蚀剂，对运行锅炉的缓蚀率、阻垢率均能达到 99% 以上，从而解决了长期不能取得突破锅炉防腐蚀难题。

配方 26

原料配比：

原料名称	质量份	原料名称	质量份
聚丙烯酸钠	15～20	柠檬酸	4～9
苯并三唑	7～10	1-羟基次乙基-1,1-二磷酸	2～4
磺化聚苯乙烯	5～8		

制备方法：将上述各组分混合均匀即可。

性质与用途：本产品是一种用于锅炉水的复合缓蚀剂，其组分毒性小，对环境影响不大，有很好的缓蚀作用，同时还有很好的阻垢效果。此外，本配方还具有使用方便、毒性小、无异味、分散性好等优点。

配方 27

原料配比：

原料名称	质量份	原料名称	质量份
壬基酚聚氧化乙烯醚	4～8	橘子油	1～3
聚乙二醇	3～5	木质素磺酸钠	2～5
草酸钠	5～10	4A 沸石	0.5～2
碳酸钠	4～7	水	150～200

制备方法：将上述各组分混合均匀即可。

性质与用途：本配方的锅炉清洗剂可以溶解碳酸钙、碳酸镁、硫酸钙、硅酸钙及氧化铁等水垢成分，对金属无腐蚀、无毒、无味，快速、彻底清除附着在锅炉内壁的水垢，同时还具有成本低、用量少、制备工艺简单、使用安全且方便等优点，具有很好的经济、社会和生态效益。

配方 28

原料配比：

原料名称	质量份	原料名称	质量份
十二烷基苯磺酸钠	13～18	二亚乙基三胺	16～28
烷基酚聚氧乙烯醚	11～23	丙酮	23～30
氨基磺酸	5～8	乙醇	25～42
二丙二醇乙醚	3～10		

制备方法：将上述各组分混合均匀即可。

性质与用途：本产品是一种生物质锅炉内壁污染物清洗剂，它不仅组成简单，清洗效果好，而且可以有效地除去锅炉受热面或内壁的污染物，从而提高锅炉的热效率。

配方 29

原料配比：

原料名称	质量份	原料名称	质量份
乙二胺四乙酸二钠盐	5～12	乌洛托品	0.04～0.1
辛基酚聚氧乙烯醚	0.02～0.05	硫脲	150～200
聚丙烯酸	2～3	十六烷基二甲基苄基氯化铵	0.05～0.1
柠檬酸	5～10	十二烷基苯磺酸钠	0.05～0.1
过氧化氢	0.5～1	纯水	适量
硫氰酸铵	0.01～0.05		

制备方法：将十一种物质按照一定的质量比依次投入到搅拌容器中搅拌溶解即可得本产品。

性质与用途：本配方中十一种物质按一定质量比复配使用，对锅炉的清洗效果和缓蚀效果明显优于其中任何一种物质单独使用，且毒性小，对环境危害低，是一种符合可持续发展需要的缓蚀剂。其制备方法简单，原料易得，操作方便。

配方 30

原料配比：

原料名称	质量分数/%	原料名称	质量分数/%
吗啉	0.05～2.5	碳酸钠	0.5～1.0
表面活性剂	0.08～1.5	水	余量
磷酸三钠	0.5～1.5		

制备方法：将水、表面活性剂、吗啉、磷酸三钠、碳酸钠按比例依次加入容器内，在室温下搅拌 10～15min，即得产品。

性质与用途：本产品是一种含有吗啉的专用于新建锅炉的新型碱性清洗剂，具有使用量少但效果显著的特点，本发明配方合理，清洗效果好，环保无污染。

配方 31

原料配比：

原料名称	质量分数/%	原料名称	质量分数/%
聚羧酸	10～15	缓蚀剂	0.5～1
羟基乙酸	40～50	二亚乙基三胺五乙酸胺盐	2～3
表面活性剂	1～2	水	余量

注：聚羧酸为聚丙烯酸、聚马来酸中的一种。表面活性剂为 ABS、OP-10、1227 中的一种或两种。

制备方法：将水、聚羧酸、羟基乙酸、表面活性剂、缓蚀剂、二亚乙基三胺五乙酸胺盐按比例依次加入容器内，在室温下搅拌 10～15min，即得产品。

性质与用途：本产品优势在于聚羧酸、羟基乙酸、二亚乙基三胺五乙酸胺盐复配具有协同作用，对硅垢有很强的增溶渗透剥离效果，且成本低廉，效果显著。用作锅炉用水清洗剂。

配方 32

原料配比：

原料名称	质量分数/%	原料名称	质量分数/%
乌洛托品	10	硝酸	10
苯胺	0.5	自来水	90
硫氰化钾	0.5		

制备方法：按配方质量分数将水加热到 65℃，在不断搅拌的情况下依次加入乌洛托品、苯胺、硫氰化钾、硝酸混合冷却即可。

性质与用途：本配方是一种热交换器专用除垢清洗剂，其优势在于除垢能力强，速度快，不腐蚀设备，适用于热交换器、锅炉等设备除垢。

配方 33

原料配比：

原料名称	质量份	原料名称	质量份
香蕉杆	100	硫脲	8～12
顺丁烯二酸	5～10	硝酸铈铵	5～8
水葫芦粉	60～70	壳聚糖	5～10

制备方法：将香蕉杆粉碎，加入氢氧化钠溶液浸泡，再用水洗涤香蕉杆粉至中性，在香蕉杆粉纤维素中加入顺丁烯二酸，加水在温度为 80～100℃下干燥 1～2h，得改性香蕉杆粉；取水葫芦粉和硫脲加入超声波搅拌器，再加入适量水进行超声反应，将反应后的糊状物置于 60～80℃的烘箱中加热干燥 2～3h，得改性水葫芦粉；将上述改性香蕉杆粉渣、改性水葫芦粉加入搅拌器，加入硝酸铈铵和壳聚糖，再加入水调成糊状，放入微波加热设备，在温度为 120～140℃下微波 30～60min，冷却至室温，研磨，即得铬离子吸附剂。

性质与用途：本配方的吸附剂具有原料来源广泛、成本低廉、比表面积大、吸附容量大、吸附效率高、制备工艺简单等优点，对六价铬离子具有很好的吸附性能。

配方 34

原料配比：

原料名称	质量份	原料名称	质量份
石墨烯和 $Fe_3O_4 \cdot SiO_2$复合颗粒	5～10	氢氧化物	5～15
三聚硫氰酸三钠盐	10～25	去离子水	50～80

注：复合颗粒是以纳米四氧化三铁、石墨烯、镁盐、水玻璃为原料通过共沉淀法制备得到的。

制备方法：将上述各组分混合均匀即可。

性质与用途：本配方所设计的吸附剂能够通过化学螯合方式捕捉重金属离子，再通过物理吸附方式使其富集，快速形成相对稳定的结构，可以固定这些金属离子不再释放到环境中去。而且，可通过掩埋处理这些吸附剂且不会对环境造成二次污染。

6

造纸废水处理药剂

　　我国造纸工业所造成的污染，特别是对水的污染是比较严重的。制浆造纸工业的废水及其污染负荷，随着原料种类、生产工艺以及产品品种的不同，存在很大的差异。即使采用同样的原料、同样的生产工艺，生产同样的产品，由于技术和管理水平的差异，不同工厂的废水排放量以及其中的污染物质含量等，都会存在很大的差异。由于是由制浆造纸工业的性质所决定，即使对于技术装备先进、操作管理完善的企业，废水及其污染物质的排放，依然是必须予以重视的问题。

　　进行废水处理的目的在于提供可以循环利用的水源，减少清洁水的用量，控制处理之后排水的水质，保护河流湖泊等接受水体的生态平衡。

6.1　造纸废水污染物及其来源

　　造纸过程中不同工段都会产生废水废液，且其污染物成分及含量也不尽相同。造纸废水污染物主要来源于以下几个工段。

6.1.1　备料工段废水

　　制浆造纸厂必须储存一定数量的原料，以满足生产工艺和连续生产的需要。一般来讲，原料储存对于环境没有危害。但是，采用水上储木的方式，从原木中溶解出来的有机物质会对水体造成一定的污染。京木的湿法剥皮、切片的水洗都要产生污水。尽量使生产系统的用水处理之后回用，或者利用造纸系统的多余白水作为调木作业和湿法剥皮用水，都可以使污水的产生和排放量大为减少。表6-1所示为木材采用干法与湿法剥皮处理时用水情况的比较，前者的用水量及其污染负荷显著低于后者。

表 6-1 木材采用干法与湿法剥皮处理时的用水量及其污染负荷

处理方法		用水量/(m³/m³)	固体悬浮物量/(kg/m³)	生化耗氧量/(kg/m³)
干法剥皮		0~2	0~2	0~3
湿法剥皮	开放系统	5~30	3~10	3~6
	封闭系统	1~5	0.5~3	2~3

非木材原料的备料工艺与木材原料不同。蔗渣的湿法储存和除髓都会产生含有大量有机物和悬浮物的废水。如果将除髓用水系统封闭，可以显著地降低排污量。采用开放系统时，处理 1t 绝干蔗渣的耗水量为 30~60m³，其中含有 BOD_5 为 10~30kg，SS 为 60~120kg。如果采用封闭系统，耗水量可以降低到 2~10m³，BOD_5 为 5~10kg，SS 为 10~40kg。竹子的备料与木材相似，在竹子的削片、洗涤和筛选过程中，一部分溶出物溶解于水中，造成水污染。竹子备料的用水量变化比较大，处理 1m³ 实积竹材，用水量可以为 2~30m³。竹子备料废水的污染负荷有限，除去水中的砂石、碎屑等之后，可以回用。草类原料通常采用干法备料，废水来源主要来自净化除尘。当原料含有大量杂质和泥土时，则采用湿法或者干湿法结合的备料工艺。湿法备料废水的污染负荷变化很大，用水量取决于水的回用情况，每吨绝干原料为 2~50m³，可以利用纸机系统的多余稀白水或者洗浆系统的稀黑液。

6.1.2 蒸煮废水

蒸煮废液是制浆造纸工业的主要污染源之一，其化学构成根据原料品种、蒸煮工艺以及化学药品的种类和用量不同，存在着很大的差异。表 6-2~表 6-4 为不同原料、不同蒸煮工艺所产生废液的化学成分与污染负荷比较。不同制浆工艺产生的废液具有不同的构成，因而必须采用不同的方法加以处理。化学法制浆废液可以采用相当成熟的碱回收技术进行处理，回收其中的化学药品和热能。化学机械法制浆废液的浓度低，不能采用传统的回收处理技术，因此成为现代制浆造纸工厂废水治理的重要环节。

表 6-2 针叶木硫酸盐法制浆黑液的化学成分

化学成分	对固形物的含量/%	化学成分	对固形物的含量/%
硫化木素	36	无机物	16
糖类降解产物	34	其他	5
挥发性有机物	9		

表 6-3 亚硫酸盐法制浆红液的化学成分

化学成分	对固形物的含量/%		化学成分	对固形物的含量/%	
	针叶木	阔叶木		针叶木	阔叶木
木素磺酸盐	54	46	糖类衍生物	20	22
己糖	14	5	挥发性有机物	5	11
戊糖	5	14	无机物	2	2

表 6-4　若干制浆方法废液的污染负荷

制浆方法和原料	pH 值	COD /(mg/L)	BOD$_5$ /(mg/L)	SS /(mg/L)	总氮量 /(mg/L)	五氧化二磷量 /(mg/L)
硫酸盐法木浆	12.9	160000	5000	1400	700	18.6
亚硫酸盐法木浆	1.0	100000	36000	8340	180	1.5
化学机械法木浆	10.2	8200	46600	5280	320	3.2
磨木浆	6.0	1000	610	1000	微量	7.5

6.1.3　洗涤筛选工段废水

多段逆流洗浆的工艺流程，如果管理状况良好，用水系统是封闭操作的，基本上不排放废水。但是，在工厂实际操作中，由于工艺管线长，浆泵和黑液储槽多，容易发生跑冒滴漏的现象。另外，正常检修时的停机、开机清洗也需要用水，使得洗涤筛选工段的废水量波动较大。

筛选排放的废水包括浆料浓缩后脱出的水、净化尾浆的排水，其中含有蒸煮过程中溶出的各种成分和纤维类固形物等。对于开放的筛选系统，每吨浆料的废水排放量一般为 50m^3。为了降低废水的排放量，通常采用封闭的筛选系统，即筛选之前浆料的稀释用水，使用来自筛选工段浓缩机的水。显而易见，筛选系统用水的封闭是提高洗涤效率、减少废水排放量的有效措施。浆料筛选开放系统和封闭系统排放废液的水量及其污染负荷如表 6-5 所示。

表 6-5　开放式和封闭式筛选洗浆系统每吨浆的废液量及污染负荷

项　　目	开放系统	封闭系统	项　　目	开放系统	封闭系统
废水量/m^3	30～100	6～8	SS/kg	5～10	0
BOD$_7$/kg	10	5	色度	30～50	10～20

6.1.4　漂白工段废水

漂白车间排放的废液会对环境生态造成严重的危害，已经引起了广泛的关注，并且日趋重视研究和采用相应的治理措施。未漂浆生产过程中所产生废液的处理，技术上比较容易解决，可以采用多种方法，包括采用封闭洗浆系统的用水等措施。但是，漂白废液的处理在技术上仍然十分困难。最近十几年来，虽然漂白车间排放废液的污染负荷已经大为降低，来自漂白车间的大量废液，仍然是制浆造纸工业排放的污染负荷中最主要的部分。

降低漂白车间废液的污染负荷可以通过以下途径：①采用强化脱除木素的制浆工艺，达到深度脱除木素的目的，以降低漂白处理的化学药品消耗；②采用氧碱漂白工艺，废液可以和蒸煮工段废液一起送碱回收车间处理；③采用浆料逆流洗涤工艺，减少废液总体积和增加固形物浓度；④漂白工艺采用二氧化氯取代氯，减少废液中各种毒性物质的含量；⑤后续漂白工段采用氧、过氧化氢、臭氧等处理工艺，进一步降低废液的污染负荷。

由于漂白工艺条件和添加化学药品种类的不同，来自漂白车间的废液中所含有害化合物的种类变化很大，其毒性不能简单地以检测某类化合物来度量。因此，引入可吸附性有机卤化物（absorbable organically bound halogen，AOX）作为检测指标。AOX是反映废液中各种有机氯化物构成的比较全面的参数，不必考虑某一种特定化合物或者基团的影响，因此可以更为全面地反映污染物质的毒性。

现代漂白工艺技术使用的氧气、二氧化氯和过氧化氢，已经大大减少了漂白废液中的毒性物质和耗氧成分，随着漂白工艺和技术的不断发展，特别是臭氧漂白技术的应用，可以预见未来的漂白废液将会含有越来越少的氯化有机物和其他毒性物质。表 6-6 将展示部分漂白工艺废液的污染特性。

表 6-6　不同漂白工艺每吨浆的废液污染特性

漂白工艺	COD/kg	BOD/kg	AOX/kg	氯代酚类化合物/g	TCDD/μg
C90＋D10EHDED	100	25	8	90	5～30
O(C85＋D15)(EO)DED	65	15	3	25	<1
O(D30C70)(EPO)D(E＋P)D	50	12	2	11	<0.1
OXPD(E＋P)D	40	10	0.5	<1	<0.1
OD100(EPO)DD	40	10	<1	<1	<0.1

注：漂白程序中 C—氯化、D—二氧化氯漂白、E—碱处理、H—次氯酸盐漂白、O—氧脱木素、P—过氧化氢漂白、X—酶处理。

6.1.5　碱回收车间废水

碱回收车间排放的废水主要包括各效蒸发器的二次蒸汽冷凝水、清洗蒸发器和储槽的废水等。这类废水中含有黑液成分和纤维类成分，并且溶解有含硫的及不含硫的水溶性有机化合物。其中的有机硫化合物使得废水具有难闻的气味，甲醇类有机物则增加了废水的耗氧量。

对于多效蒸发系统，各效出来的冷凝水量及其 BOD 含量各不相同，详见表 6-7。第 1 效蒸发器的冷凝水是新蒸汽的冷凝水，可以直接用做锅炉给水或者供洗浆工段和苛化工段使用。第 2 效和第 3 效蒸发器的冷凝水，可以供洗浆工段或者苛化工段使用。第 4 效和第 5 效蒸发器的冷凝水，以及 1# 和 2# 表面冷凝器的冷凝水，具有较高的污染负荷，应该与真空泵排水一起经过汽提法处理之后，方能回用或者排放。

表 6-7　蒸发工段的冷凝水量及其污染负荷

冷凝水的来源	冷凝水量/(t/t 浆)	BOD$_7$/(t/t 浆)	有机硫化合物量/(t/t 浆)
2 效和 3 效蒸发器	3.2	0	0
4 效和 5 效蒸发器	4.5	7	0.2
1$^\#$、2$^\#$ 表面冷凝器及真空泵排水	0.3	2	0.3
总计	8.0	9	0.5

在具有良好的浆料洗涤和红液处理系统的亚硫酸盐法制浆工厂中，蒸发工段的冷凝水具有很高的污染负荷，可以达到 30kg BOD$_7$/t 浆以上。其主要成分是乙酸，其次是甲醇和糠醛等。可以通过中和的方法，在蒸发前的稀红液中加入与蒸煮相同碱的碱性化学药品，降低冷凝水中的乙酸含量。也可以将冷凝水用于可溶性碱的制酸工段。采用蒸汽净化处理冷凝液的方法，可以使得甲醇和糠醛挥发除去，但是不能除去乙酸。综合利用也是亚硫酸盐法制浆废液的重要处理途径。

而燃烧工段和苛化工段的废水，主要成分为可溶性的无机化合物和悬浮物。这类废水包括绿泥和消化器泥渣排放时夹带的废水，熔融物溶解槽、绿液苛化槽、消化器、苛化器、白液澄清槽的清洗用水，以及处理碱回收炉和石灰窑烟气的稀碱液洗涤用水。对于这类废水，通常经过沉降除去悬浮物并调节 pH 值之后，汇入总废水处理系统。

6.1.6　造纸车间废水

造纸车间废水的成分以固形悬浮物为主，包括纤维、填料、涂料等，还有添加的施胶剂、增强剂、防腐剂等。其中添加的防腐剂（如醋酸苯汞等）具有一定的毒性。

6.2　造纸废水的处理方法

造纸废水按照处理方法的作用原理分为物理法、化学法、生物法及物理化学法。

物理法基于物理作用的原理，以去除不溶解的固体悬浮物为主，同时可去除部分导致产生生化耗氧量的物质，并兼有降低和消除色度的作用。通常采用的处理方法有沉淀法、气浮法及过滤法等。

化学法是利用化学品的作用，调节废液 pH 值、降低或消除废液色度，并去除部分导致产生生化耗氧量的物质和固体悬浮物。通常化学法采用的方法有氧化法、还原法、中和法及絮凝沉淀法等。

生物法是利用微生物的作用逐步降解废水中溶解或呈胶体状态的有机污染

物，将其转化成无害的低分子物质，最终废水得以净化。生化处理方法通常分为好氧法和厌氧法两大类。

物理化学法是基于物理作用和化学反应相结合的原理处理废水。通常有活性炭吸附法、离子交换法、电渗析法等。

6.3　造纸废水处理药剂配方

本节主要介绍多种化学法及物理化学法常用的造纸废水处理剂配方，以期为广大造纸企业提供参考依据。下面将着重介绍各种造纸废水处理剂配方。

配方 1

原料配比：

原料名称	质量份	原料名称	质量份
脱乙酰甲壳素	50～65	聚合硫酸铝	9～15
有机膦酸盐	20～30	聚丙烯酰胺	88～100

制备方法：将有机膦酸盐置入反应釜中，并加入水，水的加入量是原料总质量的 5～8 倍，搅拌后混合，升温至 45～50℃，再加入脱乙酰甲壳素，搅拌 30～40min 后，升温至 65～70℃，再加入聚丙烯酰胺，搅拌 1～1.5h 后，加入聚合硫酸铝，继续搅拌 30～35min，降温至常温即得。

性质与用途：本产品适用于造纸废水，使用时悬浮物立刻絮凝，沉淀快速，效率高，处理 1m³ 污水的药剂费用是其他药剂费用的一半。本产品对设备无腐蚀，减少设备的维修费用。本产品无毒无杂质，对操作人员无影响，降低二次污染的风险。

配方 2

原料配比：

原料名称	质量份	原料名称	质量份
铝酸钠	30～40	四亚乙基戊胺	1～5
硫酸铝	1～5	聚乙烯酰胺	1～5

制备方法：按配比称取各组分，混合均匀即可。

性质与用途：本产品由铝酸钠、硫酸铝、四亚乙基戊胺、聚乙烯酰胺组成。本产品配方合理，使用效果好，生产成本低。非常适用于处理造纸废水。

配方 3

原料配比：

原料名称	质量份	原料名称	质量份
聚丙烯类聚合物	15～30	甲胺催化剂	10～25
工业食盐	10～25	水	60～80

注：甲胺催化剂由15%～60%的甲醛和30%～80%的二甲胺和余量的水分在30～60℃下聚合而制得。

制备方法：将各组分按比例配料，反应在反应罐中进行，反应温度控制在40～70℃，经聚合反应即可制得本产品。

性质与用途：本产品与净水剂配合应用，效果好，广泛用于工业污水的处理，尤其是对造纸废水的处理，效果更显著，不仅可以达到排放要求，而且还可以将污水处理成高度净化水，以作为循环水再次使用，节约了用水。

配方 4

原料配比：

原料名称	质量份	原料名称	质量份
酶	2.0～5.5	赤霉素	0.1～0.5
有机酸	3.0～5.0	氮营养	3.0～8.0
微量元素	0.1～0.5	磷营养	0.5～1.5

注：其中，酶为纤维素酶、半纤维素酶和木素酶中的任意一种，或任意两种的任意比例混合物，或三种的任意比例混合物；有机酸为黄腐酸；微量元素为铁离子和锌离子质量比为1:1的混合物，铁离子来源包括硫酸亚铁、氯化铁、硝酸铁中的任意一种，或任意两种的任意比例混合物，或三种的任意比例混合物，锌离子来源包括氯化锌、硝酸锌、硫酸锌中任意一种，或任意两种的任意比例混合物，或三种的任意比例混合物；氮营养为氮元素，其来源包括硝酸盐、铵盐和尿素中的任意一种，或任意两种的任意比例混合物；磷营养为磷元素，其来源包括磷酸、磷酸盐、磷酸氢盐和磷酸二氢盐中的任意一种，或任意两种的任意比例混合物，或任意三种的任意比例混合物，或四种物质的任意比例混合物。

制备及储存方法：取上述生物促生剂中的酶加入水中溶解，充分搅拌后，分别加入有机酸、微量元素、赤霉素、氮营养和磷营养，充分搅拌后，组成生物促生剂溶液，备用；储存时，将该溶液储存在2～8℃的环境中，使用期限为六个月。

性质与用途：本产品能够对造纸废水处理系统中的微生物提供生长所需的营养物质，其营养成分种类多，并能够提高生化系统处理效果，具有效率高、稳定性高、抗负荷能力强的特点。

配方 5

原料配比：

原料名称	质量分数/%	原料名称	质量分数/%
三氟丙基改性硅聚醚	1～20	聚乙二醇	10～20
聚醚改性硅氧烷	5～70	脂肪醇	1～10
乳化剂(有机硅油)	3～50	甘油三酯	2～15

注：聚醚改性硅氧烷由低含氢硅油与端烯丙基聚氧烯醚进行硅氢加成反应合成得到。

制备方法：先将三氟丙基改性硅聚醚、聚醚改性硅氧烷、甘油三酯混合，充分溶解、搅拌均匀，再加入聚乙二醇、脂肪醇混合搅拌，最后加入乳化剂搅拌均匀即可。

性质与用途：本产品性能稳定，消泡速度快，抑泡时间长，对污水微生物不产生毒害，不改变污水 COD、BOD 的性能，适用于造纸、印染、制糖、制药、皮革企业的废水处理。

配方 6

原料配比:

原料名称	质量份	原料名称	质量份
淀粉磷酸酯	5～10	活性炭	7～9
聚磷氯化铁	2～3	碳酸镁	5～8
聚乙烯亚胺	3～4	水	155～165

制备方法:将淀粉磷酸酯和聚磷氯化铁用水溶解,溶解均匀后再加入聚乙烯亚胺、活性炭、碳酸镁,搅拌均匀成为悬浊液即可。

性质与用途:本产品可以快速降低造纸废水中的色度和悬浮物含量。处理过后,造纸废水的色度从 74 降至 5～7,悬浮物值从 234mg/L 降低至 6～9mg/L。

配方 7

原料配比:

原料名称	份数(物质的量)	原料名称	份数(物质的量)
双氰胺	1	氯化铵	0.5～1.5
甲醛	1～3		

注:加入氯化钙的量为双氰胺、甲醛、氯化铵三者总质量的 1%～10%。

制备方法:使用带搅拌机、有夹套的圆柱形反应釜,搅拌机可变速,其主机位于反应釜顶部,双层搅拌叶位于反应釜高度 2/3 以下,反应釜外壁夹套中通以冷却水;开动搅拌机以 50～70r/min 的速度进行搅拌;向反应釜内加入原料双氰胺、甲醛和氯化铵;10min 后以 20～30r/min 的速度进行搅拌,加入氯化钙;缩合反应开始,釜内温度上升到 90～105℃,搅拌速度变为 10～20r/min,保持此温度,反应 1～1.5h;釜内温度降至 80℃,停止搅拌,保温 2～3h;冷却至常温,得到产品并出釜;生产过程中釜内温度通过改变夹套中冷却水的流量来进行控制。

性质与用途:本产品制备过程中省去了外加热源加热,降低了能耗,节省了设备投入费用,减少了产生暴沸的机会;钙离子加入,使形成的絮团沉降速度加快,增强了混凝效率,提高了产品的效能,为脱色剂在水处理领域更广泛地使用创造了有利条件。本产品主要用于印染、制革、造纸等工业废水去除色度、COD 和 SS。

配方 8

原料配比:

原料名称	质量份	原料名称	质量份
丙烯酰胺	15～18	硅酸钠	2～4
氨基磺酸	3～5	葡萄糖酸钠	0.8～1.2
有机碱	2～4	表面活性剂	0.5～0.7
聚天冬氨酸钠	2～4	草酸	0.6～0.8
腐殖酸钠	0.6～0.8	单宁酸	0.3～0.5
氯化铝铁	3～5		

注:其中,有机碱为乙醇胺和苯并三唑按照重量比 3∶2 组成的混合物;表面活性剂为丙烯磺酸钠和十二烷基硫酸钠按照重量比 2∶1 组成的混合物。

制备方法：按配比称取各组分，混合均匀即可。

性质与用途：本产品采用无磷有机复合配方，无毒害，不易产生富营养化，可防止产生周围水域的"赤潮"公害，净水效果好，生产成本低，水排放后不会对自然环境造成污染，节水率比使用有机膦水处理剂提高了26%，能有效地降低排污量，提高缓蚀阻垢效率，缓蚀率为：Q235≤0.115mm/a，Cu≤0.004mm/a。适用于造纸废水处理。

配方9

原料配比：

原料名称	质量分数/%	原料名称	质量分数/%
改性聚丙烯酰胺	0.5～1	聚合硫酸铁	20～40
过硫酸铵	1～5	水	适量

制备方法：按配比称取各组分，混合均匀即可。

性质与用途：本产品配方合理，使用效果好，生产成本低。适用于造纸废水处理。

配方10

原料配比：

原料名称	质量份	原料名称	质量份
耐火水泥(Al_2O_3>70%)	1	耐火水泥(SiO_2>70%)	1
耐火水泥(CaO>70%)	1～6	硫铁矿烧渣(Fe_2O_3>70%)	适量

制备方法：将含有铝、硅和铁的耐火水泥按（1～6）:1的比例与硫铁矿烧渣粉末混合，部分固体混合物料与5%～10%的工业用稀盐酸在50～130℃下进行反应，反应进行5～20min后，加入剩余固体混合物料和20%～35%的工业用浓盐酸再反应20～60min，之后加水活化20～60min，即得絮凝剂产品。

性质与用途：本产品制备工艺简单，无二次污染，成本低，应用效果好，特别是可以充分利用工业废物制备水处理剂，适应环境保护的需要。本方法制备的絮凝剂对脱墨废水具有很好的处理效果。此外，该类絮凝剂对其他工业废水（如造纸废水）也有很好的处理效果。

配方11

原料配比：

原料名称	质量分数/%	原料名称	质量分数/%
水解聚丙烯酰胺	5～10	硫酸	0.5～1
聚合氯化铝	5～10	水	适量

制备方法：按配比称取各组分，混合均匀即可。

性质与用途：本产品配方合理，使用效果好，生产成本低。适用于处理造纸废水。

配方 12

原料配比：

原料名称	质量分数/%	原料名称	质量分数/%
淀粉黄原酸酯	50～60	阳离子絮凝剂	5～15
硫酸	5～15	水	适量

制备方法：按配比称取各组分，混合均匀即可。

性质与用途：本产品配方合理，使用效果好，生产成本低。适用于处理造纸废水。

配方 13

原料配比：

原料名称	质量分数/%	原料名称	质量分数/%
铁屑	5～10	亚硝酸钾	1～2
硫酸	10～20	水	适量

制备方法：按配比称取各组分，混合均匀即可。

性质与用途：本产品配方合理，使用效果好，生产成本低。本产品适用于处理造纸废水。

配方 14

原料配比：

原料名称	质量份	原料名称	质量份
羟基磷灰石	20～40	石英	5～15
沸石	75～85	混凝剂	20～40
膨润土	70～90		

注：其中，混凝剂由木质素、聚合氯化铝和聚天冬氨酸混合而成，所述木质素、聚合氯化铝、聚天冬氨酸的质量比为（1～3）：（1～3）：（1～3）。

制备方法：将羟基磷灰石、沸石、膨润土和石英混匀，250～350℃活化处理20～40min，超细粉碎至粒径为0.01～10μm，再与混凝剂混合即可。

性质与用途：本产品采用环保原料制成，比表面积大、活性高、分散性高，对造纸废水处理效率高。适用于造纸废水处理。

配方 15

原料配比：

原料名称	质量份	原料名称	质量份
硫酸镁	12～18	活性炭	16～18
氧化钠	6～7	醋酸钠	21～23
海藻土	55～75	硝酸铁	57～65
玉米淀粉	32～43		

制备方法：按照上述比例将硫酸镁、硝酸铁、氧化钠、活性炭先放入污水

中，搅拌 18~25min 后依次加入醋酸钠、海藻土，继续搅拌 10~15min，加热至 20~30℃，最后加入玉米淀粉，继续搅拌，冷却至常温，完成处理过程。

性质与用途：整个技术方案简单，可降低企业成本；本产品效率高、效果好，经过处理后的污水达到环保局规定的排放标准；本产品所采用成分相对安全，对操作人员无副作用；该产品不会产生二次污染，节能环保，便于大规模地推广应用。适用于造纸废水处理。

配方 16

原料配比：

原料名称	质量份	原料名称	质量份
硫酸亚铁	2~10	2-膦酸丁烷-1,2,4-三羧酸四钠	2~5
聚丙烯酰胺	0.5~1.5	硫酸锌	0.5~1
硫酸镁	10~20	苯并三唑	1~3
硝酸铁	15~25	改性硅藻土	16~30
硝酸镍	1~5	铝交联累托石	5~20
聚合氯化铝	35~50	壳聚糖-石墨烯复合材料	5~8
淀粉黄原酸酯	15~30	膨润土	15~25

制备方法：①将硫酸亚铁、硫酸镁、改性硅藻土、铝交联累托石加入粉碎机，粉碎成 100~150 目粉体，加入聚丙烯酰胺；②将硝酸铁、硝酸镍、聚合氯化铝、淀粉黄原酸酯、2-膦酸丁烷-1,2,4-三羧酸四钠、硫酸锌、苯并三唑加入容器中，每种原料添加均间隔 3~5min，边添加边搅拌；③加入壳聚糖-石墨烯复合材料，用频率为 1000~2000W 的超声波超声 10~20min，即可制得该造纸废水处理剂。

性质与用途：本产品使用范围广，处理工艺简单，用药量少，处理效果良好，性能稳定，出水水质好；有效地降低了水处理的成本，具有很好的经济效益和广泛的社会效益。

配方 17

原料配比：

原料名称	质量份	原料名称	质量份
氧化钙	100~120	玉米淀粉	90~100
碳酸钠	70~80	活性炭	120~140
聚合氯化铝	80~90	醋酸钠	60~70
聚合三氯化铁	50~60	亚氯酸钠	90~100
硫酸镁	60~80	碳酸氢钠	80~90
海藻土	50~55		

制备方法：①先将氧化钙和碳酸钠放入待处理的污水中，搅拌 30~40min 后静置 20min；②然后加入聚合氯化铝、聚合三氯化铁、硫酸镁和海藻土，搅拌 55~65min 后静置 20~30min，将污水过滤后除去沉淀和杂质；③在污水中加入活性炭和醋酸

钠，充分搅拌 30～40min，再加入玉米淀粉，静置 20min 后过滤除去沉淀和杂质；④最后加入亚氯酸钠和碳酸氢钠，搅拌 30～40min，充分杀菌消毒。

性质与用途： 本产品能对污水进行絮凝沉淀净化和杀菌消毒的双重作用，从而可以除去污水中的泥沙和杂质，还且还能去除有害物质，并进行杀菌消毒；本产品原料来源广，成本较低，处理效果好，效率高，不会产生二次污染，因此节能环保，便于推广应用。

配方 18

原料配比：

原料名称	质量份	原料名称	质量份
蔗渣	80～120	聚硅氧烷	15～20
活性炭	20～30	聚硫酸铁	20～30
膨润土	30～50	磷酸钙	10～15
石灰	20～30	聚二甲基二烯丙基氯化铵	5～10
钡盐	1～5	2-丙烯酸-1,12-十二烷基二酯	1～5

注：其中，钡盐为碳酸钡、氯化钡、硫酸钡、锌钡白、氢氧化钡或氧化钡中的一种或几种组合；膨润土为白硼钙石油酸乙酯复合改性膨润土，其制备方法为：①配料：按质量份之比为白硼钙石：油酸乙酯：膨润土＝(5～10)∶(25～35)∶(40～50) 称取各组分备用；②混料：将膨润土和白硼钙石混合均匀，再加入油酸乙酯搅拌均匀；③反应：将混料倒入高温高压反应釜，向反应釜中充惰性气体排尽空气，调节反应釜中压力为 3～3.5MPa，温度为 220～240℃，并将反应釜置于超声场中，超声场的频率为 30～35kHz，功率密度为 0.45～0.5W/cm²；④干燥：反应 15～30min 后，自然冷却至 70～80℃，将物料从反应釜中倒出并摊开到 70～80℃的烘箱中，使得未反应的油酸乙酯挥发干净，再磨粉至粒度小于 100μm 即可。

制备方法： 按配比称取各组分，混合均匀即可。

性质与用途： 本产品含有多种活性基团，发挥协同作用，与重金属发生络合、螯合、吸附、交换等物理化学反应，能够捕获水体中的多种金属离子，适用于城市污水、含油污水、印染废水、造纸废水、化工等领域。

配方 19

原料配比：

原料名称	质量份	原料名称	质量份
聚合氯化铝	40～45	硫酸钛	5～8
聚合氯化铁	18～23	硫酸钠	18～21
异丙醇	23～25	木质素酶	6～10
粉煤灰	56～59	过氧化氢酶	6～10
聚合硫酸铝铁	13～16	高氯酸钾	8～11
过硫酸铵	10～15	聚亚乙基亚胺	10～13
无水硫酸铝	19～22	硫脲	4～8
改性硅藻土	30～34	聚丙烯酰胺	17～20
氧化镁	15～18	二亚乙基三胺五乙酸五钠	11～15
硫酸亚铁	13～15	微生物菌液	47～52
硫酸锌	8～12		

注：其中微生物菌液由酵母菌、芽孢杆菌、假单胞菌、黄单胞菌和巴斯德梭菌组成，其质量比为 4∶6∶7∶3∶4。

制备方法：①使用水将含有酵母菌、芽孢杆菌、假单胞菌、黄单胞菌和巴斯德梭菌的菌群活化，获得微生物菌液，备用；②称取聚合氯化铁、异丙醇和无水硫酸铝，混合均匀后，升温至53～58℃，加入氧化镁、硫酸亚铁和硫酸锌，混合搅拌25～30min，降温至38～40℃，加入聚合氯化铝、过硫酸铵、硫酸钛和硫酸钠，混合搅拌40～50min后，自然冷却，加入聚亚乙基亚胺、硫脲、聚丙烯酰胺和二亚乙基三胺五乙酸五钠，混合搅拌55～60min，获得第一混合物；③称取粉煤灰、聚合硫酸铝铁、改性硅藻土和高氯酸钾，混合均匀后，获得第二混合物；④将第一混合物与第二混合物混合均匀，加入木质素酶、过氧化氢酶和微生物菌液，搅拌均匀即可。

性质与用途：本产品为造纸废水专用的高效污水处理剂，对造纸废水的处理效果好，能够大大降低造纸废水中的 COD、BOD 和 SS 等指标。本产品通过化学处理药剂与微生物菌液协同作用，大大增强了对造纸废水的处理效果，而且成本较低，使用方便，有利于环境保护。

配方 20

原料配比：

原料名称	质量份	原料名称	质量份
粉煤灰	15～30	碱式氯化铝	1～5
膨润土	15～30	明矾	0.5～1.5
玉米淀粉	15～30	PAM 助剂	0.5～1

注：其中，粉煤灰的颗粒粒径范围为 0.5～300μm，相对密度为 1.9～2.9，含钙率为 3%～4%；膨润土以黏土为原料，经无机酸化处理，再经水漂洗、干燥制成，其相对密度为 2.3～2.5；玉米淀粉是由玉米用亚硝酸浸渍后，经破碎、过筛、沉淀、干燥、磨细而成。

制备方法：按配比称取各组分，混合均匀即可。

性质与用途：本产品成本低、净化效果好、环保无毒，尤其适用于处理含悬浮物浓度高、粒子带正电荷的造纸、印染、纺织、化工用水以及其他废水。

配方 21

原料配比：

原料名称	质量份	原料名称	质量份
硅藻土	20～30	珍珠岩	30～45
表面固定有生物酶的纳米粒子	15～18	蛭石	30～45
石墨烯	3～5	糖胺聚糖	10～15

注：表面固定有生物酶的纳米粒子是先用纳米碳管包覆纳米氧化铝，然后将生物酶固定在纳米碳管包覆纳米氧化铝的表面；纳米氧化铝与生物酶质量比为 2：（0.1～1.5）；珍珠岩与蛭石的粒度为 10～50μm；生物酶为果胶酶、纤维素酶或蛋白酶。

制备方法：①将氧化铝溶于二甘醇得到反应体系，然后缓慢加入氢氧化钠，搅拌 1～3h 后在 2～2.5h 内升温至 240～260℃，反应 5～7h 后冷却；离心得到的沉淀物依次用体积比 1：2 的乙醇与乙酸甲酯混合溶液、丙酮、去离子水洗涤，真空干燥得到基核纳米氧化铝；然后将基核纳米氧化铝超声分散在无水乙醇中，加入含有纳米碳管的无水乙醇溶液，滴加浓氨水，40～50℃下搅拌反应 1～1.5h，离心分离得到的沉淀物依次用无水乙醇、去离子水洗涤，真空干燥后得到纳米碳管包覆纳米氧化铝；②将①中得到的纳米碳管包覆纳米氧化铝超声分散在去离子水中，加入生物酶和缓冲溶液，40～45℃下搅拌 1～1.5h，加入交联剂，在氮气氛围中，50～55℃下搅拌 12～16h，离心分离得到的沉淀物用去离子水洗涤至无紫外吸收，真空干燥后得到的生物酶固定化包覆纳米氧化铝；③将硅藻土、珍珠岩与蛭石混合均匀后加去离子水配成质量分数为 15%～20% 的悬浮液，将糖胺聚糖加去离子水配成 1%～2% 质量分数的糖胺聚糖溶液，在 3～10min 中加入至悬浮液中，在 60～75℃下搅拌 2～3h，冷却后在超声振动下加入石墨烯与①中得到的生物酶固定化包覆纳米氧化铝，继续超声振动 3～5h，然后离心、洗涤、抽滤真空干燥至恒重，然后粉碎过 100～150 目的筛子后制得粉末状的水处理剂。

性质与用途：本发明的水处理剂处理效果好，不致病性、安全；可生物降解，对环境友好，原料来源广，生产成本低；可用于造纸废水，重金属废水，城市污水，食品加工及发酵工业等方面的应用，适用性广。

配方 22

原料配比（质量份）：

原　　料	1 号	2 号	3 号
膨润土	3	5	4
铝矾土	2	4	3
高岭土	1	3	2
硅藻土	1	2	1.5
压滤成的固体	5	7	6
100 目沸石粉	4	—	—
200 目沸石粉	—	5	—
300 目沸石粉	—	—	4
浓度为 15% 的酸溶液	混合物质量的 1%	—	—
浓度为 5% 的酸溶液	—	混合物质量的 1%	—
浓度为 10% 的酸溶液	—	—	混合物质量的 1%

注：本品各组分质量份配比范围：膨润土 3～5、铝矾土 2～4、高岭土 1～3、硅藻土 1～2、压滤成的固体 5～7、沸石粉 4～5、酸溶液按混合物质量的 1%～3%。所述酸溶液为硫酸溶液，其浓度为 5%～15%。所述沸石粉的细度为 100～300 目。

制备方法：① 将膨润土、铝矾土、高岭土、硅藻土混合后水洗，按混合土与水（1～1.5）：1 的比例进行水洗。

② 将水洗后的上层乳浆压滤成固体，取压滤后的固体与沸石粉混合，在混合物中加入酸溶液搅拌均匀，在 40～60℃的温度下放置 16～24h。

③ 将经放置 16~24h 的混合物进行水洗至 pH 值为 5~8。

④ 干燥、粉碎、包装即为本品。

性质与用途：本品吸附性、聚凝性极强，最小使用比例为万分之五，使用量少，污水处理成本低。效果明显，聚凝、沉淀速度快，污水处理彻底，尾水可循环利用。本品主要应用于造纸污水处理。

使用方法：净水剂的用量为每吨造纸污水添加 0.05%~0.15%。一般浓度污水不需要添加辅助剂，使用后造纸污水很快会出现分层，沉淀快。由于造纸尾水里的纤维、填料被吸附、聚凝沉淀，尾水的 SS 值大大降低，对 COD 有明显的分解作用。本品吸附尾水的臭味，使尾水达到国家 1~2 级排放标准。此外，沉渣中的纸纤维占沉渣体积的 70% 以上，可按一定比例加入纸浆中继续造纸，节约造纸原材料，无二次污染。造纸尾水处理达标后，也可反复循环使用，可节约大量水源。

配方 23

原料配比（质量份）：

原　　料	1 号	2 号	3 号	4 号
三聚氰胺	250	250	250	250
硫酸铝	10	10	10	10
氯化铵	200	200	200	200
甲醛	200	200	200	200
尿素	100	100	100	100
浓度为 30% 的可溶性淀粉水溶液	100	—	—	—
浓度为 20% 的可溶性淀粉水溶液	—	100	—	—
浓度为 60% 的可溶性淀粉水溶液	—	—	100	100
浓度为 4% 的阳离子聚丙烯酰胺水溶液	50	—	—	—
浓度为 1% 的阳离子聚丙烯酰胺水溶液	—	10	—	—
浓度为 6% 的阳离子聚丙烯酰胺水溶液	—	—	50	—

注：本品各组分质量份配比范围：三聚氰胺 240~260、硫酸铝 9~11、氯化铵 190~210、甲醛 190~210、尿素 90~110、可溶性淀粉水溶液 90~110、阳离子聚丙烯酰胺水溶液 10~50。

制备方法：在装有搅拌机及恒温控制的反应釜中先加入三聚氰胺、硫酸铝、1/2 氯化铵、1/2 甲醛，搅拌溶解后，控制反应温度为（70±1）℃，恒温反应 1h（进行第一次聚合反应）；再加入尿素、1/2 氯化铵、1/2 甲醛，控制反应温度为（90±5）℃，恒温反应 3h（进行第二次聚合反应）；再加入可溶性淀粉水溶液和阳离子聚丙烯酰胺水溶液，恒温（70±5）℃反应 30min 进行第三次聚合反应，冷却至室温即可制得一种染料废水强效脱色去污净水剂。

性质与用途：本品的染料废水强效脱色去污净水剂是以三聚氰胺和甲醛等为主要原料，以硫酸铝和氯化铵为催化剂并引入添加剂进行三步聚合而合成的阳离子型多元共聚有机絮凝剂，其原料易得、价格便宜、制备简单。对印染、造纸废水处理效果好、处理成本低。本品与无机絮凝剂聚合铝（PAC）和助凝剂聚丙烯酰胺（PAM）复配使用，处理染料废水。在室温下将废水进行搅拌，然后先加入本品，再加入 PAC，搅拌，再加入助凝剂 PAM，再搅拌 1～5min，静置分层，染料废水澄清后排放，染料废水因而得到有效处理。本品用于处理染料废水具有絮凝沉降速度快、污泥量少、操作简便、处理成本低等优点。经试验使用，处理后染料废水的色度＜5，COD_{Cr} 为 70～85mg/L，符合国家排放标准，并可以在印染工艺中达到回收利用水的目的。

配方 24

原料配比：

原　　料	质量份	原　　料	质量份
母液	15～18	氯化亚铁液	74～79
次氯酸钠	5～8		

制备方法：① 双氧水氧化法。原料要求，双氧水（H_2O_2）含量大于 30%，无色澄清。硫酸亚铁液 pH 值小于 1，硫酸亚铁（$FeSO_4$）含量 180～220g/L，不含氯化铁、酚、偏钛酸等杂质，可以用工业硫酸与球墨铸钢（铁）屑反应制得，为降低产品成本也可用硫酸酸洗液经沉淀后的深绿色清液代替。将上述制得的硫酸亚铁移入另一反应器内，剩下的球墨铸铁（钢）屑留作下次反应使用。边搅拌边徐徐加入工业氨水，直至溶液为铅白色或墨绿色糊状，测 pH 值为 8～9时，停加氨水，使溶液：双氧水（以 30% 浓度计）＝（40～50）：1，为体积比，把定量双氧水迅速加入上述制备的糊状液，反应迅速，得到棕色或红棕色液体，成为所需母液。

② 三氯化铁液法。原料要求：磷铁皮，可用带钢等经热处理后脱落的铁屑；盐酸为工业级，无其他杂质；氨水为工业级，无其他杂质；硫酸为工业浓硫酸，浓度大于 90%。在搪瓷或陶瓷反应器内，将磷铁皮投入盐酸中，反应得到金黄色或亮黄色的三氯化铁液。盐酸和磷铁皮的量，可以控制三氯化铁溶液中含 $FeCl_3$ 120～160g/L 为好，将制得的三氯化铁液移入另一反应器内，所剩磷铁皮供下次反应使用。边搅拌边徐徐加入氨水，直至溶液呈棕褐色或红棕色沉淀，测得 pH 值为 3 时，停加氨水，片刻后加清水洗，静置沉淀，倾去上层清液，剩余棕色或红棕色絮状物滴加入硫酸，使剩余物：硫酸（以大于 90% 浓度计）＝（25～30）：1，为体积比，反应迅速，得到绿褐色或绿黄色液体，成为所需母液。

③ 铁系聚合净水剂的制备。原料要求：母液，由上述两种方法中的任一种制备，不宜久置，尽量现配现用；次氯酸钠，有效氯大于 5%，无色澄清；氯化亚铁液，$FeCl_2$ 含量 100～140g/L，HCl 含量 30～40g/L，不含酚、磷酸、硫酸亚铁等成分，用盐酸作钢材酸洗废液，经沉淀后得上层深绿色清液，或用铁屑和工业盐酸反应制得。在搪瓷或陶瓷反应器内，按配比先加入定量母液，再加入定量次氯酸钠和氯化亚铁液，反应迅速，得到棕黑色或棕褐色溶液，静止 2～3h，

即可成为产品。反应器内出现的土黄色或红棕色沉淀物可留作下次母液使用，只需补充其不足。

性质与用途：本品生产的铁系聚合净水剂是一种无机阳离子凝聚剂，外观为棕黑色或棕褐色液体，pH 值 0.5～1.5，密度 1.1～1.3g/cm³，总铁含量大于 50g/L，其中三价铁离子在 25g/L 左右，凝聚能力与市售凝聚剂碱式氯化铝（PAC）、聚合硫酸铁（PFS）相仿，但价格便宜，能在 pH 值 4～11 范围内应用，投药量在 1～10mg/L，对污水中的悬浮物、COD 的去除率一般在 60% 以上，净化后的水质不泛黄，污泥脱水容易，产品储存三个月不变质。本品主要应用于制革、印染、染料、食品、造纸及城市生活污水的处理。

配方 25

原料配比：

原 料	含量/(g/L)	原 料	含量/(g/L)
FeSO₄	200	双氧水	30%
H₂SO₄	8%	水	加至 1L

制备方法：①氧化剂的制备。原料要求：双氧水（H_2O_2）含量大于 30%，无色澄清；硫酸亚铁液，pH 值小于 1，硫酸亚铁（$FeSO_4$）含量 17%～23%，不含氯化铁、酚等杂质，为降低产品成本，可用硫酸做钢铁酸洗的翻缸废液经过沉淀后的澄清液，也可以用工业硫酸与球墨铸钢（铁）屑反应来制作硫酸亚铁液。在搪瓷反应器中，按照配比加入定量的双氧水，随即徐徐加入选定的按配比计量的硫酸亚铁废液，反应开始十分激烈，并有大量泡沫产生，因而要小心逐步加入硫酸亚铁液。反应液的颜色由开始的砖红色或红棕色逐渐变化为红褐色或深红棕色，即得到氧化剂。双氧水与硫酸亚铁液的添加配比可以控制在 1：（18～2），硫酸亚铁液的量增加，会影响净水剂的效能，双氧水的量增加虽对净水剂的效能有益无害，但会增加净水剂的成本，似无必要。

② 母液的制备。原料要求：磷铁皮，可用带钢等经热处理后脱落的铁屑；盐酸为工业级，无其他杂质或用上述提到的硫酸亚铁废液代替；氨水为工业级，无其他杂质。先将盐酸慢慢倒入搪瓷或陶瓷反应器内，然后投入磷铁皮，初始反应很激烈，有大量气泡产生，不久液体便转为金黄色或亮黄色，即三氯化铁溶液。盐酸和磷铁皮的量，可以控制三氯化铁溶液中含三氯化铁 120～160g/L，如采用硫酸亚铁液，可以使硫酸亚铁液的硫酸亚铁含量在 180～220g/L。将三氯化铁溶液移入另一反应器内，边搅拌边徐徐加入氨水，直至溶液出现棕褐色或红棕色沉淀，测得 pH 值为 3 时，即停止加氨水和搅拌。如用硫酸亚铁液，氨水的加入量可控制在 pH 为 8～9。然后静止沉淀，倾去上层清液，留下颗粒絮状物即为所需母液，前反应器中余下的铁屑仍可供下次制备母液使用。

③ 铁系聚合净水剂的制备。将刚制得的氧化剂 H_2O_2-$FeSO_4$ 反应液立即转入盛

有母液的反应器内，稍搅拌一下，静止 6~12h，让反应液继续深化反应，结果反应器上部便慢慢生成红褐色或深红棕色的铁系聚合净化剂，底部是一些黄棕色絮状物和土黄色粉状物。反应刚静止时，底部絮状物内不断有小气泡产生，这说明净水剂正在生成，不必进行搅拌去除。静止后将上部的红褐色或深红棕色的液体分流入槽内，或装入塑料桶，即得到铁系聚合净水剂成品，下层底部的絮状物和粉状物仍可作为下次反应用母液。母液与氧化剂的添加配比为母液：氧化剂＝1：(1.4~2)，同样，母液量增大、氧化剂量减少或母液量减少、氧化剂量增大，也可得到具有一定净化效果的净水剂，但前者净水效果降低，后者成本增加，都不可取。

性质与用途：本品方法生产的铁系聚合净水剂，是一种无机阳离子型凝聚剂，其分子具有多核络离子结构，含 Fe_2O_3 为 20g/L，保证了起凝聚作用的络合铁离子的数量，同时还有一定数量（40%左右）的二价聚合铁离子，如 $2[Fe(H_2O)_5(OH)]^{2+}$、$[Fe_2(OH)_4]^{2+}$ 等，能对废水中的重金属离子如 Cr^{6+} 等进行吸附去除，对凝聚后的污泥脱水等均有良好的功能。净水剂总铁含量大于 30g/L，碱化度在 20%左右，能在 pH 4~11 的范围内使用，投药量在 1~10mg/L，兼有凝聚、脱色、去硫化物等效能。本品能够解决使用硫酸的金属酸洗行业中的污染问题，开辟了一条翻缸液综合利用的新方法，也为印染、化工、食品、制革、造纸等行业污水处理提供了一种价廉有效的净水剂，同时，因该法简易可行，需要水处理药剂的企业也可自己制造使用。本品的方法简易可行，投资少，易于推广，净水效果好。

配方 26

原料配比：

原　　料		质量份
七水硫酸亚铁	线路板腐蚀液（含铜量约10%）	10L
	铁屑	0.88
	浓硫酸	1.54
硅酸钠	硅砂（含量95%）	1
	硫酸亚铁	1.67
净水剂	七水硫酸亚铁	4.28
	硅酸钠	1.43

注：本品各组分质量份配比范围：七水硫酸亚铁 4.27~4.29，硅酸钠 1.42~1.44。

制备方法：① 将铁屑、硫酸加入线路板废液中，加温至 60~70℃，24h 后，即析出铜，用离心分离机使铜粉与硫酸亚铁分离出来，在溶液中的是硫酸亚铁，当温度冷却至室温时，即析出七水硫酸亚铁。

② 把硅砂按比例与氢氧化钠的混合物放进生铁锅内的反射炉中焙烧，以免流失，温度用热电偶丝控制，连接自动温度计，温度达到 650~700℃时，恒温 30min，即可溶解，生成硅酸钠。

③ 将七水硫酸亚铁和硅酸钠按 3∶1 混合均匀，即得净水剂。

性质与用途：本品对印染废水、电镀废水有较好的治理效果，处理后，废水的透明度、水中含铬达到排放标准，具有使用方便、制作简便、成本低廉的特点。本品主要应用于印染废水、电镀废水、造纸废水等的净水剂。

使用方法：当处理印染废水时，在 pH 值为 9～10 时，加入 2g 净水剂，对色度为 300～400 的稀释倍数法去除率大于 90%，对 COD 为 300～400mg/L 的去除率大于 90%，对浊度为 200 的废水去除率大于 90%。

配方 27

原料配比（质量份）：

原　　料		1	2	3	4	5
A	硫酸铝	20	15	12	22	28
	聚合氯化铝	30	35	39	31	16
B	聚丙烯酰胺	2	1	1.5	3	3.6
	水玻璃	5	6	4.5	3	6.3

注：各组分的质量配比范围：A 剂：硫酸铝 10～30，聚合氯化铝 10～40。B 剂：聚丙烯酰胺 0.5～4，水玻璃 1～7。

制备方法：将各组分混合均匀即可。

性质与用途：本品具有以下优点：①产品为液体状态，可直接加入污水中立刻起作用，净水速度快。②产品中含有多种净水化合物，可与污水发生速凝反应，结成大块颗粒而沉降于水底，使水立即从上到下变成透明体，适用范围广，特别对高污染度的污水净化效果显著。③净化污水所需费用低廉，可使净化污水成本下降 1～15 倍。④制备工艺简单，密封生产，无毒害，无污染。本品能净化多种不同种类的污水，可用于自来水厂的水源净化处理，也可用于对化工厂、印染厂、屠宰厂、铸造厂、造纸厂及生活污水的水质净化。净化污水时，按污水量的 0.5% 取 A 剂和 B 剂各一份，分两次分别将 A 剂和 B 剂投入污水中，搅拌均匀即可。

配方 28

原料配比：

原料		质量份		原料	质量份
A	硫酸亚铁	0.5～3	B	次氯酸钠	0.3～1
	硫酸	0.3～1		水	加至 100
	硫酸铝	10～25	C	亚硫酸钠	0.5～3
	水	加至 100		聚丙烯酰胺	0.5～3
B	氢氧化钠	10～30		水	加至 100
	亚硫酸钠	10～25			

注：聚丙烯酰胺可以是阳离子型聚丙烯酰胺、阴离子型聚丙烯酰胺，也可以是非离子型聚丙烯酰胺。

制备方法：将各组分混合均匀即可。

性质与用途：本品原料易得，配比科学，工艺简单，使用方便，效果理想，处理费用低，尤其适用于各中小企业工业污水的处理。本品广泛适用于江河湖泊高低浊度水，电镀、印染、造纸、屠宰、皮革、洗煤、喷涂、化工、冶金等各种工业废水以及城市生活污水的处理。

使用时，依次向待处理的废水加入 A 型、B 型和 C 型药剂，充分搅拌后，即迅速开始沉降，3～5min 即能清澈见底。依待处理的废水的性质不同，A 型、B 型和 C 型药剂的加入量也不同，一般为 A 型 0.1～0.3kg/t，B 型 0.1～0.3kg/t，C 型 0.05～0.15kg/t，其加入的总量为 0.5kg/t。

配方 29

原料配比：

原料	质量份	原料	质量份
渣泥	100	浓硫酸	8～10
氢氧化铝粉末	8～10		

制备方法：将准备好的渣泥加入耐酸搪瓷或陶瓷反应器内，反应器应干燥无水分，然后称量浓硫酸 8～10 份，边搅拌渣泥，边慢慢加入酸液，由于浓硫酸的强烈脱水作用和氧化作用，与硫酸接触的渣泥立刻冒出白色泡沫，随之渣泥就发热，并不断散发出带甜酸味的热气。随着酸液的逐步加入和不停地搅拌翻动，渣泥由原来的铁红色或铁褐色逐渐转变为土白色或土灰色，颗粒疏松不黏结，渣泥表面的温度逐渐升高，反应器外壁也能有温热感，当氧化剂加完以后，再搅拌翻动 1～2min，如果把发热的渣泥取出反应器，让其自然熟化 2～3h，渣泥逐渐冷却至室温，外观转变成铅白色或褐灰色，筛选包装后，即成为铁系固体净水剂。当浓硫酸加完以后，搅拌翻动渣泥 1～2min，立即加入氢氧化铝粉末，并迅速使之均匀分布在渣泥颗粒上，此时，搅拌翻动着的渣泥很快变成铅白色或褐灰色，渣泥温度越来越高，渣泥中散发出的热气逐渐减少，经过 5～10min 后，就可停止搅拌，让其自然熟化 2～3h，渣泥就逐渐冷却到室温，筛选包装就成为铝-铁系固体净水剂，两产品均带有酸臭味，包装应注意密封，以防吸湿而影响产品质量。

渣泥的准备：选用铁系聚合净水剂、硫酸亚铁液等铁系水处理药剂处理制革污水后，经斜管压滤机或板棍压滤机等浓缩、脱水排出的铁红色或铁黑色污泥，通过自然干燥或人工干燥至含水率 5%～8%，称作渣泥。人工干燥时，不能用直火烤或是在锅中炒，以免渣泥中铁成分发生变化而影响产品质量。渣泥稍有皮臭味，外观为铁红色或铁褐色块状或颗粒，然后再破碎，筛选至颗粒较小，即为所需原料，渣泥中不要混有泥土、石灰、水块等杂质，不使影响产品的质量。

氢氧化铝粉末的准备：是利用铝合金加工中酸洗后的翻缸废液，再用片碱等中和沉淀所成的废渣作原料。废渣为灰白色固体，主要含氢氧化铝，相对密度 2.4 左右，通过人工粉碎、研磨至一定细度（如 30 目），氢氧化铝粉末中不得加入其他物品（如水分等）。

氧化剂的准备：选用的氧化剂是工业级硫酸，H_2SO_4含量98％左右，相对密度1.34，使用时不得加以稀释，酸液中不含酚、盐酸、钛等其他成分。

在整个制备过程中，不得加入水或其他带水物品，尤其是氧化剂不能稀释，浓硫酸也不可一下子加入反应器，否则容易使渣泥黏结成团，造成干湿不均，生熟不匀，将影响产品的质量。

氧化剂数量不宜太多，这样做易使渣泥黏结成团，既增加了产品成本，又使产品长期黏湿，脱水不好，不利于操作和产品质量的提高，渣泥量也不宜更多，看来产量增加了，成本降低了，但因氧化剂量不足，氧化作用减弱，出现生熟不匀现象，将大大降低产品的凝聚能力。

在本产品中，渣泥含水率的控制也是影响产品质量的重要因素，渣泥中含水率增加，脱水时间延长，一方面使渣泥容易黏结成球，另一方面会使氧化剂的氧化作用降低，结果是生产出一种不合格的产品。相反，渣泥中含水率减少到5％以下，费工又费成本，也是不适宜的。

性质与用途：本品工艺简单、操作方便，投资省，产品成本低，凝聚力强，污泥脱水容易，兼有去硫化物等功能，运输、储存、使用方便，如果能在全国推广实施，还能创造出数千万的经济价值。本品可以广泛应用于制革、印染、化工、染料、造纸、食品及城市生活污水的处理。

配方30

原料配比（质量份）

原　　料	1	2	3
硫酸铝	75	70	80
稀土族化合物	12	15	10
木质素	13	15	10

制备方法：将采用结晶法制备的无铁硫酸铝、木质素和采用萃取分离技术从食品级稀土麦饭石矿石中提取的稀土族化合物，配制成本净水剂。

性质与用途：①本品是一种加入了稀土族生物全能添加剂的生化净水剂，本身不带菌种，也不带酶，但投入好氧生化池后，就会在恶劣的污水环境下培养出大量的、强壮的菌胶团，而产生神奇的生化作用。本品是一种可以在曝气池内使用的生化药剂，对原有曝气池内活性污泥的微生物种群无损害，而且使用得越久微生物种群越加增多及强壮。②投放量少，经济效益高。使用本品处理同容积废水的药剂投放量仅相当于其他任何一种传统药剂投放量的1/15～1/5，效果却十分显著，因此最适合大规模的污水处理厂使用，规模越大效果越好。③可采用湿投法，使用方便。本品可制成浓度为20％（pH值为3左右）的液体投放，不需要改造原厂的任何构筑物、装置及设备，在初沉池前或曝气池前加入即可。④快速絮凝，可以迅速形成许多难溶化合物和密实的矾花，污泥的沉降性能非常好。⑤高效氧化。由于本品的催化作用，使用曝气池污泥的浓度提高，尤其是好氧细菌量的增加，极大地提高曝气池的氧化能力，可以提高进水负荷，缩短停留时间。⑥提高出水水质。本品在活性污泥池中使用后，二沉池出水的色度、浊度、COD_{Cr}、BOD_5、SS 等指标大大降低，二沉池水面的澄清度明显好转，可视水深由原来的 5～10cm 提高到 80～100cm。⑦防止富营养化。本品可以对 N、P 营养物质有效地去除，防止环境水体出现富营养化的趋势。⑧节约动力消耗。由于本品能提高氧的传递速率，因而能减少曝气池的气水比，节约曝气量，减少鼓风机负荷这一污水处理厂最主要的动力消耗。⑨污泥生成量少且易于处理，降低污泥的处理成本，使用本品得到的絮凝矾花十分密实，易于脱水，当使用脱水机脱水时可以减少高分子絮凝剂的用量，而且生成的污泥比其他任何一种传统药剂处理后所生成的污泥少 25% 左右，因此污水处理厂可节约大量的污泥处理费用。⑩减少臭味。由于加入本品后污泥的菌胶团内始终保持有氧状态，可以抑制厌氧菌的生长，减少沼气的形成，消除对污水处理厂周围环境的负面影响。空气中沼气的浓度从 10～15mg/L 降至 2mg/L。本品可用于生活污水处理、印染废水、造纸废水等处理及一般污水处理。

配方 31

原料配比（质量份）：

原　　料	1	2	3
三水铝石型铝土矿（细于 80 目，含 46% Al_2O_3、15% Fe_2O_3）	53	47	—
一水型铝土矿熟料粉（含 55% Al_2O_3、1.5% Fe_2O_3）	—	—	55
活性铝酸钙（粉料，含 50% Al_2O_3、30% CaO）	45	48	45
盐酸（含 31% HCl）	80	80	80
硫酸（含 98% H_2SO_4）	20	13	20
水	80	70	75

注：本品各组分质量份配比范围：铝土矿（粉料）活性铝酸钙（粉料）40～50、盐酸 70～100、硫酸 10～30、水 60～100。铝土矿可以是经过 600～850℃ 焙烧的一水型铝土矿熟料，也可以是三水铝石型铝土矿生料。活性铝酸钙由铝土矿粉料与氧化钙或碳酸钙粉料按高温水泥的配方烧结成。

制备方法：

① 溶出。依次加入水、盐酸、硫酸、铝土矿粉料于带有搅拌器和有酸雾回收装置的耐酸反应罐或工业搪瓷反应罐中，开动搅拌、加热反应，控制罐内压力为 0～0.2MPa，温度 100～125℃，反应 1～2.5h 为宜。

② 聚合。加入活性铝酸钙粉料，优选办法是先投加其配方计量的 50%～70%，同时补充水，控制反应物相对密度为 1.21～1.26，温度、压力条件按溶出条件控制，聚合反应 1.5～2h 后，再加入其余的活性铝酸钙粉料，并补充水，使反应物相对密度为 1.21～1.25，温度 60～100℃，在常压下再聚合反应 2～4h，然后停止搅拌，切断热源。

③ 熟化分离。经 4～10h 自然熟化后，进行渣液分离，即得合格的液体产品（液相部分）。

④ 干燥。液体产品经滚筒干燥机烘干或喷雾干燥器干燥，即得合格固体产品。

性质与用途：本品与现有技术相比具有以下优点和积极效果。近几年来，我国大多数净水剂生产厂都已改用"铝酸钙调整法"生产高效净水剂，因该方法具有投资省、工艺简单、原料来源广、成本较低等优点，已大有取代其他方法之势。但也存在着产品氧化铝含量偏低、物耗较高、使用效果欠佳的问题，这是当前迫切需要解决的问题。

本品在"铝酸钙调整法"的基础上，再配以适量的硫酸，并对工艺流程进行了适当改进。配以适量硫酸有以下几方面的优点。

① 盐酸和硫酸的混合酸比单盐酸的酸性强，用该混合酸与铝土矿反应可提高铝土矿的氧化铝溶出率，使第一段溶出液中的氧化铝浓度增高，可节约铝土矿和铝酸钙的用量。

② 由于铝酸钙中含有 28%～35%氧化钙，当加入铝酸钙进行化学反应时，钙与氯结合生成可溶性氯化钙混合于液体产品中，造成产品中杂质（钙等）含量增加，产品中氧化铝含量相对降低，浪费了大量盐酸。引入硫酸后，硫酸根离子与钙离子结合生成硫酸钙沉淀，从而达到清除产品中的钙和提高产品氧化铝含量的效果。

③ 硫酸根离子是生产无机高效净水剂的聚合促进剂。引入硫酸根离子既能促进高效净水剂的聚合反应，又能增大产品聚合度，使得产品具有更好的使用效果。

④ 当前，大多数地区工业硫酸与工业盐酸的价格相近，而工业硫酸的当量数是工业盐酸当量数的 2.35 倍，用硫酸代替盐酸，可节约因与原料中的钙发生反应而消耗的酸量，从而又节约了酸耗成本。

由此可见，本品的生产方法，既保留了"铝酸钙调整法"所具备的优点，进一步降低成本，而且又解决了该方法存在的产品氧化铝含量偏低、物耗较高、使用效果欠佳的实际问题。

本品的积极效果如下：

① 按照本品高效净水剂的生产方法所生产的各种高效净水剂，其固体产品的主要有效成分——氧化铝含量都能达到 30%以上，而产品的基本原料消耗成本较"铝酸钙调整法"可降低 150～350 元/t。若与其他生产方法比其成本降低得更多。

② 本品的高效净水剂的生产方法，可生产出多种高效净水剂，并且产品的使用效果都比"铝酸钙调整法"的产品更好。

③ 本品的高效净水剂聚硫氯化铁铝（PAFC-S）产品，是在高效净水剂聚硫氯化铝的基础上，又聚合了高效净水剂聚硫氯化铁，使本品集铝系和铁系多种无

机高效净水剂的优点于一体。该产品不仅具有碱度高、聚合度大、有效成分含量高的优势，而且克服了铁系高效净水剂酸度高、腐蚀性大的缺点。该产品与复合聚氯化铝（PAFC）或聚硫氯化铝相比，具有投加量少，剩余浊度低，絮凝体大，沉降速度快的优点，尤其是净化处理低温、低浊水仍有显著的效果。

④ 本品用途广，主要用于生活用水、工业用水、工业废水（如造纸废水、印染漂染废水、啤酒废水等）的净化处理及石油行业的油水分离等。

配方 32

原料配比：

原料	质量份	原料	质量份
硫酸亚铁	0.64~0.66	水	加至 100
硫酸	36~38	脱色剂	0.01
氧化剂	0.03~0.05	助沉淀剂	0.01

制备方法：将一定量的硫酸亚铁、硫酸、氧化剂、水一次性加入反应釜。启动搅拌机 30min，脱色剂、助沉淀剂用少许水溶成糊状，加入反应釜搅拌 10min，即可得到高浓度高分子聚铁型净水剂。本反应的关键在于能够协调水解、氧化和聚合反应，使其能够均衡氧化，反应在 20min 即可完成。

性质与用途：本品为红褐色黏稠油状透明液体，具有良好的絮凝作用和吸附机能，水解后可产生多种高价和多核离子，对水体中悬浮的胶体颗粒进行电性中和，降低电位，促进粒子相互凝聚，同时产生吸附、架桥交联作用，使水体中的有机物杂质和无机物杂质粒子凝聚长大并沉淀，絮凝 pH 值范围广，具有优良的脱水性能。本品反应时间短，不需加热、加压和冷却，无"三废"污染和安全隐患，且本身无毒无害、无副作用，对污水处理设备基本不腐蚀。本工艺流程反应速率快，生产效率高，综合成本低，成品质量好，可以保证出口水质要求。

本品广泛适用于造纸、印染、化工、毛纺、电镀、炼油、医院、城市生活污水、矿山污水等各类行业的污水治理。

配方 33

原料配比：

原料	质量份	原料	质量份
电镀废水	100	铝屑	7~9
铁屑	11~13	镀锌废水	3~5

制备方法：

① 在电镀废水中加入铁屑溶解反应。

② 在上述溶液中再加入铝屑直至全部溶解。

③ 取上述溶液 1 份与镀锌废水混合。

④ 在上述溶液中加入石灰乳中和至 pH=3 左右。

⑤ 将步骤④所得溶液静置 12h 以上，使 pH≥4.5。

也可以将步骤④所得的溶液在 60℃ 以下保温 5～6h，使 pH≥4.5。

性质与用途：

① 本品是一种钙基高聚铝铁盐混凝净水剂，它在偏酸性条件下保持稳定，而在碱性条件下该盐中的 Ca^{2+} 与印染废水中染料的阳离子 R^+ 交换，形成铁的多聚絮态物质而沉淀，从而起到脱色作用。

② 本品钙基高聚铝铁盐混凝净水剂是一种无机盐液体，遇水溶解，仅助剂石灰乳形成少量沉积，但仍大大低于用膨润土脱色时形成的污泥沉积。

③ 本品利用电镀和镀锌废水作为原料，添加其他化工原料经工艺合成制得净水剂，用来处理印染和漂染废水，不但成本低、效果好，且大大减少了环境污染，可以形成"以废治废、变废为宝"的良性循环。

本品主要应用于处理印染、造纸废水。

配方 34

原料配比：

原料	质量份	原料	质量份
硅酸盐(含量 90%)	33.6～37.6	硫酸铝	0～1.2
硫酸(含量 97%)	9.3～12.4	二氧化硅	1.2～2.3
六水三氯化铝	0.4～1.8	水	加至 100

制备方法：在常温生产容器内注入水，然后搅拌加入粉状硅酸盐，再缓慢加入硫酸，反应 2h 后分别加入六水三氯化铝、硫酸铝、二氧化硅，冷却至 50℃ 装入塑料桶，即得成品。该净水剂 20℃ 时的相对密度为 1.45，pH 值 1～2，使用时需稀释若干倍，按原水水质来确定投加比例。

性质与用途：本净水剂具有价格低、处理后水中的残留量较其他净水剂低的优点，铝盐中的铝离子在水中水解缩聚形成高聚物，可将水中带负电荷的微粒相互黏结而沉淀，在低温情况下也能达到如此效果，由此产生的协同作用，可使所述净水剂脱色效果优于其他净水剂，对高浓度（CDD1000mg/L 以上）、高色度（色度在 5000 倍以上）的染化和其他化工生产废水处理，投加本净水剂 1%～2% 可使色度降至几百，如投加本净水剂 2.5%～3%，可使色度降至 45，是一般混凝剂处理效果的几十倍，而价格成本只是其他净水剂的 20%～40%。

本品广泛用于造纸、化工、医药、冶金、选矿等工业废水的处理，特别适用于高浓度、高色度的废水。

使用方法：废水 1000L（色度为 100 倍，COD 为 1000mg/L，pH7）中加入石灰（CaO）2.5kg，搅拌溶解后加本净水剂 50kg 反应 0.5h，沉淀 2h 分离清液（清液色度 10 倍，COD 100mg/L，pH＝7），如沉淀物循环使用，则本剂再投加量可减少到 30kg，处理效果等同。

配方 35

原料配比（质量份）：

原料	1	2	3	原料	1	2	3
氯化铝	90	—	—	膨润土	—	10	10
高岭土	5	—	—	明矾石	—	10	—
沸石	5	—	10	硅藻土	—	—	10
硫酸铝	—	70	—	石英粉	—	—	10
聚合铝	—	10	60				

注：本品各组分质量份配比范围：可溶性单体 60～95、不可溶性单体 5～40。

制备方法：将不可溶性单体经膨化或酸化处理后，与可溶性单体混合均匀即可。可溶性单体选自硫酸铝、氯化铝、氯化铁、碱式氯化铝、聚合铝的一种或几种。不可溶性单体选自高岭土、膨润土、硅藻土、石英粉、沸石、明矾石中的一种或几种。不可溶性单体最好先经粉磨，颗粒半径值控制在 $R \leqslant 0.03 \mathrm{mm}$，并经膨化或酸化处理。

性质与用途：本品应用范围广，对多种废水都可以达到较好的混凝效果；快速形成晶体，沉淀性能好，脱色效果好；适宜的 pH 值及温度范围较宽；单体使用量比单一型为低。四个方面充分发挥作用，从而具有更高的净化效率，而且原材料易得，价格便宜。其单位使用量比单一型硫酸铝低 15％以上，而且对惰性污染物去除效果尤为显著，为改善环境污染、保护水资源提供一种新的方法。本品适用于造纸厂、畜牧场、食品厂、肉类加工、生活污水、油田废水、电镀、洗煤、印染、漂染等废水净化处理。

7

饮用水及生活用水处理药剂

7.1　饮用水的污染

　　随着社会的不断进步，饮用水中的污染物质种类及数量也在增加。据报道，全世界从水源水中监测到的污染物种类呈增加的趋势，在世界范围内的水体中共检出2221种有机物，其中767种存在于饮用水中，这些有机物中20被确认为致癌物、24种为可疑致癌物、18种为促癌或助癌物、47种为致突变物质，这无疑对人体健康构成极大的威胁。持久性有机污染物、环境激素、藻毒素等都不断从水源水中发现。以污染物的多样性、污染物的难降解性、污染物的环境持久性、污染源的不确定性为特征的水源水复合污染问题日趋严重，正待解决。

　　据调查，我国六大水系中有80%的水域受到污染，59%的水源已经不能满足地面水环境质量Ⅲ类标准。自来水中已检测出有机物800多种，已经定性的有218种，已经定量的有51种，其中有"三致"作用并且超标的为氯仿、六氯苯、多氯联苯、菲、蒽、芘等。

　　我国国家环境监测网（简称国控网）七大水系411个监测断面中，只有41%的断面满足Ⅰ～Ⅲ类水质要求，32%的断面属Ⅳ、Ⅴ类水质，而属于劣Ⅴ类水质的断面占到了27%。其中，珠江、长江水质较好，辽河、淮河、黄河、松花江水质较差，海河污染严重。主要污染指标为氨氮、五日生化需氧量、高锰酸盐指数和石油类。

　　七大水系的100个国控省界断面中，Ⅰ～Ⅲ类、Ⅳ～Ⅴ类和劣Ⅴ类水质的断面比例分别为36%、40%和24%。海河和淮河水系的省界断面污染较重。104个地表水国控监测断面中，Ⅰ～Ⅲ类、Ⅳ～Ⅴ类和劣Ⅴ类水质的断面比例分别为76%、13%和11%，主要污染指标为石油类、氨氮和五日生化需氧量。

28 个国控重点湖（库）中，满足 Ⅱ 类水质的湖（库）2 个，占 7%；Ⅲ 类水质的湖（库）6 个，占 21%；Ⅳ 类水质的湖（库）3 个，占 11%；Ⅴ 类水质的湖（库）5 个，占 18%；劣 Ⅴ 类水质湖（库）12 个，占 43%。其中，太湖、滇池和巢湖水质均为劣 Ⅴ 类。主要污染指标为总氮和总磷。河流型主要污染指标为粪大肠菌群，湖库型主要污染指标为总氮。

7.2　饮用水中污染物来源

饮用水污染可分为点源污染和面源污染。点源污染如未经妥善处理的城市污水（生活污水与工业废水）集中排入水体。面源污染包括农田肥料、农药以及城市地面的污染物，随雨水径流进入水体；随大气扩散的有毒有害物质，由于重力沉降或降雨过程进入水体等。由于水是一种循环资源，一旦水循环周期中任何一部分被污染，水的整个循环就可能被污染，例如在水循环的每个阶段都发现了大多数国家早已禁用的杀虫剂——DDT。可以说，我们往下水道里倒什么，水龙头里可能就会流出什么。因此污染物对水源造成了极大的危害，水源水质也因此急剧下降。

有机污染物、铅汞等重金属的含量在城市地区河流中超标的现象普遍存在。

在过去 20 年里可饮用的高质量河水资源量已从 32% 减少到不足 5%。污染源中面源污染主要来自于农牧渔业，现代农业以高投入的高新技术为特征，即机械耕作、大量使用化肥和杀虫剂。尽管现代农业是一种高产的简单化和标准化的农业运营方式，但它的环境代价也是昂贵的。农业成了大多数国家最大的面源污染。

随着世界经济的持续发展，尤其是有机化工、石油化工、医药、农药及除草剂等生产工业的迅速增长，工业废水成为水体污染的另一主要来源。

7.3　饮用水中污染物分类、性质及危害

饮用水中主要污染物包括有机污染物、无机污染物、放射性污染物、生物污染物、生产过程中毒副产物。不同种类的污染物，有不同的性质，也会造成不同程度的危害。

7.3.1　有机污染物

水源水中的有机污染物可分为两类：天然有机物（NOM）和人工合成有机物（SOC）。NOM 是指动植物在自然循环过程中经腐烂所产生的物质，包括腐殖质、微生物分泌物、溶解的动植物组织及动物的废弃物等。SOC 大多为有毒

有机污染物，其中包括"三致"有机污染物。

① 一般认为腐殖质（腐殖酸和富里酸）的分子量在500～2000。腐殖酸作为自然胶体而具有大量官能团和吸附位，如羟基、羧基、酚羟基、醌、内酯、醚醇等。它们对各种阳离子或基团存在极强的吸附能力或结合反应能力，尤其对一些极性有机化合物或极性基团在水环境的行为产生重要影响，同水中有机污染物形成"络合体"，成为有毒的物质。另外有机微污染物是水环境中的"增溶剂"和运载工具，使腐殖质在水中的溶解度增大、迁移能力增强、分布范围更广、毒性更强。NOM不仅造成水具有色度、异臭味、配水管网腐蚀和沉淀，而且在加氯消毒过程中产生副产物DBPs，会增加饮用水的致癌、致突变性，对人体健康有长期的影响。国内外的研究证明：消毒副产物是多种癌症的致癌因子。

氨氮是一项重要的饮用水污染指标。当水体受污染含有过量氨氮时，易使水体富营养化。藻类大量繁殖、富集，消耗水中溶解氧，引起水体发臭。同时氨氮能够促进一些自养性细菌在水处理设施中的滋生，增加了水处理难度，间接地提高了净水厂出水有机质的含量，使消毒时投氯量加大。目前，日趋严重的水体富营养化已成为全球性的环境问题。水华发生的频率与严重程度都呈现迅猛的增长趋势，发生的地点遍布全球各地。

藻类同时释放出藻毒素，MC-LR由于毒性较大，分布广泛，是目前研究较多的一族有毒化合物。MC-LR是一组环状七肽物质，结构稳定，能抵抗极端pH值和300℃高温，具有明显的肝毒性。此毒素是蛋白磷酸酶1和2A的强烈抑制剂，是迄今已发现的最强肝肿瘤促进剂。流行病学调查显示饮水中的MC-LR与肝癌的发病率高度相关。

② 随着流行病学研究和微量有机物富集、检测技术的发展，SOC不断地在水体中被发现，其中很多是有毒有害有机物，具有持久性、高毒性、生物蓄积性等特点，对人体健康具有较大的危害，如持久性有机污染物POPs、环境激素等物质。各个国家根据具体情况列出了具体的清单和检测指标。在美国国家环保局制定的129种环境优先检测污染物中，有毒有害有机物就占114种；在我国国家环保局制定的68种环境优先检测污染物中，有毒有害有机物占58种。

7.3.2 无机物污染和放射性污染的危害性

① 重金属是对人体危害较大的一类重要污染物。水体中的重金属污染主要是由于工业废水如电镀废水、皮革废水、合金工业废水等大量排入水体造成的。资料表明饮用水中的重金属成分与某些疾病有一定的相关性，对身体健康构成潜在威胁。例如镉与心血管病有因果关系，人饮用含铅量0.03mg/L以上的水会导致慢性中毒，同时铅与其他金属可发生协同作用并能使其他金属的毒性增大。

② 硝酸盐氮的污染主要存在于地下水中，但在一些地表水中的污染也在加

重。当硝酸盐氮浓度超过 10mg/L 时，可能会诱发婴儿患高铁血红蛋白血症，使组织出现缺氧现象。同时硝酸盐氮会在人胃中还原为亚硝酸氮，与人胃中的仲胺或酰胺作用形成亚硝胺，具有致癌、致畸、致突变作用。

③ 氟是人体生理所需要的微量元素之一，氟对增高骨质的硬度、神经的传导和酶系统有一定作用，人类摄入氟约有 60%～70% 来自饮用水。长期饮用氟含量低的水，易患龋齿；但如果人体每日摄取的氟过多，则会产生急性或慢性的氟中毒。例如儿童可患氟斑牙，成人可患氟骨症，严重者会造成终生残疾，丧失工作能力。全球 40～50 个国家和地区均有饮用高氟水的问题。

④ 铁、锰是构成地壳的主要成分之一，天然水中也多有存在。人们日常饮食就可满足铁和锰的需求，因此希望饮用水中的铁、锰越少越好。铁、锰是典型的金属氧化还原元素，铁、锰的化学性质极其相近，在自然界常常共存并共同参与物理、化学和生物化学的变化。地下水常常含有过量的铁和锰，严重影响其使用价值，且过量摄入对人体是有慢性毒害的，锰的生理毒性比铁严重。最近的研究表明过量的铁、锰会损伤动脉内壁和心肌，形成动脉粥样斑块，造成冠状动脉狭窄而致冠心病。人体铁的浓度超过血红蛋白的结合能力时会形成沉淀，致使机体发生代谢性酸中毒，引起肝脏肿大、肝功能受损和诱发糖尿病。但是生活饮用水对铁、锰的去除，并非是毒理学上的要求。因为铁、锰的异味很大，而且污染生活器具，使人们难以忍受，在远未达到慢性毒害的程度前早已不能饮用了。

⑤ 水中硫化物包括溶解性的 H_2S、HS^-、S^{2-} 等。H_2S 易从水中逸散于空气，产生臭味，且毒性很大。同时硫化物造成管网的腐蚀和水质变黑。

⑥ 天然水环境中砷主要来源于自然界的砷循环转化及人类活动造成的砷污染。砷在天然水中浓度通常在 $1～2\mu g/L$，但在含砷高的地区，水中砷的含量可高达 12mg/L。当人类以受砷污染的水作为饮用水水源时，可发生急慢性砷中毒。毒理学及流行病学的研究表明，长期饮用含砷水会引发神经衰弱、腹泻、呕吐、肝痛等症状，并有可能导致皮肤癌、肺癌、膀胱癌等癌症发病率升高。

⑦ 放射性物质的来源有天然和人工两种。天然来源包括宇宙射线产生的宇生放射性核素（随雨水和径流进入水中）以及在岩石和土壤中存在的天然放射性核素，如铀238，镭226，氡222等。人为来源的放射性核素，包括来自核武器的落下灰、核电站、医学和其他方面应用的放射性物质。饮用水所致受照射剂量只占人体受照射总剂量的很小一部分，这部分剂量主要来自天然放射性核素及其衰变产物。但 USEPA（美国环境保护署）认为多年饮用放射性物质超标的水，可增加致癌风险，高剂量可致死。

7.3.3　生物性污染危害性

现已发现因水源污染可能介水传染的疾病有：伤寒、痢疾、霍乱、隐孢子虫病、蓝氏贾第鞭毛虫病等，介水传染病一旦发生，往往会在短时间内大量发病，引起流行，对人类健康造成严重威胁。

7.3.4 生产过程副产物的危害性

生产过程副产物主要是指净水厂在生产过程中产生的一些副产物，按照产生的来源可分为以下两个部分：一是生产过程自身产生的副产物，例如生产废水及生产污泥；二是原水中没有，但在工艺过程中投加某些药剂（如消毒剂、铝盐、PAM）而在水中残留的副产物。因此生产过程副产物包括消毒副产物、生产废水及生产污泥、铝、丙烯酰胺等指标。净水厂生产废水含有较多的悬浮固体、较高的有机物，并且浓缩了原水中含有的原生动物。如直接排入江河水体，会成为水体的重要污染源。废水中的污泥含水率很高，呈凝胶状，质轻且蓬松，常处于半流化状，直排水体会危害环境，最终威胁人类健康。如果水厂的生产废水经过简单处理后，上清液回流，可能会导致蓝氏贾第鞭毛虫和隐孢子虫的富集等安全性问题，因此，回流水的安全性十分重要。

水厂常用铝盐作为混凝剂，混凝后的铝盐呈不溶性而沉淀或滤去。此过程也不可避免铝残留在水中。医学方面的报告表明人体摄入铝量过多对健康极为不利。1984年世界卫生组织指出铝含量与阿尔茨海默氏病之间有一定联系。因铝可积累于人体脑组织及神经原细胞内，使人思维迟钝，判断能力衰退，甚至导致神经麻痹。在一些神经性疾病（如退化性脑变性症、老年性痴呆等病症）的患者身上发现他们脑组织内的铝含量要高于正常人。出厂水中铝的沉积也带来许多问题：铝质在输配水管网中沉积下来，降低管网的输水能力，增加饮用水浊度，削弱消毒效果。微生物大量繁衍，恶化了水质。同时水处理产生的高铝含量污泥，又带来铝向天然水体的排放问题。

聚丙烯酰胺主要是水厂净化常用的絮凝剂或助凝剂。其在水处理过程中的残留单体为丙烯酰胺。IARC将丙烯酰胺划为2B组致癌物，根据其模型得出饮用水中丙烯酰胺的浓度为 $0.05\mu g/L$、$0.5\mu g/L$、$5\mu g/L$ 时，患癌危险度为 10^{-6}、10^{-5}、10^{-4}。

7.4 饮用水常用处理方法

有机污染物在水体中浓度低，但对人体健康危害大，相应的去除技术主要采用活性炭或臭氧活性炭技术为主的工艺。但目前水厂内微量POPs去除技术研究较少。

无机污染物中比较典型的有重金属及硫化物。重金属污染物需要采取化学沉淀或吸附措施，饮用水中的硫化物采用化学预氧化与常规工艺联用去除效果较好。

对于典型生物污染物主要采用化学预氧化与常规工艺联用。

生产过程毒副产物主要为 DBPs。氯在饮用水中应用仍很广泛，DBPs 一旦产生很难去除，采用强化混凝去除 DBPs 前体物是最佳可行技术。对铝和丙烯酰胺主要是控制其来源和给水处理过程中的工艺条件。

综上所述，饮用水如若处理不当将给社会及人类带来很大威胁，而水处理药剂在各种水处理方法中应用十分广泛，下面将重点介绍几种饮用水处理剂配方，以供参考。

7.5　饮用水处理剂配方

配方 1

原料配比（质量份）：

原料	1	2	原料	1	2
水	35	31.222	钼酸铵	0.005	0.008
氯化钙	2	1	硫酸铝	15	—
氯化镁	2	3	氯化铝	—	20
高锰酸钾	0.48	0.25	盐酸	2	2
过硫酸铵	0.5	—	稀土氯化物	0.015	0.02
过硫酸钠	—	0.7	硫酸亚铁	5	—
硅酸钠	25	—	三氯化铁	—	6
硅酸钾	—	20	碳酸氢钠	5	5
硫酸	1	0.8	氢氧化钠	7	10

制备方法：在容器内先加入水，随后加入水溶性钙盐、水溶性镁盐，搅拌使其溶解，再加入高锰酸盐、过硫酸盐、硅酸盐、硫酸、钼酸铵，快速搅拌反应 4～6h。再加入铝盐、盐酸、稀土氯化物、铁盐、碳酸氢钠、氢氧化钠，继续搅拌反应 40～60mim，分装即为成品。其中各组分质量份配比范围：水溶性钙盐 1～3，水溶性镁盐 1～3，高锰酸盐≤0.5，过硫酸盐≤1，硅酸盐 20～30，钼酸铵 0.005～0.01，铝盐 10～20，铁盐 4～5，稀土氯化物 0.01～0.02，碳酸氢钠 5～6，氢氧化钠 5～10，硫酸 0.5～1.5，盐酸 1～3，水 30～40。

性质与用途：本品原料易得，工艺简单，容易操作；产品具有多种功能，适用面广，处理效果理想，并且成本可降低 20%～40%。本品不仅适用于一般水源水质的处理，还适用于特殊水源水质的处理，包括较好的地表水源、低温低浊水源、含藻水源、臭味水水源、高色度水源、有机微污染水源等。

配方 2

原料配比（质量份）：

原料	1	2	3	4	5	原料	1	2	3	4	5
复合氯化铝	40	60	60	50	60	三氯异氰尿酸	30	10	10	3	7
尿素淀粉	15	20	15	20	20	木耳黏液	5	10	10	8	7
纳米级氧化物	5	12	5	12	12						

制作方法：按照质量比例将所述的复合氯化铝、尿素淀粉、纳米级氧化物、三氯异氰尿酸加入待净化水中，充分搅拌，静置 5～10min，过滤去除沉淀，再加入木耳黏液充分搅拌后静置即获得净化水。其中木耳黏液制作步骤为：将干木耳打成粒度为 0.1～0.8mm 的粉末，与水按质量比 1：（20～70）混合（优选 1：40），加热至 75～95℃保持搅拌 2h 以上。本品各组分质量份配比范围：复合氯化铝 40～60、尿素淀粉 15～20、纳米级氧化物 5～12、三氯异氰尿酸 3～10、木耳黏液 5～10。

性质与用途：净水效果非常好，处理后的水为弱碱性，pH 为 7～8，经过测试，比单独使用三氯化铁效果好 7～10 倍，比单独使用聚合氯化铝效果好 5～6 倍，处理后的水符合生活饮用水的国家标准。此净水剂无毒、无臭、无色、无腐蚀，能将浑水中的各种有害物质如铝、铬、氯、氟处理干净。本品主要应用于将野外浑浊的雨水、河水、湖水等非饮用水处理成可以饮用的水源。

本品的包装方法：按照质量比例将所述的复合氯化铝、尿素淀粉、纳米级氧化物、三氯异氰尿酸混合后包装，用水密的包装袋单独包装木耳黏液。

配方 3

原料配比：

原料	质量份	原料	质量份
聚合氯化铝/聚合硫酸铝	100	聚氧化乙烯	1～4
二水氯化钙	1～6	聚乙烯吡咯烷酮	0.1～0.5
氢氧化钙	1～6	脱色剂 5	适量
氯化锰/硫酸锰	1～6		

制备方法：将固体聚合氯化铝稀释至 24 波美度，溶液温度控制在 60～65℃。在搅拌器转数 300r/min 的条件下，加入二水氯化钙（增效剂）3%～6%（对聚合氯化铝固体含量而言），搅溶为止。再加入氯化锰（稳定剂）3%～6%（对聚合氯化铝固体含量而言），搅溶为止，并保温 30min。控制溶液温度在 55～60℃范围内，溶液浓度在 24～26 波美度条件下，加速搅拌器，转数达 100r/min，缓缓加入已被润湿的聚氧化乙烯（PEO）搅拌 1～2h，搅拌均匀为止，反应釜夹层内水温不得超过 65℃，聚氧化乙烯加入量为聚合氯化铝固体含量的 1%～4%。反应釜夹层内水温控制在 60℃，溶液温度控制在 55～60℃范围内，保温 4～6h。该复合聚合氯化铝或复合聚合硫酸铝即为成品。对污水进行处理时，应加入脱色剂 [用聚乙烯吡咯烷酮（PVP）合成] 及消毒剂（单用 PVP 即可）。

性质与用途：本品设备投资少，工艺简单，生产时对周围环境无任何污染，用户可自产自用，节约水处理费达 50% 以上。进行水处理时，对水中的有机和无机细小悬浮物有很强的净化能力。适应范围广，进行水处理时，在低温、低浊、高浊及各种情况下都具有极强的絮凝和沉淀能力。该净水剂对色、浑浊度、铁、溶解性总固体、氟化物、硝酸盐氨、亚硝酸盐氨、氨氮、化学耗氧量均有显著的去除能力。水处理时，其用剂量少，沉淀速度快，净化效果好，水处理费用低。适用于各地饮用水净化处理，也可用于工业水处理。

配方 4

原料配比（质量份）：

原料	1	2	3	原料	1	2	3
水	200～300	300	250	氯化镁（可溶性金属氯化物）	—	—	80
硫酸铝（可溶性铝盐、硫酸盐）	350	400	350	氢氧化镁（可溶性金属氧化物）	2	2	2
硅酸钠（可溶性硅酸盐）	50～60	50～60	55	硫酸（用于调节 Cl^-、SO_4^{2-} 比例）	适量	适量	适量
氯化铁（可溶性金属氯化物）	100	100	55				

制备方法：向带有搅拌器的反应釜中加入洁净水，加热 60～70℃，加入硫酸铝搅拌溶解，降温至 30～35℃，将模数为 3 的硅酸钠用水稀释至 300 质量份后加入反应釜中，再加入氯化铁、氯化镁搅拌溶解，加入氢氧化镁，将釜温升至 60～80℃，继续搅拌 30min，用硫酸调节 pH 值在 1～2 之间，即可放料包装为成品。

可溶性铝盐为硫酸铝或氯化铝的一种或两种的混合物，最好是硫酸铝，可溶性铝盐的含量按 Al_2O_3 的含量计算。可溶性硅酸盐为硅酸钾或硅酸钠的一种或两种的混合物，其模数应控制在 1～3.4，最好是硅酸钠，模数为 3，可溶性硅酸盐的含量按 SiO_2 的实际含量计算。

可溶性金属氯化物可以是氯化铁、氯化亚铁、氯化镁、氯化锌、氯化铜的一种或两种以上的混合物，最好是氯化铁和氯化镁的混合物，可溶性金属氯化物的含量按 Cl^- 的实际含量计算。

可溶性硫酸盐可以是硫酸锌、硫酸铁、硫酸亚铁、硫酸镁、硫酸铜的硫酸化合物，最好是硫酸铁，可溶性硫酸盐的含量按 SO_4^{2-} 的实际含量计算。

可溶性金属氧化物可以是氧化镁、氢氧化镁、氧化钙、氧化铁的一种或两种以上的混合物，最好是氢氧化镁。

性质与用途：本品原料易得，配比科学，既能保留多价金属的电中和及凝聚性能，又利用活性硅酸在水处理过程中的聚凝作用，在化学稳定性、COD 去除率及脱色效果方面均优于其他净水剂，而生产工艺简单、成本较低、无"三废"

产生。本品为污水净化处理剂，可直接用于净化饮用水。

配方5

原料配比（质量份）：

原料	1	2	3	4	5	原料	1	2	3	4	5
铝矾土	30	500	1000	50	—	碳酸镁	—	100	—	—	—
20%工业盐酸	—	—	—	—	30	碳酸钙	8	—	—	13.5	—
碳酸钙	60	1000	2000	100	60	大理石粉	—	—	200	—	—
硅酸钠	0.8	13	25	1.5	1.4	氯化钙	—	—	—	—	10

制备方法：将各种含铝铁的原料如铝矾土、煤矸石、高岭土、铝灰、铝屑等按常规方法用盐浸提，得到含铝铁元素的浸提液，然后将浸提液（按 $Al_2O_3 + Fe_2O_3$ 计）浓度调整到 10%。将硅酸钠作为催化剂和稳定剂加入浸提液，再将碱土金属盐作为聚合剂加入浸提液，进行快速聚合反应，反应条件为常温（0～50℃），常压，pH＝4～5，最佳 pH 值为 4.5，时间为 30～90min，最佳时间为 60min。聚合反应后的溶液具有一定的黏滞性，即为液体产品，将液体产品在 70～110℃条件下干燥，即得固体产品。

性质与用途：本品配比科学，工艺简单，不需特殊设备及特殊反应条件，生产周期短；产品结构大，吸附能力强，电荷数高，投入原水后，絮凝速度快，絮凝颗粒结实、沉速快、重凝性好、易于过滤；在高浊度水处理中，絮凝可在 15s 左右完成，在低浊度水处理中，一般在 60s 内完成，投入后不改变原水的 pH 值，净化后饮用水不存在铝害；本品在使用中对管道、设备腐蚀性小。本品为水处理剂，可用于饮用水的处理。

配方6

原料配比（质量份）：

原料	配比(质量份)	原料	配比(质量份)
碎屑状铝材下脚料	500	金属铝	1～3
碳酸钙	130～140		

制备方法：第一步将 37%盐酸放入自来水反应池中，然后加组分配比质量份为 500 的铝材，让其反应，把铝灰或铝材下脚料中的铝最大限量溶出；第二步是在第一步反应完成后再加入质量份为 1～3 的金属铝，把有害元素或重金属置换出来，使产品符合卫生标准，加入金属铝继续反应完，由于反应过程中有大量溶液消耗，应加入自来水使溶液保持原来的数量。当溶液温度在 40～60℃时，加入质量份为 130～140 的 $CaCO_3$ 作为余酸中和剂和聚合度调整剂，静置 10h，把上部清液放入干燥池中固化干燥即为五羟基氯化铝。

性质及用途：由于采用溶铝二步法工艺，使碱式氯化铝产品中的羟基数由 1～5 之间的任意变化改为定值 5，保证了质量稳定。使碱式氯化铝产品的碱化度由 50％～80％的可变值达到 83.3％的极限值。产品不含有害元素 Pb、Cd、Cr、Mn 和重金属，符合卫生标准。五羟基氯化铝降氟絮凝快，沉淀完全彻底，降氟效果好。产品不潮解、不变质、无腐蚀。使用范围广，适用性强，不受高氟水浓度限制，无需调节 pH 值，不含有害元素，是一种理想的净水剂。本品不仅适用于处理含氟量大的饮用水，而且还适用于水质净化和污水处理。

配方 7

原料配比（质量份）：

原料	1	2	3	原料	1	2	3
复合体	10	8	12	人造沸石	2	1	4

注：复合体包括：壳聚糖 19～21、10％醋酸 49～51、活性炭 79～81、40％ NaOH 调 pH 值到 8。

制备方法：将 100g 虾壳、蟹壳用水清洗干净，烘干后粉碎，按 1∶10（质量-体积比），用 2mol/L 的 HCl 浸泡 20h 以上，然后用滤纸过滤，弃去滤液，将滤渣用水清洗至中性，按 1∶8（质量-体积比），用 10％的 NaOH 水溶液浸泡 4h 以上，水溶液的温度为 90～95℃，再次过滤，用水洗至中性，再重复上述操作，即酸碱处理。用 1％的高锰酸钾浸泡 1h 以上，再用水洗至中性，将甲壳质浸于 1％ NaHSO₃ 溶液中 1h 以上至高锰酸钾的紫色全部消失，过滤，将白色片状物（即甲壳质）浸入 50％ NaOH 中，在 60～70℃中反应 18h 以上，洗至中性，放于 10％的醋酸中 24h 以上，然后放在离心机上进行离心处理，弃去沉淀物。取上清液用 40％ NaOH 调节 pH 值至 8，将沉淀物抽滤，在烘箱中烘干，制得壳聚糖，将壳聚糖加入 10％的醋酸中搅拌，后加入活性炭用 40％ NaOH 调节 pH 值至 8，制得复合体，再加入人造沸石，复合体与人造沸石的质量比为（8～12）∶（1～4）便可制得净水剂。

性质与用途：本品制作方法简单，材料来源广泛，成本低，用这种方法制备的净水剂净水效果好，具有杀菌、杀虫的作用，尤其是捕集水中重金属的性能更为显著，净水量大，且水中的铁、锌、钙等人体所需元素不被滤除，不但对饮用水具有很好的净化作用，对工业、生活污水也具有很好的净化作用，使其达到环保要求。本品主要应用于饮用水及工业、生活污水净化处理。

配方 8

原料配比（质量份）：

原料	1	2	原料	1	2
金属铝	15	15	粉剂 AD-15	1.5	1.5
Al₂O₃	72	72	28％硫酸	600（体积）	—
SiO₂	7	7	20％盐酸	—	300（体积）
MgO	4.5	4.5			

制备方法：将质量份配比范围为 14～16 的金属铝、质量份配比范围为 71～

73 的三氧化二铝、质量份配比范围为 6～8 的二氧化硅、质量份配比范围为 4.4～4.6 的氧化镁、质量份配比范围为 1.4～1.6 的含碳量低于 2％的粉剂 AD-15 放入质量份配比范围为 600 的浓度为 28％的硫酸或质量份配比范围为 300 的浓度为 20％盐酸中，粉剂 AD-15 中的金属铝和氧化铝及硫酸反应，生成氢和硫酸铝。1kg 粉剂 AD-15 与 15％～30％的硫酸 5～7L 作用，粉剂 AD-15 中的金属铝和氧化铝与硫酸反应后，进行过滤，在 100℃以上温度下干燥得固体硫酸铝。

因粉剂 AD-15 同浓硫酸直接反应时反应很强烈，为使反应缓慢进行，制成 15％～30％的稀硫酸后进行反应。

性质与用途：本品用粉剂 AD-15 作为原料和硫酸或盐酸反应制得硫酸铝或聚合氯化铝，其净水效果良好，且成本低。本品主要应用于处理自来水、工业用水及污水。

配方 9

原料配比（质量份）：

原料	1	2	3	4	5	6	7	8
蛭石	1	—	0.5	0.7	—	1	0.6	—
麦饭石	—	1	0.5	0.3	1	—	0.4	1
20％盐酸	4	—	—	—	—	—	—	—
22％盐酸	—	—	—	—	—	—	2.6	—
25％盐酸	—	—	2.5	—	—	—	—	—
50％盐酸	—	—	—	—	—	1	—	—
10％硫酸	—	—	—	—	5	—	—	—
30％硫酸	—	3	—	—	—	—	—	—
40％硫酸	—	—	—	1.6	—	—	—	1.4

制备方法：将麦饭石或蛭石粉碎为 5mm 以下的颗粒状或粉末。将盐酸或硫酸稀释至 10％～50％的浓度。将粉碎后的矿石以质量份配比为 1 和稀释后的无机酸以质量份配比为 1～5 投入分解容器中，加温至 70～100℃保温，时间为 2～10h，并搅拌。将搅拌均匀的物料过滤分离，过滤网的目数为 100～800 目，进行调配即为成品。

性质与用途：本品金属无机盐含量为 20％以上，并为酸性液体，pH＝1～2，其在污水中具有较强的氧化力，在丰富矿物元素离子的作用下，水分子会迅速与水中的可溶性污物分离，被分离的污物变成不溶性物质，被凝集沉淀，从而达到脱臭和去除异味的目的。本品采用天然矿物质作原料，元素含量丰富，无毒副作用，安全环保。

使用简便，只需按比例投入要处理的水中搅匀后，即可达到处理的要求，无需添加附带添加剂。用本品处理粪便后的废渣可作农家肥使用。本品可用于净化饮用水，也可按一定量投入到污水或粪便中，起到污物凝聚、沉淀和脱臭的作用。

配方 10

原料配比：

原料		质量份
A	麦饭石	9.5～10.5
	白云母	4.2～6.2
	钠云母	4.5～6.5
	钒云母	1.5～2.5
	锌三层云母	2～3
B	浓盐酸	30～80
	浓硫酸	100
C	硫化镉	0～1.5
	氧化铋	0～2.5
	铱铑合金催化剂	0～7
络合剂	EDTA	0.05～0.15
	甲磺酸去铁胺	0.05～0.2

制备方法：将组分 A、B 和 C 混合，在 50～280℃，1～3atm（1atm＝101325Pa，下同）下反应 10min 以上，去除其中的固体块，收集反应液作为初提液。将初提液在 50～150℃条件下用碱中和，得到生成液，将生成液离心，去除生成液中的固体颗粒，收集上清液，得到上清液Ⅰ。向上清液Ⅰ中加入配合剂以去除上清液中的二价和三价金属离子，离心去除生成的配合物沉淀，收集上清液，得到上清液Ⅱ。将上清液Ⅱ用浓硫酸或浓盐酸调到 pH＝0.5～1，得净水剂。

其中组分 B 选自浓硫酸、浓硝酸、浓盐酸或其混合物。组分 C 含有贵金属合金类催化剂、重金属盐类催化剂、金属氧化物类催化剂或其混合物。贵金属合金类催化剂为铱铑合金、铱铂合金、铱钌合金或其混合物，优选铱铑合金；重金属盐类催化剂为硫化镉、氯化汞、硫酸铅、氯化铊或其混合物，优选硫化镉；金属氧化物类催化剂为氧化铋、氧化锑、氧化铍或其混合物，优选氧化铋。

所述的碱为氢氧化钙、氢氧化钠、氢氧化锌、氢氧化钾、氢氧化铝或其混合物。

性质与用途：本品为透明酸性液体，相对密度约 1.1，沸点约 100℃，配比科学，工艺简单，使用方便，用量少，其净水原理是净水剂的离子与各种有机物在酸性环境下形成复杂的配合物凝集沉淀，去除沉淀后的水中有机污染物明显降低，甚至检测不到。本品能够高效地去除水中的有机污染物，特别是三氯甲烷、四氯甲烷和甲苯。适用于自来水、生活污水、各种工业污水、畜牧养殖污水、水产养殖污水、洗浴用水等的净化。

配方 11

原料配比：

原料	质量份	原料	质量份
聚合氯化铝	60~99.5	聚丙烯酰胺	0.2~20
聚合氯化铁	0.3~20		

制备方法：先将聚合氯化铝、聚合氯化铁、聚丙烯酰胺混合均匀，然后加入荧光增白剂 0.0001%~1%，在常温下搅拌 20~35min，制成颗粒状物，然后进行多元质量包装即可。

性质与用途：本品原料易得，配比科学，工艺简单；净水效果好，作用时间短，用量少，减少铝盐在水体中的水解含量，从而避免了铝盐在人体内蓄积的潜在危险，并达到了去除悬浮固体、有机物、藻类、净化水质的目的。

配方 12

原料配比：

原料	质量份	原料	质量份
工业硫酸亚铁（90%）	64	水	200
工业盐酸（33%）	149	氯酸钠（99%）	37.1

制备方法：

① 将计量后的工业硫酸亚铁加入反应釜 A 中。

② 将水经高位计量槽流入反应釜 A。

③ 盐酸由储槽经泵打入酸高位计量槽，然后由高位槽计量流入反应釜 A。

④ 氯酸钠经计量后加入反应釜 A，同时启动反应釜搅拌装置，边加入氯酸钠边进行反应，待反应结束后，产品由反应釜流入产品储槽。

具体工艺条件为：反应时间 20~35min，聚合反应温度 30~70℃，搅拌速度 150~200r/min。

性质与用途：本品原料易得，工艺简单，用酸量适度，反应速率快，生产周期可减少 1/2 左右；整个生产过程无废气、废水、废渣产生，符合环保要求。本品可用于处理饮用水源水和工业废水。

配方 13

原料配比（质量份）：

原料	1	2	原料	1	2
氢氧化铝	100	10	浓度为 98% 的浓硫酸	10	—
硫酸铝	—	90	浓度为 70% 的浓硫酸	—	25

制备方法：先将氢氧化铝或/和硫酸铝与浓硫酸一起混合均匀，然后直接煅烧，温度为 300~500℃，煅烧时间不少于 30min，取出即得净水剂。

注意事项：本品以氢氧化铝或/和硫酸铝为原料，加入浓硫酸煅烧制成，浓硫酸的浓度为 70%~98%，原料与浓硫酸的质量配比为 1:（0.2~2）。

氢氧化铝和硫酸铝可以单独使用，也可以混合使用，混用比例可根据需要自行调定。

性质与用途：本品原料易得，配比科学，采用煅烧工艺一步即可制成，工序少，设备投资少，工艺大大简化，成本明显降低；成品不含剧毒砷，对人体健康十分有利，具有良好的社会效益和经济效益。本品可用于饮用水源的净化处理。

配方 14

原料配比（质量份）：

原料	1	2	3	原料	1	2	3
银杏叶	100	150	120	大枣	30	50	40
黄芪	50	100	80	甘草	30	50	40
苦荞麦	50	80	60	白扁豆	100	150	120
茶叶	50	200	180	菜豆	30	50	40
枸杞子	30	50	40	豌豆	30	50	40

注：本品各组分质量份配比范围：银杏叶 100~150、黄芪 50~100、苦荞麦 50~80、茶叶 150~200、枸杞子 30~50、大枣 30~50、甘草 30~50、白扁豆 100~150、菜豆 30~50、豌豆 30~50。

制备方法：将原料混合，加入原料体积 2~3 倍的浓度为 75% 的食用酒精，在 60~65℃温度下浸泡 3~5h，分离醇浸液；醇浸后的固形渣加入其体积 2~3 倍的食用米醋，在 65~70℃温度下浸泡 3~5h，分离醋浸液；醋浸后的固形渣加入其体积 3~4 倍的蒸馏水，在 65~70℃温度下浸泡 3~5h，分离水浸液；水浸后的固形渣加入其体积 4~5 倍的水，加热煮沸 1~2h，分离一次水煮液后再加入固形渣体积 2~3 倍的水，加热煮沸 0.5~1h，分离二次水煮液后再加入固形渣体积 2~3 倍的水，加热煮沸 0.5~1h，分离三次水煮液；将醇浸液、醋浸液、水浸液、三次水煮液合并，蒸馏分离出其中的醇、醋，浓缩至产品。

性质与用途：本品原料中的银杏叶和苦荞麦中含有黄酮类活性成分，该成分已被证实能抑制肿瘤的发生，抑制苯并芘的代谢，对苯并芘的代谢及其活化的最终致癌物所形成的 DNA 加合物有明显的抑制作用。黄酮类化合物对一些致突变剂也有拮抗作用，还具有抗变态、抗氧化、抗病毒和抗肿瘤等多方面的作用。本品原料中的茶叶中含有大量的茶多酚，茶多酚具有很强的抗突变、抗自由基作用，可减轻吸烟对人体的危害，此外还具有抗癌、抗衰老、抗炎、抗氧化、降血脂等作用。本品原料中的黄芪、枸杞子、大枣、甘草等天然植物具有抗突变、抗自由基、抗氧化、抗肿瘤和提高人体免疫机能的作用。本品原料中的白扁豆、菜豆、豌豆等豆类含有异黄酮类中的染料木黄酮（5,7,4-三羟基异黄酮），该成分具有抗突变和抗癌作用。此外其中含有的植物血细胞凝集素（PHA）是一种多肽类物质，能使恶性肿瘤细胞发生凝集反应，使肿瘤细胞表面结构发生变化，进而增强对肿瘤的免疫作用。本产品针对水中的有机污染物的特性，筛选出原料及用量组合，提取其中的有效成分，且各成分之间相互配合、补充，制成净水制剂。在水源水中按十万分之一至百万分之一的质量比添加本产品，即可抑制水中的致突变物。本产品可以有效地预防和消除因饮用水污染所导致的癌症的发生。实验证明对 TA98 组氨酸缺陷型鼠伤害沙门菌回复突变具有抑制作用。经处理后的水无异味、异臭、清晰透明，无任何感官变化。本品为天然植物制剂，无任何副作用，采用本品进行水质处理，还具有成本低等优点。

配方 15

原料配比（质量份）：

原料	1	2	3	原料	1	2	3
壳聚糖	1	1	1	硅胶	2	3	3.5
纤维素	1.5	2	2.5	活性炭	3.5	5	4

注：本品各组分质量份配比范围：壳聚糖 1、纤维素 1.5～2.5、硅胶 2～3.5、活性炭 3～5。

制备方法：

① 配制壳聚糖溶液（其 pH 值优选为 5～6，可通过壳聚糖溶液中的溶剂来调节壳聚糖溶液的 pH 值），向壳聚糖溶液中加入纤维素，搅拌使纤维素溶解，得到溶液。

② 向步骤①的溶液中加入硅胶，混合均匀，得到分散液。

③ 向步骤②的分散液中加入活性炭，混合直至形成均匀黑色凝胶，得到壳聚糖复合凝胶净水剂。

壳聚糖的资源丰富，具有多种生物学活性，也是一种良好的聚凝剂，并对多种有害有机物具有良好的吸附作用。活性炭是一种常规应用的吸附剂，受其本身特性和水中有机物性质等因素的影响，不能单独有效地去除水中的有机物。本品为将壳聚糖凝胶与活性炭以及具有加强聚凝与吸附的双重作用的其他附加物制成的复合型净水剂，能够为深度处理水中环境内分泌干扰物提供一种新的技术平台和新的净水产品。

所述的壳聚糖优选脱乙酰度大于 90% 的壳聚糖，这一类壳聚糖在 25℃ 时的黏度一般为 150～550mPa·s，可以达到更好的效果，另外其在稀酸中的溶解能力和絮凝性能更好。

本品中壳聚糖的脱乙酰度是指壳聚糖分子中脱除乙酸基的糖残基数占壳聚糖分子中总的糖残基数的百分比。

所述的壳聚糖溶液中壳聚糖的质量分数优选为 1%～8%，其黏度最适制成凝胶。

所述的壳聚糖溶液中溶剂优选为乙酸水溶液或盐酸水溶液。

所述的乙酸水溶液或盐酸水溶液的体积分数均优选为 1%～6%（pH 值为5～6）。

所述的活性炭的颗粒度优选为 80～12 目，所述的硅胶的颗粒度优选为 50～80 目，该颗粒度制成的凝胶最为稳定。

所述的凝胶剂具有白色圆球状颗粒组成的网状结构，其网络间存在不规则块状的活性炭。

性质与用途：本品壳聚糖复合凝胶净水剂是一种黑色半流体壳聚糖复合凝胶，25℃时动力黏度为5000～10000mPa·s。光学显微镜下显示本壳聚糖复合凝胶净水剂具有白色圆球状颗粒组成的网状结构，其网络间存在不规则块状黑色物质（即活性炭），其中的白色圆球状颗粒的粒径范围分布一般在0.2～50μm。

现有的净水剂多为颗粒固体复合物，本壳聚糖复合凝胶净水剂为凝胶复合物，具有成分混合均匀的特点，可即配即用，即配即用效果优良，天然无毒、无味，物理化学性质优良，可用于饮水深度处理或突发性水污染事件导致的饮用水应急预处理，对环境友好，无污染。

本品是一种具有高效吸附及聚凝作用双功能的复合净水剂，能高效去除水中的环境内分泌干扰物质。对水中环境内分泌干扰物的净化时间很快，20min即可达到饱和平衡，对环境内分泌干扰物的去除率高，特别是对水中环境内分泌干扰物质（如五氯酚钠、DDT及多氯联苯等）具有明显高效的净化作用，如对五氯酚钠的去除率可达98.8%，对DDT的去除率可达96%，实用性较强。

本品所用的原料壳聚糖等资源丰富，净水剂的制备工艺流程简单，生产周期短，操作简便，生产成本低，适于工业化生产。

本品主要应用于水质净化。

配方16

原料配比（质量份）：

原料	1	2	原料	1	2
自来水	96	200	98%乙酸	2.5	—
甲壳素	0.2	—	柠檬酸	—	0.5
壳聚糖	0.8	3.4	85%甲酸	—	4

注：本品各组分质量份配比范围：甲壳素0.2，壳聚糖0.8～3.4，溶解甲壳素/壳聚糖的有机酸0.5～4，水96～200。

制备方法：首先将水与甲壳素/壳聚糖混合，反应温度控制在20～50℃，搅拌0.5～5h；然后加入有机酸，反应0.5～4h。

最终制得的絮凝剂pH值为2～4，相对密度为1.01～1.05。

有机酸是甲酸、乙酸、柠檬酸、苯甲酸、氯磺酸、水杨酸之一或其混合酸。如果使用柠檬酸与甲酸、乙酸、苯甲酸、氯磺酸或水杨酸等有机酸的混合酸，得到的水处理絮凝剂絮凝效果最佳。

考虑到市场价格因素，优选甲壳素加壳聚糖，在加入的甲壳素/壳聚糖总量中，壳聚糖在甲壳素/壳聚糖中占70%～80%，当然也可以单独使用壳聚糖，其中甲壳素脱乙酰度45%～55%，壳聚糖脱乙酰度为56%～96%。

所述的水可以使用经净化后进入管网系统的饮用自来水。

性质与用途：无毒、无味，安全性高，无二次污染。

产品为溶液，絮凝效果显著，絮凝颗粒大，沉降快，絮凝剂加入量少，原水中浑浊度在 10～70 度之间一次处理即可达到国家标准 3 度以内。

本絮凝剂能够吸附重金属离子和卤代烷。

把采用 PAC 和 PAM 作絮凝剂与甲壳素/壳聚糖作絮凝剂进行经济核算，结果表明，采用甲壳素/壳聚糖较前者每处理 $1m^3$ 水的费用可降低 10% 左右。其主要原因是本品在处理水时，仅需添加少量（1～4mg/L）。

制备工艺简单，使用方便，对自来水厂可利用原有设备，不需增加新设备。

本品可用于饮用水的净化处理。

配方 17

原料配比（质量份）：

原料	1	2	3	4	5	6	7	8	9
羧甲基淀粉钠	7.5	7.8	8	8.3	8.5	8.8	9	9.2	9.5
瓜尔胶	1.5	2.2	2	1.7	1.5	1	0.3	0.8	—
黄原胶	1	—	—	—	—	0.2	0.7	—	0.5

注：本品各组分质量份配比范围：羧甲基淀粉钠：瓜尔胶和/或黄原胶＝（7.5～9.5）：（0.5～2.5）。

制备方法：将各组分混合均匀即可。

羧甲基淀粉钠是变性淀粉的一种，为白色或淡黄色粉末，带有负电荷，是一种能溶于水的高分子电解质，在水处理中用作絮凝剂和离子交换树脂等。瓜尔胶是高分子量水解胶体多糖，分子量为 20 万～30 万，为白色至浅黄褐色自由流动粉末，能完全溶解于冷水和热水中，其水溶液无味、无臭、无毒、呈中性，在水和废水处理中作絮凝剂。黄原胶是一种生物高分子聚合物，无味，为淡黄色易流动粉末，易溶于水，可与甲醇、乙醇、异丙醇以及丙酮互溶。黄原胶作为絮凝剂与其他絮凝剂或助剂配伍使用，在水的净化特别是饮用水的净化处理中效果明显。

性质与用途：本品通过衍生化学，应用不同的官能团改变不同的化学性质，由较简单的原子团被其他原子团置换而生成较复杂的化合物。本品无毒无味，增效高，使用方便。本品主要用于解决饮用水中铝离子超标问题。

配方 18

原料配比（质量份）：

原料	1	2	3	4	5
含铝铁的原料	30	500	1000	50000	30
盐酸	60	1000	2000	100000	60
硅酸钠	0.8	13	25	1500	1.4
碱土金属盐	8	100	200	13500	10

制备方法：

① 将各种含铝铁的原料按常规方法用盐酸浸提，得到含铝铁元素的浸提液，然后将浸提液浓度调整到 10%。

② 先将硅酸钠加入浸提液①中，然后再将碱土金属盐加入，常温常压条件下进行快速聚合反应，温度控制在 0～50℃，时间控制在 30～90min，最佳为 60min，pH＝4～5，最佳为 4.5，可制得液体产品。

③ 将液体产品在 70～110℃的温度条件下水浴干燥，可得到固体产品。

其中，含铝铁的原料可以是铝矾土、煤矸石、高岭土、铝灰、铝屑等；盐酸是指工业盐酸；硅酸钠作为催化剂和稳定剂；碱土金属盐作为聚合剂，可以是碳酸钙、碳酸镁、氯化钙、大理石粉等。

性质与用途：本品生产工艺简单，不需特殊设备及特殊反应条件，生产周期短；性能优良，能快速聚合，稳定性好，吸附能力强，絮凝速度快，易于过滤；净化后饮用水不存在铝害，且在使用中对管道、设备腐蚀性小，安全可靠。

本品主要用于生活饮用水、工业生产用水和工业、生活污（废）水的净化处理，尤其适用于生活饮用水和含有有色物质、重金属离子的污（废）水的净化处理。

配方 19

原料配比（质量份）：

原料	1	2	3	原料	1	2	3
碱金属硅酸盐	45	43	45	金属水溶性盐	39	35	35
水	200	195	200	稀土氯化物溶液	100	100	100
酸	适量	适量	适量				

制备方法：将碱金属硅酸盐用水稀释成 1%～20% 的稀溶液，加入酸中和，使溶液的 pH 值小于 6，陈化反应 1～18h，再加入金属水溶性盐，经 20～90℃ 蒸煮反应后，添加稀土氯化物溶液即得成品。

原料中碱金属硅酸盐其模数大于 2.2，可以是硅酸钠、硅酸钾、水玻璃等；金属水溶性盐是指无机铝盐、无机铁盐，具体可以是硫酸铝、三氯化铝、硝酸铝、硝酸铁、硫酸铁、三氯化铁；酸可以是硫酸（工业硫酸或氯碱工业产生的废硫酸）、盐酸、硝酸及磷酸；稀土氯化物溶液可以是单一或混合溶液。

性质与用途：本品成本低廉，工艺流程简单，适用范围广，一般水源水质条件、低温低浊及高浊度特殊水源水质条件均可使用；净水效果好，残留量低，水质易于控制；对人体无毒副作用，对设备无腐蚀性，性质稳定，储存时间较长，安全可靠；生产过程中不产生任何废弃物，不污染环境。

本品可去除水中杂质，适用于饮用水和各种工业污染废水的处理。

配方 20

原料配比（质量份）：

原料	1	2	3	4
活性铝矾土	85	85	96	400
32%浓度的工业盐酸	122	130	122	610
98%浓度的工业浓硫酸	14.7	—	—	—
18%浓度的稀硫酸	—	60	140	350
硫酸亚铁	30	30		
水	109	60	50	380
水＋矾土水泥（聚合剂）	130＋24.5	125＋24	135＋26.5	600＋120
H_2O_2（氧化剂）	4	4	—	—

制备方法：

① 将盐酸、酸性物质添加剂和水投入到耐酸密封的反应容器中，使混合酸的酸浓度控制在 13%～20%，使 Cl^-/SO_4^{2-} 的当量比为 1.5～7，选用 2～5.5 之间较好；然后投入铝原料和铁原料，使 $Al/(Cl^-＋SO_4^{2-})$ 的化学当量比为 1.05～2.1，选用 1.1～1.7 之间较好，在 105～150℃、压力为 0～0.4MPa 的条件下反应 1～2h，使原料中的铝和铁溶解出来，形成低碱度的碱式盐。

② 将步骤①所得反应物降温至 70～105℃，投入聚合剂和水，反应 10～60min。

③ 将步骤②所得反应物降温至 45～75℃，投入氧化剂，反应 1～2h。

④ 过滤去除不溶物得到液体产品，将液体产品干燥可得固体产品。

原料中铝原料粒度为 60～100 目，可以是铝矾土、活性铝矾土、矾土水泥，优选活性铝矾土和矾土水泥。铝原料投料量以 Al_2O_3 计算为 0.6～1.5mol。

铁原料可以是铁盐、亚铁盐、氧化铁和含铁溶液，优选亚铁盐或含铁溶液。其中亚铁盐可以是氯化亚铁或硫酸亚铁；含铁溶液可以是钢厂酸洗回收液或生产 TiO_2 回收的稀酸。其投料量以 $FeSO_4$ 计算为 0.08mol。

所用盐酸一般是工业盐酸，酸浓度为 32%，其用量控制在 2.3～3.8mol 之间，选用 2.5～3.6mol 之间较好。

酸性物质和添加剂为浓硫酸、酸洗回收酸和生产 TiO_2 回收的稀硫酸，选用生产 TiO_2 回收的稀硫酸较好。其量以 H_2SO_4 计算控制在 0.1～0.8mol 之间，选用 0.2～0.65mol 之间较好。

聚合剂为矾土水泥，其用量以 Al_2O_3 计算在 0.2～2mol 之间，选用 0.3～0.8mol 之间较好。

氧化剂为空气、H_2O_2、$NaOCl$ 和 $NaClO_3$，优选空气和 H_2O_2，其用量以 H_2O_2 计算控制在 0～0.3mol 之间，选用 0.02～0.2mol 之间较好。

本净水剂液体产品中主要含有（按质量比）：Al_2O_3 6%～10%，总铁 0.5%～4%，SO_4^{2-} 1%～5%。产品的碱度为 45%～80%。

性质与用途：本品配比科学，工艺简单，成本较低；稳定性好，液体产品在室温存放 30 天，各项指标无明显变化；采用本品进行供水和污水的净化时，比传统的无机混凝剂更加适用有效，对低温水的处理效果也很好。

用途与用法：本品主要用于自来水、工业用水和废水的处理。

配方 21

原料配比（质量份）：

原料	1	2	原料	1	2
聚合氯化铝	390～420	450～490	二氯异氰尿酸	0.2～0.5	0.3～0.8
聚合硫酸铁	8～12	5～10	碳酸钠	7～15	4～10

注：本品各组分质量份配比范围：聚合氯化铝 280～580，聚合硫酸铁 5～20，二氯异氰尿酸 0.1～2，碳酸钠 4～15。

制备方法：将上述各原料在常温常压下进行混配即可。

性质与用途：本品原料易得，配比科学，工艺简单；可有效去除杂菌、微生物、藻类、悬浮物、有害重金属、放射性物质，对井、河饮用水起净化、软化作用，能防止地方病、传染病、结石症发生，并可使城市居民生活污水达到二次使用标准。

本品可用于处理井、河水水质，还可用于城市居民生活污水、食品加工用水、饲料养殖业用水的处理。

对饮用前的每 100kg 井、河水投入本品 2～15g，搅拌 0.5～2min，静置 3～60min 可使水达到软化净化作用。

配方 22

原料配比（质量份）：

原料	1	2	3	4	原料	1	2	3	4
氢氧化钠	60	80	120	200	亚硫酸钠	—	—	—	35
亚硫酸钠（或亚硫酸氢钠）	30	50	70	—	亚硫酸氢钠	—	—	—	35
亚硫酸钾（或亚硫酸氢钾）	30	50	70	—	亚硫酸钾	—	—	—	35
					亚硫酸氢钾	—	—	—	35

注：本品各组分质量份配比范围：氢氧化钠 50～200，亚硫酸钠和/或亚硫酸氢钠 20～70，亚硫酸钾和/或亚硫酸氢钾 20～70。

制备方法：用普通的水泥池，在常温下将以上各原料按比例依次加入，混合搅拌均匀即可。如要配制成液剂，加入 1t 净化水即成。

性质与用途：无毒、无臭、无色、无腐蚀，不含任何有害元素，能将浑水中各种有害物质（如铝、铬、氟、钙、铁、氯）处理干净。

性能可靠，使用方便，净水成本低，所需设备简单。

应用范围广，处理效果好，处理后的水 pH＝7～8。将本品放入待处理的浑水中进行充分地混合搅拌，对水中的金属离子进行氧化还原反应，同时氢氧化钠提高了水中的碱度，使浑水中的各种离子经过复杂的化学反应，在1～2min内生成絮凝状的沉淀，将浑水中各种阴阳离子处理干净。还能将含有色素（如红、蓝、黑色等）的带色污水处理干净。对水处理的各种设备无腐蚀，净化后的水完全符合国家生活饮用水标准。对地下含铁、锰的井水处理效果极佳。

本品不但适于生活饮用水的净化处理，还可用于轻化工、冶金、矿山、造纸、印染、医药等工业用水的净化处理。本品可为固态，加入适当比例水则成液剂。

配方23

原料配比（质量份）：

原料	1	2	原料	1	2
活性炭	20	10	助剂	6	10
沸石	50	15	其他	4	5
负离子添加剂	10	60			

注：本品各组分质量份配比范围：活性炭0～50、沸石0～50、负离子添加剂0.1～80、助剂0～10、其他0～6。

制备方法：将各组分混合均匀即可。

其中，沸石是一种呈架状结构的多孔性含水硅铝酸盐矿物的总称，沸石不仅对水中大肠杆菌有很好的去除效果，同时还可以用来去除水中部分有机物，如苯酚、氯仿及阴离子表面活性剂。负离子添加剂由多种功能性矿物复合而成，可以释放负离子、杀菌、抑菌，将大分子团水转化成小分子团水，有利于人体健康。助剂是指石英砂、絮凝剂、混凝剂等。其他是抗氧化剂、磁化剂、活化剂、新出现或不可预见的助剂等。

性质与用途：本品全部采用天然材料，把目前人们所熟悉的水净化、矿化、磁化的纯天然材料集中在一起，具有此三种功能的材料可以放在便携式水杯中，也可以加在净水器专用管道内，更实用，更方便。本品实现根据不同地区、不同水质采用相应的净化、磁化材料，做成各种净水设备，确保各地饮用水的质量，并达到高效净化、矿化、磁化、灭菌的功能。主要原料采用世界罕见的嫩江蛋白石和奇才石及其他矿化材料，能有效地去除细菌、致癌物质及有害重金属等。矿化材料本身可以释放出偏硅酸盐、碘、锌等对人体有益的元素。

本品主要应用于饮用水、工业废水、生活污水的处理。

配方24

原料配比（质量份）：

原料	1	2	原料	1	2
精制膨润土	50	55	硫酸镁	—	10
铝盐	38	30	磷酸三钠	7	5
乙二胺四乙酸	5	—			

注：本品各组分质量份配比范围：精制膨润土26～65，铝盐15～65，磷酸三钠5～10，乙二胺四乙酸或硫酸镁3～25。用于饮用水、工业用水处理时，上述配方中的乙二胺四乙酸优选用量3～10，硫酸镁优选用量10～25。

制备方法：

（1）絮凝净水剂的制备

① 均质混合。将膨润土、铝盐放入高速均混机中混合，一定时间后在1000倍显微镜下观察混合粒度分布，均混度高于98%为合格。

② 球磨。

a. 在球磨机内装入乙二胺四乙酸、磷酸三钠，开机30min。

b. 在上述时间后分批加入步骤 ① 所述已混匀的物料，球磨75min或100min。

c. 分别检测物料的水分、1%水溶液pH值、粒度、絮凝效果、50～400NTU浊度去除试验、水中重金属去除率指标。

（2）污水处理净水剂的制备

① 将精制膨润土、铝盐、磷酸三钠、硫酸镁放入均混机中混合30min。

② 将混合好的原料放入球磨机中研磨100min。

③ 分别检测水分、粒度、混凝效果、脱色效果、COD去除率指标。

性质与用途：本品原料易得，工艺简单，价格低廉；性能优良，具有絮凝沉降速度快、污泥量少、操作简便、处理成本低等优点；本品为中性产品，不会对设备及设施产生腐蚀，经济效益和社会效益好，对染整污水处理时，单一使用即可去除污水色度的80%，COD去除率60%，完全可以取代聚合氯化铝或聚合氯化铝加聚丙烯酰胺的方法，从而使染整污水处理在物化工艺上变得简单、高效、低成本、达标运行。

本品的制作方法由于均混、球磨设备均采用封闭式机型，从而有效防止了粉尘的产生，加上占地面积小、设备投资少、产量大、成本低，没有废水、废气、废渣产生，有良好的推广价值。

本品用于饮用水、工业用水和染整污水处理。

配方25

原料配比（质量份）：

原料	1	2	原料	1	2
山药	5	5	水	100	500

制备方法：先将山药去皮、切碎，将山药加入到山药质量 20～100 倍的水中，在 10～40℃下搅拌 2～3h，再加入少量硫酸调节 pH 值到 4～6，静置 1～2h，最后过滤掉固体渣后，所得溶液即为天然絮凝剂。

　　性质与用途：本品直接使用可食用的山药作为原料制备水处理絮凝剂，制作方法简单，材料易得廉价，性价比高，容易降解，无二次污染，是真正的绿色絮凝剂。本品主要应用于饮用水净化。

8

农业、水产养殖业、景观废水处理药剂

近年来，随着社会经济的飞速发展，人们的生活质量不断提高，对蛋类、肉类、奶类、蔬菜及水果等食品的需求量以平均每年 10％左右的速度上升。这些农副产品需求量的日趋扩大，大大推进了农业、水产养殖业、畜禽养殖业的发展。但是在农业、水产养殖业、畜禽养殖业发展的同时，该行业也会排放一些对环境造成危害的固、液等污染物。

8.1　农业废水中的污染物及来源

我国农业污水主要来源于农村生活污水、畜禽养殖废水、农田尾水及农村加工业废水，目前，我国农业源污染排放已占污染总排放量的一半。随着农村生活方式及生产方式的转变，在农业生产和生活过程中产生的大量农业废水如不进行合适的处理，将对我国农村环境造成严重污染。

我国农业废水的污染物及来源主要涉及以下三个方面。

（1）农村生活污水　生活废水是人们在日常生活中向外界环境所排放的各类废水，农村生活污水与农村居民的生产生活方式密切相关，传统的农村生活污水都能够被再次利用，如水体中的大部分有机质在农业生产中被作物吸收，转化为作物生长的营养物质，很少流失到水体中，因此，对环境不会造成太大的影响。但随着社会的变革，我国农村居民的收入不断增加，农村居民生活方式不断改变，随着现代化的卫生洁具、洗衣机、沐浴设施等进入农村地区，农村居民的人均日用水量和生活污水排放量大幅增长，2013 年城镇生活污水排放量达 485.1亿吨，农村生活污水含大量氮（N）、磷（P）等无机盐离子、固体悬浮物及致病菌等污染成分，水体中各污染物排放浓度：化学需氧量（COD）为 250～400mg/L，氨氮（NH_3-N）为 40～60mg/L，总磷（TP）为 2.5～5.0mg/L，已成为农村环境的重要污染源。

（2）畜禽养殖废水及农田尾水 畜禽业是我国农业和农村经济的重要组成部分，畜禽养殖业快速发展所带来的环境污染问题也日益突出，据统计，畜禽养殖业的 COD、总氮（TN）和 TP 分别占农业废水来源的 96％、38％和 56％。种植业污水的主要来源为农田尾水，农田尾水是指农田中流出的地表径流水，为农田中的过剩水分，随着农业生产中化肥、农药等的不合理施用，其含有大量 N、P、K 等营养盐，个别灌区还含有大量的农药等。目前，全国大部分地区对农田尾水没有进行有效的处理，直接排放，使得农田尾水中污染物进入河流、湖泊、内海等水域。不仅对地表水和地下水造成了严重的污染，而且使大量的水资源浪费，并且带走田间大量的无机盐、氮等营养成分。

根据全国环境统计公报的数据显示，2013 年农业源 COD 排放量 1125.8 万吨，比 2012 年减少 2.4％。其中畜禽养殖业排放 1071.7 万吨，比 2012 年减少 2.5％，水产养殖业排放 54.0 万吨，比 2012 年减少 1.5％。农业源 COD 排放占排放总量的 47.9％，比 2012 年增加 0.3 个百分点。农业源排放量 77.9 万吨，比 2012 年减少 3.3％，其中种植业排放 15.2 万吨，与 2012 年持平，畜禽养殖业排放 60.4 万吨，比 2012 年减少 4.3％，水产养殖业排放 2.3 万吨，与 2012 年持平；农业源氨氮排放量占排放总量的 31.7％，与 2012 年持平。表 8-1、表 8-2 为 2011～2013 年全国农业源废水中污染物排放情况。

表 8-1 全国农业源废水中化学需氧量排放情况 单位：万吨

年份	水产养殖业	畜禽养殖业	合计
2011	56.3	1114.3	1170.6
2012	54.8	1099.0	1153.8
2013	54.0	1071.7	1125.7

表 8-2 全国农业源废水中氨氮排放情况 单位：万吨

年份	种植业	水产养殖业	畜禽养殖业	合计
2011	15.2	2.2	65.1	82.5
2012	15.2	2.3	63.1	80.6
2013	15.2	2.3	60.4	77.9

（3）农村加工业废水 目前，随着城镇化的推进，农村地区承接了一些城区加工业的转移，其在生产过程中产生的废水、污水和废液如不经过无害化处理，其中所含有害有机物、重金属、细菌等水体当中的各类污染物将对周边环境造成严重污染。

8.2 水产养殖废水中的污染物及来源

随着经济的发展，人们对水产品的需求日益增加，在捕捞量不能满足市场需求的情况下，水产养殖业得到了迅猛的发展。然而在满足了人们物质需求的同时，也带来了相应的环境问题。大量养殖废水的排放给周边环境造成了巨大的影响，水域环境的恶化，赤潮频发，生态平衡和生物多样性也遭到破坏。养殖水域的水质下降也给我国渔业经济带来了巨大损失。

水产养殖废水的污染物为剩余饵料、化学品残留物以及富含氮、磷、有机质和毒性物质的排泄物。水产养殖业的主要污染物 N、P 营养物质成为水体富营养化的污染源。

在水产养殖的过程中，养殖用水原有的体系中浮游植物、藻类等初级生产者种类单纯、数量少，不能满足饲养密度高的养殖对象的生长需要，因此要添加大量人工配制的饵料来满足养殖生物的生长所需。人工添加的饵料量营养丰富，可以大大提高养殖生物的生长速率。然而养殖条件下投放的饵料，不能全部被养殖对象有效地利用，剩余的部分以污染物的形式排放到环境中。残余的饵料同养殖对象的排泄物一起进入水体，构成养殖废水最主要的污染物来源。

Braaten（1983）研究发现在海水养殖鲑鱼中，投喂的干湿饲料有 20% 未被食用，成为输出废物。其他许多学者也对养虾的饲料食用率做过研究，表明当虾八成饱时饲料损失率约为 14%～16%。养殖体排泄量的测定一般较准，Beveridge（1988）等根据已有资料总结表明，对于鲑鳟鱼来说，消化 100g 饲料时粪便排泄量约为 20～30g 干重，其中蛋白质占 17%，脂肪占 3%，碳水化合物占 62%，灰分约占 17%。Funge Smith（1998）等曾对精养虾池中的物质平衡做过研究，发现在养殖过程中只有 10% 的 N 和 7% 的 P 被利用，其他都以各种形式进入环境；Tovar（2000）等也曾对海水高密度养殖的营养负载做过计算，得到的结果表明，当养殖 1t 的鱼时，外排的总悬浮固体（total suspended solid，TSS）为 9104.57kg，颗粒有机物质（particle organic matter，POM）为 235.40kg，生物耗氧量（biological oxygen demand，BOD）为 34.61kg，总氮（total nitrogen，TN）为 14.25kg 而总磷（total phosphorus，TP）为 2.57kg。由此可见，水产养殖过程中产生的残饵、粪便的废物数量相当可观。

以上这些研究表明，水产养殖对自身水体及邻近水体的污染相当大。虽然与人类其他活动向海洋排污量相比，水产养殖的排污量所占比重不算大，对于某些局部水域，特别是海水养殖密集区，将对海洋环境的影响产生叠加作用，很可能成为刺激近海富营养化和赤潮发生的一个重要因素，应引起足够的重视。海水养殖排放出大量的养殖废水，其中的污染物和毒性物质将给周边海域及生物带来诸多不利的影响；反之，环境的恶化也会使得养殖业的发展受到限制。

8.3 景观废水的污染物及其来源

景观水体是公园景观的重要组成部分，能增加公园的灵气和情趣，在美化环境的同时，也有利于野生生物的生存和发展，促进城市自然保护和提高生物多样性。但由于缺乏统一的系统规划，加上污染排放的叠加影响，许多城市景观水体的环境容量和生态载力不堪重负，生态系统遭到破坏。我国较多公园水体都遭到不同程度的污染，化学需氧量、生化需氧量、总氮、总磷和非离子氨等指标，大多超过国家地面水环境质量四类标准。张庆费等通过对上海个公园个水体水质的调查和富营养化评价结果表明，一般的公园水体富营养化严重，其磷盐和氮盐的含量较高，高于自然湖泊水体，有的甚至比富营养化十分严重的杭州西湖、南京玄武湖等城市水体的营养盐水平高出几倍。由于水体结构和功能被破坏，多样性丧失，水生资源及其美学价值损害，为改善环境而设的水体也失去了它的意义。景观水体污染主要来自以下几个方面：①临近水体的民居、餐厅、厕所等的生活污水；②水边植物的代谢残留物；③游人随手丢弃的垃圾杂物；④公园植物施加的化肥农药；⑤初雨携带的地面植物表面的尘埃等有害物质；⑥游艇等公园娱乐设施的直接接触污染。虽然各地情况不同，排入水中的污染物种类略有差异，但以上污染源的污染物基本上可划分为四大类：植物性营养类有机物、油脂石油类有机物、人工合成且难于降解的有机物、重金属类。

8.4 农业、水产养殖、景观废水常用处理方法

该类废水处理相对于工业污水处理来说，污物种类少，污物含量变化小，生化过程耗氧量低，并且水处理的目的也有所不同。污水处理是把工业、农业等各个行业的废水经过处理，变成可排放水的过程；而农业、水产养殖、景观废水的处理除了要满足排放的标准之外，有时候还要根据需要满足循环利用的要求。使用频繁换水的方法来改善水质，势必造成水资源的巨大浪费。而对于一些冬季需要加温的种植、养殖种类，直接将水排放还会造成能源上的流失，若对这类废水进行处理达到养殖用水的需求后回用，不仅可以减少环境的负荷，还可以大大节省热能源。

该类废水处理根据作用的机理，可以将各种处理技术分为物理、化学和生物三类。

（1）物理处理方法　物理处理方法有过滤和吸附、曝气、吹脱和气提、泡沫分离技术、紫外线照射和磁分离方法等。

（2）化学处理方法　化学处理方法是利用化学反应来改变水体的某些性质或

者去除水中的污染物的过程。所采用的方法主要有凝絮、中和、络合、氧化还原、消毒等。针对水体各污染物浓度的水平，可投加相应的水处理药剂以去除。

（3）生物处理方法　生物处理方法即人为地在水体中培育有益生物种群，以帮助降低水中有害物质的含量，净化水质。

8.5　农业、水产养殖业、景观废水处理药剂配方

配方1

原料配比：

原料名称	质量份	原料名称	质量份
海泡石粉	25～35	壳聚糖	5～7
膨润土	20～30	活性炭	12～16
硅藻土	25～35	环糊精	8～12
磷酸三钠	10～20	营养制剂	3～5
石英砂	15～25	复合氨基酸	5～7
羧甲基纤维素钠	3～5	明胶	60～80

注：其中，营养制剂通过使用尿素8～12份、磷肥6～8份、硫酸钾3～5份、硫酸镁2～4份、硫酸镍1～3份、磷酸锌3～5份进行相互混合搅拌后复配而成；复合氨基酸由天冬氨酸1～3份、丝氨酸2～4份、谷氨酸2～4份、甘氨酸1～3份、丙氨酸2～4份、蛋氨酸1～3份、异亮氨酸2～4份混合搅拌均匀即可。

制备方法：①将上述原料中的海泡石粉、膨润土、硅藻土、磷酸三钠和石英砂进行混合后，投入球磨机中，高速球磨3～5h后备用；②将原料中的羧甲基纤维素钠、壳聚糖、活性炭和环糊精混合，加温至60～80℃后搅拌均匀，出料冷却后与①中生成物再次混合搅拌；③选用一搅拌罐，将②中原料放入其中，然后加入原料中的营养制剂和复合氨基酸，加水进行搅拌，直到得到糊状料后，然后取出烘干造粒；④将原料中的明胶进行熬化，然后将③中制备的颗粒生成物加入其中，然后充分搅拌直至明胶全部附着在颗粒外壁即可。

性质与用途：本产品对水体中各种化学污染物有着强力的吸附分解作用，提高水体的洁净度，同时具有补给水体中营养物质的能力。

配方2

原料配比：

原料名称	质量分数/%	原料名称	质量分数/%
芦苇	25～45	沸石	45～55
凤眼莲	5～10	海泡石	15～25
仙人掌	25～35	硅藻土	20～35
荷叶	15～25		

制备方法：①将芦苇、凤眼莲、仙人掌和荷叶打碎搅拌后，用去离子水浸泡

10～15 天，对浸泡液进行浓缩，其浓度为 20％～35％；②将沸石、海泡石和硅藻土混合，在温度 150～350℃的条件下研磨至 350～450 目，并搅拌均匀；③将①制得的 35％～45％浓缩液和②中制得的 50％～65％的粉末加入到高速捏合机中，加热至 50～90℃搅拌 25～30min 即可。

性质与用途：本产品和目前国内外常用的同类产品相比，具有经济、高效、生态安全性高，适用范围广，无二次污染，对环境友好的特点。本产品可用于工业污水、生活污水和农业退水的水处理。

配方 3

原料配比：

原料名称	质量份	原料名称	质量份
氧化剂所需物料	3～10	离子交换剂	15～60
灭藻剂	0.5～2	阳离子沉淀剂	5～30
絮凝剂	25～75		

制备方法：将各组分混合均匀即可。

性质与用途：本品复合净水剂属物理化学净水剂，与生物净水剂相比，具有见效快、净化效果好、成本低、净化水质保持期长等优点。本品主要应用于治理园林及风景小区观赏性封闭水体污染，也适用于治理其他中、小型封闭水体微污染。

配方 4

原料配比：

原料名称		质量份
湿菌泥 1	葡萄糖	30
	豆粕粉	20
	酵母膏	2.5
	硫酸镁	0.3
	磷酸氢二钾	1.5
	磷酸二氢钠	5
	谷氨酸	20～30
	柠檬酸亚铁铵	5
	氯化钙	0.2～0.5
	自来水	0.6t
	地衣芽孢杆菌变异株种子液	75
湿菌泥 2	磷酸氢二钾	1.5
	葡萄糖	2
	玉米浆	1
	蛋白胨	0.1
	麸皮	1t
	硝基还原菌变异株种子液	8L
	轻质碳酸钙	0.5t
	硫酸镁	0.005
	自来水	3.5

原料名称		质量份
湿菌泥 3	葡萄糖	120
	玉米浆	100
	酵母膏	12
	磷酸氢二钾	3
	自来水	3.5
	蜡状芽孢杆菌变异株和枯草芽孢杆菌变异株 311 的混合种子液	450

注：本品各组分质量份配比范围：湿菌泥 1，葡萄糖 29～31、豆粕粉 19～21、酵母膏 2.4～2.6、硫酸镁 0.2～0.4、磷酸氢二钾 1.4～1.6、磷酸二氢钠 4～6、谷氨酸 20～30、柠檬酸亚铁铵 4～6、氯化钙 0.2～0.5、自来水 0.5～0.7、地衣芽孢杆菌变异株种子液 74～76；湿菌泥 2，葡萄糖 1～3、玉米浆 1、蛋白胨 0.1、硫酸镁 0.004～0.006、自来水 79～81、硝基还原菌变异株种子液 7～9L、麸皮 1t、轻质碳酸钙 0.5t；湿菌泥 3，葡萄糖 119～121、玉米浆 99～101、酵母膏 11～13、磷酸氢二钾 2～4、自来水 3.4～3.6、蜡状芽孢杆菌变异株和枯草芽孢杆菌变异株 3/1 的混合种子液 449～451。

制备方法：

① 将葡萄糖、豆粕粉、酵母膏、硫酸镁、磷酸氢二钾、磷酸二氢钠、谷氨酸、柠檬酸亚铁铵、氯化钙按比例投到 1# 发酵罐中，进行蒸汽灭菌，冷却至 35～37℃，接入能产高聚的蛋白质胶状物质的地衣芽孢杆菌 ATCG9945a 变异株种子液，进行发酵 48h 后放出发酵液，离心分离，得到湿菌泥 1，离心滤液黏稠，留作与粉剂配合使用，发酵液黏稠的诱导剂主要是谷氨酸钠和氯化钙。

② 将葡萄糖、玉米浆、蛋白胨和硫酸镁按比例投到 2# 发酵罐中，进行蒸汽灭菌，冷却至 30～32℃，接入硝基还原菌的种子液，进行发酵，48h 后发酵结束，放出发酵液，离心分离，得到湿菌泥 2。

③ 将葡萄糖、玉米浆、酵母膏、磷酸氢二钾按比例投到 3# 发酵罐中，进行蒸汽灭菌，冷却至 35～37℃，按比例接入蜡状芽孢杆菌 AS1.1626 变异株和枯草芽孢杆菌 AS1.398 变异株的混合种子液，进行发酵，30h 后放出发酵液，离心分离，得到湿菌泥 3。

④ 将以上四株菌的湿菌泥按比例混合，并在掺混过程中加入适量麸皮和轻质碳酸钙，经流化干燥得到干粉态活菌剂产品。

由以上在步骤①、②、③中离心分离湿菌泥过程中所放出的混合滤液加水稀释，直接用于浇灌植物或与畜禽粪便混合发酵构成有机复合肥料。

性质与用途：本品适用于鱼塘水质净化。

配方 5

原料配比：

原料名称		用量
斜面培养基 /(g/L)	酵母粉	1～3
	蛋白胨	2～3
	氯化钠	1～2
	琼脂	2～3
	自来水	加至 1L
一级种子罐培养 /(g/L)	豆粕粉	1～3
	玉米粉	2～4
	麸皮	1.5～3.5
	磷酸氢二钠	0.2～0.5
	磷酸二氢钠	0.01～0.04
	自来水	加至 1L
固体培养基(质量份)	麸皮	6.5～8
	玉米粉	1～1.5
	豆粕	1～2.5

注：本品各组分质量份配比范围：斜面培养基包括酵母粉 1～3、蛋白胨 2～3、氯化钠 1～2、琼脂 2～3、自来水加至 1L；一级种子罐培养包括豆粕粉 1～3、玉米粉 2～4、麸皮 1.5～3.5、磷酸氢二钠 0.2～0.5、磷酸二氢钠 0.01～0.04、自来水加至 1L；固体培养基包括麸皮 6.5～8、豆粕 1～2.5、玉米粉 1～1.5。

制备方法：

① 试管原种划线，于 37℃恒温培养箱培养 24h。

② 挑取培养皿中的单菌落进行接种，于 37℃恒温培养箱培养 14h。

③ 斜面种子接种。在无菌操作条件下，挑起单菌落在已灭菌的空白斜面培养基上，用涂棒涂布均匀，置 37℃恒温培养 24h，合格斜面收起，放 2～4℃冰箱保存。

④ 摇瓶培养。取合格斜面一只，以无菌操作，用已灭菌的挖块针挖取适量大小的斜面菌膜于盛有灭菌发酵培养基的三角瓶中，将三角瓶置于 210r/min 摇床中，37℃摇床培养 16h 后，做镜检和杂菌检验。摇瓶培养基的成分与斜面培养基相同。

⑤ 一级种子罐培养。取合格摇瓶培养种子，按 0.1%～1%的接种量接入灭过菌的种子罐培养基中，37℃，200r/min，培养 16h 后，做镜检和杂菌检验。

经上述步骤培养合格的三株菌分别接入固体培养基进行固体发酵培养，培养结束后按比例混合，具体如下：固体培养基选用麸皮、豆粕、玉米粉、米糠的混合物（要求麸皮、豆粕、玉米粉、米糠无杂质、无霉变），固体培养基中可添加少量微量元素，将配制好的固体培养基进行 121℃、压力 0.1MPa 下灭菌 30min后，冷却至 30～40℃，再将上述培养合格的三株菌分别接入固体培养基进行固体发酵培养，接种量在 $1×10^3～2×10^3$ cfu/g。在密闭无菌容器中进行固体发酵培养，将接种好的料均匀摊铺在底部多孔的金属盘内，料厚 1～5cm，再将料盘放到无菌培养室（P2 级生化实验室标准）的培养架上，层层叠放。发酵时，培养最适温度为 37℃ （室温控制在 35～40℃），湿度保持 45％～60％，pH 值保持在 6.8～7.5，定期翻动物料以降低温度，保持蓬松，发酵 36～40h 后，得到发酵产物的颜色为深黄褐色，带有浓浓的香味，活菌含量一般不小于 150 亿个/g。

采用沸腾干燥机对上述发酵产物进行沸腾干燥，干燥温度小于 50℃，当水分小于 10％时，即干燥完成。然后用 25 目左右的振荡筛对干燥好的料进行过筛，将小于 25 目的麸皮、豆粕、玉米粉、米糠培养基筛掉，最后对所得的混合物进行压片制剂，压片前分别测试上述三株菌的活菌含量（枯草芽孢杆菌 KX-1 的菌数达 2.5×10^8 cfu/g 以上，KX-2 的菌数达 1.5×10^8 cfu/g 以上，KX-4 的菌数达 2.0×10^8 cfu/g 以上），将菌混合物倒入压片机的料斗内进行压片。

复合型活菌生物净水剂中还可以包含枯草芽孢杆菌 KX-3 CCTCC No. M208059 或枯草芽孢杆菌 KX-5 CCTCC No. M208061 中的一种或两种。KX-3 和 KX-5 的单克隆培养方法与 KX-1、KX-2、KX-4 相同，单克隆培养合格后的 KX-3 和 KX-5 中的一种或两种可以与 KX-1、KX-2、KX-4 一同接入固体培养基进行混合固体发酵培养，最后进行制剂。

性质与用途：本品生物净水剂能有效去除水中氨氮和亚硝酸盐，改善水体污染；降解有机大分子，减轻水中富营养程度；并且本品的三株菌能将水体内的有机大分子物质分解成动植物能吸收的糖类、氨基酸、维生素、生物活性物质（激素）等，实现营养互补、协调共生，在水中增殖形成一个复杂而稳定的微生物系统。本品主要应用于水污泥环境治理以及水产养殖业和其他养殖场液体排放物的净化处理。

配方 6

原料配比：

原料名称	质量份	原料名称	质量份
枯草芽孢杆菌的变异菌株 1 号湿菌体	25	枯草芽孢杆菌的变异菌株 4 号湿菌体	10
枯草芽孢杆菌的变异菌株 2 号湿菌体	40	微晶纤维素	70
		沸石粉	150
枯草芽孢杆菌的变异菌株 3 号湿菌体	25		

注：本品各组分质量份配比范围：枯草芽孢杆菌的变异菌株 1 号湿菌体 10～30、枯草芽孢杆菌的变异菌株 2 号湿菌体 20～45、枯草芽孢杆菌的变异菌株 3 号湿菌体 15～30、枯草芽孢杆菌的变异菌株 4 号湿菌体 5～30、微晶纤维素 50～100、沸石粉 140～160。微晶纤维素可用甲基纤维素、羧甲基纤维素、乙基纤维素、羟丙甲基纤维素替代。沸石粉可用淀粉、羧甲淀粉替代。

制备方法：

① 制粒：取枯草芽孢杆菌的变异菌株 1 号、2 号、3 号和 4 号的湿菌体，另

加微晶纤维素，搅拌混合 30～40min，制成直径为 1～2mm 的颗粒，在 50～60℃干燥 25～45min，得含水量 2%～10% 的粒状原料。

② 压干片。取上述制得的原料 50 份，加入经高压灭菌的沸石粉，混合均匀，压制成直径、厚度和质量分别为 2.5cm、0.6cm 和（10±0.5）g 的圆形干片，每片含活菌数 80 亿～100 亿个。

③ 封装。将上步制得的干片装瓶封口，即得复合型活菌生物净水剂。

性质与用途：本品中的活菌是枯草芽孢杆菌变异菌株 1 号、2 号、3 号和 4 号，不仅能分解水产养殖池水中的氨氮、硝酸氮以及过剩饲料和水产排泄物的大分子有机物，而且生命力强、繁殖快，投放水产养殖池后，能迅速改善池水的水质，有助于水产健康地生长发育和提高水产养殖的产量和质量。且用本品制备的复合型活菌生物净水剂是干片，活菌生活稳定性好，适于长期储藏和运输，使用方便。本品主要应用于水产养殖池水质净化。

配方 7

原料配比：

原料名称	质量份
聚合铝铁盐	1
过硫酸盐或过硫酸氢盐	1～5

注：本品各组分质量份配比范围：聚合铝铁盐 1、过硫酸盐或过硫酸氢盐 1～5。

制备方法：将各组分混合即可。

性质与用途：本品中聚合铝铁盐既是絮凝剂，又是氧化剂过硫酸盐或过硫酸氢盐的催化剂，因此通过絮凝和氧化两个过程，达到净化水质、消毒杀菌的双重作用。本品广谱、高效、无毒、无刺激性，不含氯，没有消毒的副产物，对人体和环境安全友好；本品通过催化反应起作用，硫酸自由基缓慢释放，因此杀菌时间长，均匀杀菌；性质稳定，计量准确，操作简易，成本低廉。本品广泛适用于井、河、塘等饮用水体消毒，野外作业、地震和洪涝灾区饮用水消毒等，还可应用于自来水、二次供水、食品饮料用水的水质处理，水产及畜禽类养殖行业的消毒杀菌，生产工艺用水、工业循环水、空调用水的杀菌、除藻。

使用方法：按照每 1000L 饮用水投加 20～100g 复合消毒药剂的比例向水中投加，缓慢搅拌，聚合铝铁盐不断水解，产生氢氧化铝和氢氧化铁沉淀，氢氧化物沉淀的絮凝作用净化水质，过硫酸盐或过氧硫酸氢盐经过水中铁离子的催化，产生硫酸根自由基，氧化活性的硫酸自由基能够杀死水中的微生物，同时降解无机和有机污染物，达到净化水质和消毒的双重作用。

配方 8

原料配比：

原料名称		质量份
A组分	磷酸氢钙	8～12
	磷酸二氢钠	16～22
	亚硒酸钠	0.2～0.8
	硫酸镁	0.3～0.6
B组分	D,L-蛋氨酸	0.1～0.4
	L-赖氨酸盐	0.3～0.6
	色氨酸	0.1～0.3
	苏氨酸	0.1～0.3
	甜菜碱	0.1～0.4
	虾素素	0.1～0.4
	葡聚糖	1～3
	肽聚糖	0.2～0.6
	酵母	1～3
	脂多糖	1～3
C组分	腐植酸钠粉	20～40
	硫代硫酸钠粉	5～15
	硫酸铝钾粉	5～15
D组分	甘草	0.2～0.6
	绿豆粉	0.5～1.5
	五加皮	0.1～0.4
	党参	0.1～0.5
	陈皮	0.1～0.5
	川芎	0.1～0.4
	栀子	0.1～0.3
	石膏	1～3
	白鲜皮	0.2～0.6
	大青叶	0.2～0.6
	黄柏	0.3～0.6
	板蓝根	0.2～0.6
	佩兰	0.2～0.6
	柴胡	0.2～0.4
E组分	维生素 B_1	0.3～0.6
	维生素 B_2	0.3～0.6
	氯化胆碱	0.5～2
	维生素 B_5	0.3～0.6
	维生素 B_6	0.1～0.2
	维生素 B_{12}	0.1～0.3
	维生素 C	0.1～0.4
F组分	叔丁基对羟基茴香醚	0.1～0.3
	维生素 E	0.1～0.3

注：所述 A 组分为至少一种选自磷酸氢钙、磷酸二氢钠、亚硒酸钠、硫酸镁；所述 B 组分为至少一种选自 D,L-蛋氨酸、L-赖氨酸盐、色氨酸、苏氨酸、甜菜碱、虾素素、葡聚糖、肽聚糖、酵母、脂多糖；所述 C 组分为至少一种选自腐植酸钠粉、硫代硫酸钠粉、硫酸铝钾粉；所述 D 组分为至少一种选自甘草、绿豆粉、五加皮、党参、陈皮、川芎、栀子、石膏、白鲜皮、大青叶、黄柏、板蓝根、佩兰、柴胡；所述 E 组分为至少一种选自维生素 B_1、维生素 B_2、氯化胆碱、维生素 B_5、维生素 B_6、维生素 B_{12}、维生素 C；所述 F 组分为至少一种选自叔丁基对羟基茴香醚、维生素 E。

制备方法：①将 B 组分与 E 组分混合，采用微粉机进行粉碎后搅拌均匀，密封至少 10 天；②将 C 组分采用微粉机进行粉碎，再与 A 组分混合搅拌均匀；③将 D 组分粉碎后，与 F 组分混合搅拌；④将上述所得各产物混合，搅拌均匀即可。

性质与用途：本产品通过促进养殖水体中浮游生物的生长，加速水体处理速率，提高水体的自净化能力，促进水体环境改善，不会对水体中的鱼类造成影响，不会造成二次污染。

配方 9

原料配比：

原料名称	质量分数/%	原料名称	质量分数/%
沸石(NH_4^+ 代换量大于 140mL/100g 的斜发沸石)	70~85	活性炭	10~25
		天然黏合剂(钙基膨润土)	5

制备方法：①对沸石进行破碎、粉磨、烘干活化、改性处理；②对活性炭进行破碎、粉磨、烘干、改性处理；③将上述二者经充分混合后加入天然黏合剂，采用常规的对辊式挤压造粒法或团粒法制成直径 1~10mm 球形或圆柱形颗粒。

性质与用途：本产品无毒、无害、无二次污染，对去除水中的氨氮、氟、磷、放射性铯（^{137}Cs）和锶（^{90}Sr）、有机污染物及重金属具有显著效果，是对生活用水、工业废水、生活污水、水产养殖水及江河湖井水进行净化处理的理想产品。

配方 10

原料配比（质量份）：

原料名称	1	2	3	4	5
芽孢杆菌群	8.5	10	12	7	18
硝化菌群	4.5	5	7	3	10
放线菌群	6	5	6	2	10
硅藻精土	72	71	65	80	50
二氧化钛	9	9	10	8	12

注：本品各组分质量份配比范围：芽孢杆菌群 7~18、硝化菌群 3~10、放线菌群 2~10、硅藻精土 50~80、二氧化钛 8~12。

制备方法：

① 取硅藻精土、二氧化钛、枯草芽孢杆菌粉剂、硝化细菌粉剂、放线菌群粉剂，上述粉末成分在常温（10~30℃）、常压和低湿度（55%~70%）条件下混匀复配后即得到粉末状混合物，该粉末混合物为微黄色粉剂型。

② 将复配后的粉末混合物在低温（4~12℃）条件下进行抽湿干燥，使混合物的水分小于 12%，然后装入预装罐容器中。

③ 取干燥后的粉末混合物装入容器中，按量装入包装袋，真空密封包装，

并贴上标签及注明生产日期。

性质与用途：本品是由天然硅藻精土、纳米二氧化钛、枯草芽孢杆菌、硝化细菌和放线菌组成，可以安全应用于无公害水产养殖中，且能高效降解水体中由水产养殖产生自身污染的有害物质——过多的氨盐、过多的亚硝酸盐和过多的磷酸盐，同时能较显著地提高水产动物的免疫力。本品筛选了合适的微生物附着基质，从面扩大分解者——微生物的生存空间。要求有益微生物生长快，脱氮、脱磷能力强，对外界不良环境有较强的缓冲能力，适应于淡水及海水环境。

本品通过有益微生物菌群受到保护性修复，确保养殖系统的生态平衡，可做到少用、不用抗生素，少换水、不换水。

本品采用的技术是基于生态平衡原理，采用硅藻精土-基质＋二氧化钛-基质＋有益微生物菌群的新工艺，弥补了传统的微生态制剂只注重微生物菌群数量而忽视微生物的生存环境保护的缺陷。

本品扩大强化分解者的种类和数量，从而打破生态系统的"瓶颈"，疏通物质循环途径，使污染物得到及时的降解和转化，以保持生态平衡。

① 使用面广，海水、淡水、咸淡水都可以使用，既能降解水中的有机物，又能降解水底的有机物。

② 降氨能力强，亚硝态氮下降速度快。总氨态氮的日平均去除率达70％左右，亚硝态氮的最大去除率达50.0％。降氨氮时间短，仅需3～4天；滤床成熟时间为14天（水温25～27℃），净化水质效果明显。

③ 微生物菌群数量稳定，并可抑制有害微生物生长。在试验过程中，一般在 $3.8 \times 10^6 \sim 5 \times 10^8$/mL。育苗水体施用本产品后，有益微生物大量繁殖，它们能分泌体外抗生素，这些抗生素能抑制有害微生物的生长。因此，用本产品滤床成熟后，水体中的弧菌数量明显减少，从而减少疾病的发生。

④ 运输、保存方便，使用简单。在30℃以下的环境下，不打开原包装，其微生物的活性和有效性可维持2年以上。使用时，不必像固体菌曲培养需微生物与培养基繁琐的分离手续。

⑤ 对养殖对象不仅无害，而且能促进生长。

本品主要应用于水产养殖水的净化。

使用方法：本品使用十分简单，只需计算好水的体积，1t水用30g本产品（即30mg/L）。将该净水剂称重后，放入塑料桶中，加入20～30倍的洁净水，充气24h（或定期搅拌6～8次），以激活微生物孢子，形成乳白色的悬浊液，然后再将该悬浊液全池泼洒。20天以后每亩（1亩＝666.67m²，下同）补加本产品500g，50天以后每亩250g。

配方11

原料配比（质量份）：

原料名称		1	2	3
供氧剂	过氧化钙(活性氧 17.6%)	23.5	29.6	—
	过碳酸钠(活性氧＞14%)	—	—	69
固化剂	石膏(或硅酸钙)	23.5	22.2	—
pH 调整剂	磷酸二氢钾	44.1	—	—
	硫酸锌	—	44.4	—
	无水氯化钙	—	—	27.5
催化剂	三氧化二铁	4.7	—	—
脱膜剂	滑石粉	2.9	—	2
	石墨	—	2	—
稳定剂	磷酸三钠	1.3	1.8	1.5

注：本品各组分质量份配比范围：供氧剂 10～70，pH 调整剂 10～50，固化剂 0～30，脱膜剂 2～8，稳定剂 0～2，催化剂 0～10。供氧剂可以是过碳酸钠、过氧化钙。pH 调整剂可以是磷酸二氢钾、磷酸二氢钠、硫酸锌、硫酸镁、无水氯化钙。固化剂可以是石膏、硅酸钙。脱膜剂可以是石墨、滑石粉、硬脂酸镁。稳定剂可以是硅酸盐、磷酸盐。催化剂可以是三氧化二铁。

制备方法：

1 号的制备：将各组分混合均匀后，用压片机压片，制成直径为 12mm、厚 5mm、质量0.9～1g的片剂。

2 号的制备：将各组分先用 10t/cm² 压力机压成片状，然后再粉碎成直径 4mm 左右的颗粒，即得到活性氧大于 5% 的供氧净水剂。

3 号的制备：将各组分先用 10t/cm² 压力机压成片状，然后再粉碎成直径 4mm 左右的颗粒，即得到活性氧大于 9% 的速效净水剂。

性质与用途：本品的主要成分均为鱼类所需的营养元素，溶于水中呈中性，不含有害物质，不会毒化水质，而且能将水中因残余饵料、鱼的排泄物及有机物腐烂产生的硫化氢、亚硫酸盐等氧化分解，并且根据不同的用途选择不同的配方和剂型能有效地控制放氧时间和速度，使用时直接投撒，十分方便。本品为化学供氧净化剂，主要用于解决水产养殖过程中因水中溶氧量不足及水质恶化而造成养殖物死亡的难题。1 号产品用于活鱼长途运输、储存、观赏鱼养殖；2 号产品用于防止池鱼浮头、稻田养鱼、冰封季节水下供氧、防止近海发生赤潮；3 号产品用于池鱼发生浮头时的急救。

配方 12

原料配比：

原料	食用明矾	食用碱面	漂白粉	食用磷酸钠	滑石粉	大蒜粉	板蓝根	食盐
质量份	40	10	10	10	5	10	10	5

注：本品各组分质量份配比范围：食用明矾 5～95，食用碱面 10～50，漂白粉 10～50，食用磷酸钠 10～50，滑石粉 5～50，大蒜粉 5～30，板蓝根 5～30，食盐 1～5。

制备方法：先把食用明矾、食用碱面、漂白粉、食用磷酸钠、大蒜粉、板蓝根、食盐粉碎为 325 目，滑石粉粉碎为 600 目，将上述原料充分混合、晾干包装后即为产品。

性质与用途：本品为复合配方：中草药板蓝根、大蒜粉，可杀灭病毒细菌，无毒无害而且易生物降解；漂白粉起除臭作用；食用明矾、碱面、磷酸钠、食盐为食品级原料，起净水作用。杀菌、除臭、净水三合一的复合配方，无毒无害、安全环保、原料易得、价格低。本品主要应用于海水、淡水的养殖。

配方 13

原料配比（质量份）：

原料	1	2	3	4	5	原料	1	2	3	4	5
30%的过氧化氢水溶液/mL	250	250	250	250	250	工业无水硫酸钠	337	638	500	467	638
焦磷酸二氢钠	0.41	—	3	2.75	0.85	氯化钠	68	34	50	50	68
乙二胺四乙酸二铵	—	4.1	3	—	—	壳聚糖	3.3	2.95	56	—	适量
						聚乙烯醇	—	—	—	22.5	—

制备方法：

① 合成。室温下将质量分数 20%～50% 的过氧化氢水溶液加入带有搅拌的反应瓶中，并加入相当于过氧化氢质量 0.005～0.05 倍的稳定剂，再加入相当于过氧化氢质量 5 倍的无水硫酸钠，搅拌，使硫酸钠充分溶解，然后在搅拌下慢慢加入相当于过氧化氢质量 0.5 倍的氯化钠，反应 1～2h，反应混合物在 0～15℃ 结晶，过滤，母液部分循环回反应瓶，滤饼在常压或减压下于 45～100℃ 干燥，即得硫酸钠/过氧化氢/氯化钠三元加合物。

② 包膜。将硫酸钠/过氧化氢/氯化钠三元加合物加入包膜设备（可以选用旋转滚筒、流化床或旋转炒锅），使其处于运动状态，将包膜剂配成质量分数 0.05%～5% 的水溶液，经喷嘴雾化在运动着的硫酸钠/过氧化氢/氯化钠三元加合物上，水分蒸发以后即得产品。

本品是经包膜剂包膜处理的硫酸钠/过氧化氢/氯化钠三元加合物。

所述的硫酸钠/过氧化氢/氯化钠三元加合物合成过程中添加了相当于过氧化氢质量 0.005～0.05 倍的稳定剂。硫酸钠/过氧化氢/氯化钠三元加合物与包膜剂的质量配比为 1：（0.01～0.05）。

稳定剂可以是磷酸钠、磷酸二氢钠、焦磷酸二氢钠、乙二胺四乙酸、乙二胺四乙酸二钠、乙二胺四乙酸二铵或它们之间的复配物。

包膜剂可以是聚乙烯醇、明胶、乙基纤维素、羧甲基纤维素、壳聚糖或它们之间的复配物。

性质与用途：本品溶于水中呈中性，不含有毒有害物质，安全无污染，不但能在养殖水体中释放氧气，同时可氧化降解养殖水体中的有毒有害物质，杀灭病原微生物，有效解决养殖水体缺氧和水质恶化等问题。

本品制备工艺科学合理，能避免原料或生产过程中混杂的铁、铜、锰等金属离子导致过氧化氢和产品的分解，提高产率及产品中活性氧含量；克服了现有产品的不足，可通过选择包膜剂的类型和包膜剂的用量来控制包膜层的厚度，达到控制释氧速度、提高净水效率的目的。

本品设备投资少，原料易得，储存及运输方便，使用安全，效果好。本品适用于水产养殖业。

配方 14

原料配比（质量份）：

1. 活化蒙脱石

原料	1	2	3	原料	1	2	3
蒙脱石	1	1	1	蒸馏水	10	20	15

2. 微生物净水剂

原料	1	2	原料	1	2
对数生长期凝结芽孢杆菌菌液	1	1	活化蒙脱石	2	1

注：本品各组分质量份配比范围：对数生长期的凝结芽孢杆菌菌液 1、活化蒙脱石 1～2。所述活化蒙脱石包括：蒙脱石 1、蒸馏水 10～20。

制备方法：

① 将蒙脱石在搅拌均匀并静置后的蒸馏水中浸泡 24～36h，使其在水中分散制成悬浮液，过 200～300 目筛后静置，沉降 24h，提取液面下 10～15cm 深度以上的悬浮液，离心干燥后得到粒径小于 0.5μm 的活化蒙脱石。

② 将对数生长期的凝结芽孢杆菌菌液和活化蒙脱石以质量比为 1:（1～2）的比例，在需氧条件下混合共培养，培养温度为 30～35℃，培养增殖时间为 24～48h，室温风干后得固定有凝结芽孢杆菌的活化蒙脱石颗粒，室温下保存。

性质与用途：本品养殖水体用微生物净水剂采用活化蒙脱石作为固定化载体，以凝结芽孢杆菌为固定化对象，通过培养增殖，固定化菌量大，富集效率高；凝结芽孢杆菌经固定化后不仅仍可保持较高的活性，还可受到活化蒙脱石保护免受其他生物摄食，并能迅速沉入池塘水底水-沉积物交界面发挥净化水质的作用，不易流失，延长了修复作用周期；活化后的蒙脱石具有更大的吸附性能，可以更加有效地吸附水-沉积物交界面的污染物，利于固定后的凝结芽孢杆菌对污染物的降解，提高了吸附降解污染物的作用效率；所用的材料全部无毒无害，无二次污染，且成本低廉，便于运输和储存，可实现规模化生产。本品主要应用于养殖水体用微生物净水剂。

使用方法：本品养殖水体用微生物净水剂在使用时需均匀地撒在养殖池塘水体的水-沉积物交界面，根据不同养殖期，使用量为 50～100g/m²。

配方 15

原料配比：

1. 种子液培养基（g）

原料	质量	原料	质量
牛肉膏	3	琼脂	15～20
蛋白胨	10	水	加至1L
NaCl	5		

2. 一级种子培养基（质量份）

原料	质量	原料	质量
花生饼	1	硫酸铵	0.02
玉米浆	0.5	硫酸镁	0.01
蛋白胨	0.15	碳酸钙	0.08
糊精	0.3	水	余量

3. 大罐发酵培养基（g）

原料	质量	原料	质量
玉米粉	3.17	葡萄糖	5
大豆粉	5.8	硫酸铵	1
蛋白胨	3.62	$MgSO_4 \cdot 7H_2O$	1.5
$MnSO_4 \cdot H_2O$	1.06	KH_2PO_4	3

4. 粉剂

原料	1	2	3	4	5	原料	1	2	3	4	5
复合芽孢杆菌	35	45	50	40	55	玉米面	50	—	30	50	—
硝化细菌	15	15	20	10	16	面粉	—	40	—	—	29

注：本品各组分质量份配比范围：复合芽孢杆菌35～55、硝化细菌10～20、辅料25～55。其中，复合芽孢杆菌优选高效复合芽孢杆菌。

5. 复合芽孢杆菌（质量份）

原料	1	2	3	4	5
巨大芽孢杆菌	6	10	14	15	10
枯草芽孢杆菌	23	20	16	25	20
地衣芽孢杆菌	18	20	23	15	20
短芽孢杆菌	33	30	24	30	30
Nitrifer细菌	20	20	23	15	20

注：复合芽孢杆菌包括以下组分：巨大芽孢杆菌为5～15、枯草芽孢杆菌为15～25、地衣芽孢杆菌为15～25、短芽孢杆菌为25～35、Nitrifer细菌为15～25。

制备方法：菌种发酵取巨大芽孢杆菌、枯草芽孢杆菌、地衣芽孢杆菌、短芽孢杆菌、Nitrifer细菌等菌种，分别按下列发酵条件发酵。

① 种子液制备。培养基为牛肉膏、蛋白胨、NaCl、琼脂、水，pH值7.4～7.6，灭菌，冷却后接入菌种，然后在摇床上（28～30℃）摇16h（150r/min）。

② 一级种子制备培养基。花生饼、玉米浆、蛋白胨、糊精、硫酸铵、硫酸镁、碳酸钙、水，pH＝7.4～7.6，灭菌，冷却后接入种子液，按照1%接种，28～30℃培养。

③ 大罐发酵培养基。玉米粉、大豆粉、蛋白胨、$MnSO_4 \cdot H_2O$、葡萄糖、硫酸铵、$MgSO_4 \cdot 7H_2O$ 和 KH_2PO_4 时，MA139 发酵 18～24h 灭菌，冷却后接入一级种子液，按照1%接种，28～30℃培养至菌密度为$(4～5) \times 10^9$个/mL。

④ 取发酵菌液，加入 0.05%～0.25% 的絮凝剂 A 和 0.15%～0.5% 的絮凝剂 B；经一级固形物分离器去除 60%～70% 的水，得到浓缩液；再经二级固形物分离器分离，得到成形的含固量在 30%～45% 的固形物；将各种菌的发酵菌液经上述步骤获得的固形物及辅料按前述比例混合；将混合物经真空干燥后即可获得粉状生物净水剂。辅料可选用常规辅料中的一种或多种，如玉米面、面粉等。玉米面和面粉可单独使用，也可按照一定比例混合而成。

性质与用途：本品的制备方法特点在于可浓缩提高菌体浓度，降低干燥成本，相对于液体同类产品延长货架寿命，增强了产品的稳定性和使用效果，同时也可降低包装和运输成本。

本品用于污染的水体后，可起到下列作用。

① 分解有机质（残饵、粪便、浮游动植物残骸等有机物），减少底泥沉积。

② 转化氨氮和亚硝酸氮为无毒无害的硝酸盐，然后为藻类吸收利用或者经反硝化细菌的作用转化为氮气。

③ 减少有机污物耗氧，促进有益藻类光合作用，增加养殖水体的溶解氧。

④ 促进浮游生物繁殖，营造适宜的养殖水色，降低饲料系数，提高饲料的利用效率。

本品可用于污染的水体如养殖水、育苗水等的净化处理，改善水质，分解底泥（降低有机物的含量，降低氨氮和亚硝酸氮），为水产养殖动物提供一个优良的水质环境。

使用方法：用池塘水适当稀释后直接泼洒入池塘中，每亩施用 40～100g。

配方 16

原料配比：

菌种和培养基	原料	质量份	菌种和培养基	原料	质量份
活化斜面菌种	葡萄糖	20	二级液体活化培养基	葡萄糖	20
	尿素	4		尿素	2
	蛋白胨	10		蛋白胨	10
	酵母膏	10		酵母膏	10
	琼脂	20		酵母粉	5
	玉米浆	6		玉米浆	10
一级液体活化培养基	葡萄糖	20	发酵培养基	葡萄糖	20
	尿素	4		尿素	2
	蛋白胨	10		蛋白胨	10
	酵母膏	10		酵母膏	10
				酵母粉	3
	玉米浆	6		玉米浆	6

注：本品各组分质量份配比范围如下：活化斜面菌种包括：葡萄糖 19～21、尿素 3～5、玉米浆 5～7、蛋白胨 9～11、酵母膏 9～11、琼脂 19～21。一级液体活化培养基包括：葡萄糖 19～21、尿素 3～5、玉米浆 5～7、蛋白胨 9～11、酵母膏 9～11。二级液体活化培养基包括：葡萄糖 19～21、尿素 1～3、玉米浆 9～11、蛋白胨 9～11、酵母膏 9～11、酵母粉 4～6。发酵培养基包括：葡萄糖 19～21、尿素 1～3、玉米浆 4～8、蛋白胨 8～12、酵母膏 8～12、酵母粉 2～5。

制备方法：

① 分别打开地衣形芽孢杆菌 AS1.813、巨大芽孢杆菌 ACCC10008、白地霉 AS2.1175、恶臭假单胞菌 AS1.1003、链杆菌 AB93179 六种菌种的冻干管，用常规方法挑选生长最快、菌落最大的单菌落，用接种针接种于保藏斜面上培养。

② 斜面菌种活化。将培养好的保藏斜面种分别划线于以上新配制的不同生产斜面上进行活化。

③ 菌种的一级液体活化。将上述培养好的活化斜面用接种环分别接种一环于不同一级液体活化培养基中进行培养，使液体种的菌数达 2.0×10^9 cfu/mL 以上。

④ 种子罐二级液体活化种培养。将上述分别培养好的六种一级液体活化种摇匀后在无菌条件下等量混合，然后按 1%～5% 接种量接入种子罐二级液体活化培养基中，通气培养 8～10h，待菌数达 1.0×10^9 cfu/mL 以上，停止培养。

⑤ 大发酵罐中的培养。将上述培养好的二级液体活化种按 10%～20% 的接种量接入装有已消毒好培养基的发酵罐中进行培养，30～36℃，风量为 20～30m³ 空气/(m³ 培养基·h)，进行通气培养 6～8h，同时发酵 1～2h 后开始流加，流加速度按 0.01～0.03m³ 营养补充培养基/(m³ 发酵液·h)，发酵 4～5h 后停止流加。待菌数达 5.0×10^9 以上，停止发酵培养。

性质与用途：本品通过六种不同微生物均大种量接种、发酵过程中适当流加溶解好的高浓度葡萄糖和酵母膏溶液，使发酵液中碳源和氮源营养相对恒定，同时，发酵全过程采用恒温、大风量工艺，从而使得六种菌均能均衡、快速生长，该生产方法发酵工艺简单、发酵周期短，发酵完毕主要发酵营养成分基本消耗完，发酵结束后每种菌的浓度均达 10^9 cfu/mL 以上。该技术生产出的微生物净水剂产品由于具有以上特点，因而具有保质期长、使用效果显著及长效性等优点，该技术有效地克服了现有技术的不足。该产品在水产业中用于养殖水体的水质净化，淡、海水养殖全过程均可使用，每亩（水深 1m）首次施放 1kg，以后根据水质污染程度的轻重，每 20～30d 施放 0.5～1kg，可以长时间保持水质状况良好。根据水质污染程度的轻重施加不同的用量。本品主要应用于养殖水体的水质净化。

配方 17

原料配比：

原料	质量份	原料	质量份
牡丹提取物	1～100	徐长卿提取物	1～100

注：牡丹为毛茛科植物牡丹（*Paeonia moutan* Sim）的干燥根或新鲜叶。徐长卿为萝摩科植物徐长卿 [*Cynanchum paniculatum*（Bge.）Kitag] 的干燥全草。

制备方法：

① 牡丹根或叶的提取。牡丹根或叶置于提取罐中，加入 5～20 倍量的生活用水，加热 100～120℃蒸馏，收集 2～40 倍蒸馏液，经 101 大孔吸附树脂分离，流速为 20kg/h，收集 20 倍分离液即得。

② 徐长卿的提取。取徐长卿置于提取罐中，加入 5～20 倍量的生活用水，加热 100～120℃蒸馏，收集 2～40 倍蒸馏液，经 101 大孔吸附树脂分离，流速为 20kg/h，收集 20 倍分离液即得。

③ 复配。取牡丹提取物、徐长卿提取物混合均匀，有效成分含量不低于 0.3mg/mL。

④ 分装。将滤过的混合液放入不锈钢容器中灌装得成品。

性质与用途：经检测，5～10mg/L 杀灭水体微生物，牡丹、徐长卿提取物净水剂可快速、广谱、接触性杀灭致病菌。仅 3～7mg/L 就能全部杀灭总大肠菌群、耐热大肠菌群、大肠埃希菌，在致病菌生长季节，用净水剂来控制就能达到净水的目的。对水质不会造成污染，同时对鱼、虾、蟹、水生物等没有任何毒性。本品主要应用于养殖水质净化。

配方 18

原料配比：

原料	质量份	原料	质量份
芽孢杆菌	54～56	沼泽红假单胞菌	24～26
硝化细菌	19～21		

制备方法：

① 取芽孢杆菌，在 35℃左右的环境下，液体发酵 24h，再固体发酵 48h，在 35～50℃中烘干、粉碎，经 40～60 目过筛，备用。

② 取沼泽红假单胞菌，在见光 28℃的环境中液体发酵 7～10d，再在 28～30℃的环境中固体吸附 24h，在 35～45℃中烘干、粉碎，经 40～60 目过筛，备用。

③ 取硝化细菌，在 35℃下固体发酵 40h，在 40℃中烘干、粉碎，经 40～60 目过筛，备用。

④ 检测芽孢杆菌、沼泽红假单胞菌和硝化细菌的活菌数，总菌数≥30 亿/g。

⑤ 混合均匀，成品包装即可。

本品为有益微生物群复合而成的活菌制品，呈固体粉末状态，内含芽孢杆菌、沼泽红假单胞菌、硝化细菌等，活菌数总含量为 30 亿/g。

性质与用途：活性微生物能有效改善池塘底质、水体水质，消除水中有机氨氮和亚硝基等的污染，增加溶氧，改善水体生态环境。能有效抑制养殖水体中病原微生物的生长，增强鱼虾免疫力，预防疾病。能改善水产品品质，促进鱼虾生长，提高产量，降低养殖成本。

对于大型猪场的液体排放物能通过发酵，抑制有害微生物生长繁殖，防止腐败，降低 BOD、COD 含量，降低环境污染程度。

本品主要应用于池塘水质净化。

配方 19

原料配比：

培养基	原料	质量份	原料	质量份
麦芽汁培养基	麦芽汁	1L	pH	自然
牛肉汁培养基	牛肉膏	5	氯化钠	5
	蛋白胨	10	pH	7.2
LB 培养基	蛋白胨	10	氯化钠	10
	酵母提取物	5	pH	7.2
扩大培养基	葡萄糖	0.5	磷酸盐	0.03
	氯化铵	0.5	硫酸镁	0.01
	蛋白胨	0.05		

注：本品各组分质量份配比范围：麦芽汁培养基包括麦芽汁 1L、pH 为自然；牛肉汁培养基包括牛肉膏 4~6、蛋白胨 9~11、氯化钠 4~6、pH 值 7.2；LB 培养基包括蛋白胨 9~11、酵母提取物 4~6、氯化钠 9~11、pH 值 7.2；扩大培养基包括葡萄糖 0.4~0.6、氯化铵 0.4~0.6、蛋白胨 0.04~0.06、磷酸盐 0.02~0.04、硫酸镁 0.01

制备方法：

① 菌种的培养。将牛肉汁培养基和 LB 培养基菌种分别接种于其合适的培养基，30℃进行摇床 200r/min 好气培养 2d。

② 菌种的配伍及低温硝化菌剂的制备。6 株菌种经过分别培养后，将其各自的培养物按照等体积的比例混合，即制成育苗和养殖水源净水菌剂。由此制成的菌剂也可以直接用于养殖水源的 COD 和氨氮去除处理。该养殖海水净水菌剂按 5％的接种量接种于人工配制的含 COD 30mg/L、氨氮 5mg/L 的模拟养殖海水中，在 25℃条件下摇床培养进行去除氨氮实验，30mg/L 的 COD 和 5mg/L 的氨氮经 50min 的反应即可基本被去除。

③ 扩大培养和挂膜。扩大培养：按 10％的接种量接种，曝气培养，夏天室温、冬天控制扩大培养温度 20℃，1 周为一个培养周期。

挂膜：采用工厂化育苗和养殖循环海水净水菌剂直接挂膜或采用扩大培养物挂膜（在扩大培养的同时也可将部分填料放在培养池中挂膜）。按 5％的量将循环海水净水菌剂或扩大培养物加到生物反应器中（接触氧化反应器、SBR 反应器、UASB 反应器），反应器中装有浸没式填料（所用材料不限，主要是低表面势能的高分子材料制成的弹性填料、球形填料，天然植物载体填料等），并保证比表面积达到 300m²/m³ 以上，闷曝挂膜 2 周，使循环海水净水菌剂均匀、充分地附着在载体填料的表面，期间控制溶解氧 4mg/L 左右。

④生物处理系统的启动与预运行。生物反应器填料挂膜完成后，先控制水力停

留时间 200min 流量进水运行 2d，然后逐步均匀加大流量，至预运行 2 周，达到设计流量即控制水力停留时间 40min 并继续预运行 1 周，期间控制溶氧 4mg/L 左右并维持 COD 为 20mg/L 左右，氨氮浓度 2mg/L 左右。

⑤生物处理系统的运行和管理。预运行完成后即可进行系统的运行，进行海水养殖或育苗循环水的 COD 和氨氮去除处理。在海产品的养殖或育苗期间由于溶氧较高，生物处理系统可以不曝气。在运行期间应不定期地往生物反应器中投加适量的碳源，同时最好能每月补充适量的循环海水净水菌剂，如果处于养殖或育苗间断期，应按预运行方案维持运行。

性质与用途：本品制成的菌剂也可直接用于养殖海水的 COD 和氨氮去除。该混合微生物净水菌剂可以产生脂肪酶、淀粉酶和蛋白酶，降解饵料残渣和养殖动物的排泄物，降低 COD，同时以硝化的方式以及同化的方式去除水体中的氨氮，尤其适合于具有与本循环海水净水菌剂适配的生物反应器的育苗和养殖水体超低浓度氨氮和 COD 的去除处理，采用循环海水净水菌剂直接挂膜或采用扩大培养物挂膜，在扩大培养的同时也可将部分填料放在培养池中挂膜。将循环海水净水菌剂或扩大培养物加到生物反应器中，如接触氧化反应器、SBR 反应器、UASB 反应器，反应器中装有浸没式填料，其中填料主要采用能吸附微生物菌体的低表面势能的高分子材料制成的弹性填料、球形填料、天然植物载体填料等。

本品的循环海水净水菌剂具有适应低 COD 和氨氮浓度发挥较高效率的能力，解决较低 COD 和氨氮浓度条件下的育苗和养殖水体的 COD 和氨氮处理，使出水达到海产品养殖和育苗的水质要求，实现越冬循环海水养殖和育苗以及常温下工厂化循环海水的高密度养殖和育苗。所以本品主要应用于工厂化高密度育苗和养殖循环淡水或海水的氨氮和 COD 的去除处理。

9
水质检验

水是我们生活中赖以生存的物质，除了同日常生活有关的自来水外，还有各种工业中使用的工业用水，农业、渔业、动力、运输等好多方面也都需要水。

利用水时，水质是需要重视的条件之一。而且，各种使用目的所要求的水质条件也不相同，必须掌握所使用的水是否符合这种条件。其次，按着需要为改善水质而进行处理，在这个过程中，也常常需要了解水质情况。那么能够正确分析水质变得非常重要。

9.1　水样采集

水质检验时，不可能也没有必要对全部用水进行测定，只能取其中很少一部分进行检验，用来反映水质状况，这部分水就是水样。将水样从水体中分离出来的过程就是采样。采集的水样必须具有代表性，否则，以后的任何操作都是无意义的。

根据采样方式的不同，样品可分为：瞬时水样、等比例混合水样、等时混合水样、综合水样、平均水样、其他水样。

① 瞬时水样。对于水体组成在较长时间和较大的空间范围内均变化不大，比较稳定的水体，采集瞬时样品能够代表水体组成。如果水体的组成会随时间发生变化，则需要在一定的时间间隔内进行瞬间采样，进行分析，获得水体质量的变化周期、程度和频率等。

② 等比例混合水样。指在某一时段内，在同一采样点位所采水样量随时间或流量成比例的混合水样。

③ 等时混合水样。指在某一时间段内，在同一采样点位按等时间间隔所采等体积水样的混合水样。

④ 综合水样。把从不同采样点同时采集的各个瞬时水样混合起来所得到的样品。综合水样在各点的采样时间越接近越好，以便得到可以对比的资料。综合水样是获得平均浓度的重要方式。

⑤ 平均水样。对于周期性差别很大的水体，按一定的时间间隔分别采样，分别测定后，取平均值为结果，对于性质稳定的待测项目，可将分别采集的水样混合后测定。

⑥ 其他水样。如水体污染事故调查等。采集该种水样，需要根据污染物进入水体的位置和扩散方向分布取点采集瞬时水样。

采集样本的过程中，为了保证水质量检测结果的真实性和有效性，一定要采集自然环境中的水，确保采集到的自然环境水不在采集的过程中受到外在的其他环境污染，防治采集到的水样发生水质分解问题。采集水资源样本是所有检测过程中的第一步，只有合理地采集到样本水源，才能确保后续水质量检测工作的正常开展。在采集样本水资源前，需要用合适的盐酸或者肥皂水清洗所要使用的容器，为保证样本水不会在容器内发生质变。同时不能使用纸质材料和木质材料的容器盖，以防容器盖的材料发生腐败影响水质。需要分析无机物、金属成分指标的水样应使用有机材质的采样容器，如聚乙烯塑料瓶等。对需要分析有机物和微生物学指标的水样应使用玻璃材质的采样容器。

在采集水样前，需要对采样容器进行反复冲洗，为保证样本水不因容器的影响而发生质变，通常测定一般理化指标的容器用水和洗涤剂清洗即可，除去灰尘、油垢后用自来水冲洗干净，然后用质量分数为10%的硝酸（或盐酸）浸泡8h，取出沥干后用自来水冲洗3次，并用蒸馏水充分淋洗干净。采样前应先用水样润洗采样器、容器和塞子2～3次。测定有机物指标时，需要按照以下方法处理采样容器：先用重铬酸钾溶液浸泡24h，然后用自来水冲洗干净，再用蒸馏水淋洗后置烘箱内180℃烘4h，冷却后再用纯化过的己烷、石油醚冲洗数次。检测水样中的溶解氧、生化需氧量和有机污染物时，在采集样本时，应注满采样容器，上部不留空间，并采用水封。检测水样中的油类成分时，在采集样本时，应在水面上至水面下采集柱状水样，全部用于测定，不能用采集的水样冲洗采样器。

检测水样中微生物学指标时，采样容器需用自来水和洗涤剂洗涤，并用自来水彻底冲洗后用质量分数为10%的盐酸溶液浸泡24h，然后依次用自来水、蒸馏水洗净，洗涤后干热或高压蒸气灭菌。做微生物检测的水样要直接采集，不可用水样涮洗已灭菌的采样瓶，并避免手指或其他物品污染瓶口。

测定油类、BOD_5、硫化物、微生物等指标时，需要单独采样。完成现场测定的水样，不能带回实验室再进行其他指标的检测。

城镇污水处理厂取样在污水处理厂进水口、处理工艺末端排放口。采样位置

应在采样断面的中心，当水深大于 1m 时，应在表层下 1/4 深度处采样；水深小

于或等于 1m 时，在水深的 1/2 处采样。在进水口和排放口应设污水水量自动计量装置、自动比例采样装置，应安装在线监测装置用于监测 pH 值、水温、COD、悬浮物等主要指标。采样频率为至少每 2h 一次，取 24h 混合样，以日均值计。

自动混合采样时，采样器可定时连续地将一定量的水样或按流量比采集的水样汇集在不同的容器中。

如图 9-1 所示的自动水质采样器，可根据需要输入采样时间间隔、采样量及采样时间，在线自动采集等时混合水样。

采样中要注意安全，防止污水管道系统爆炸性气体混合引起爆炸；防止有毒气体硫化氢、一氧化碳等引起中毒；防止缺氧引起窒息。

图 9-1 自动水质采样器

完成水资源的取样后，要及时封住瓶口并张贴样本的标签，清晰标注出样本采集的时间、温度和地点，及时输送样本到检测区域。

9.2 检验技术

水质检验可以采用化学法及仪器分析法。化学法即通过化学反应测定污染物的质量浓度，如各种滴定法（如酸碱滴定法、氧化还原滴定法等）。该种方法简单易操作，准确度较高，适用于测定污染物浓度较高的样品。仪器分析法是根据物质的电学性质、光学性质等物理化学性质进行分析，灵敏度高，适用于测定污染物浓度较低的样品，包括痕量成分分析。

9.3 水质物理指标的测定

通常需要测定的水质的物理指标包括悬浮物、色度、pH 值。

9.3.1 悬浮物的测定

生活污水中含有大量无机、有机悬浮物（suspended substance，SS），易堵塞管道、河道，使水体浊度增加、透光度减弱，阻碍了水生植物的光合作用，影响水生生物的呼吸和代谢，甚至造成鱼类窒息死亡，珊瑚礁难以形成。悬浮粒子能吸收日光的热能，使水温上升，溶解氧减少，其中有机悬浮固体还会消耗水中的溶解氧，使水域生态功能下降。悬浮固体可作为载体，吸附其他污染物质，随水流发生迁移污染，因此，SS 是污水一级处理的主要去除对象，是城镇污水进出水主要检验任务之一。其具体检验方法如下所述。

（1）称量法

① 首先用校准后的电子天平称量水样：先将空容器放在秤盘上，按清零键将空容器质量清零，然后将待称量物体放入容器中，待天平读数稳定后，即可读取质量读数。当所称量的样品容易吸水、氧化或易与二氧化碳反应时，一般使用差减法称量，避免称量过程中吸潮或发生化学反应。将适量样品装入洁净的干燥称量瓶内，置于天平秤盘中称取质量，记录或打印。然后，用左手以纸条套住称量瓶，将它从天平盘上取下，置于准备盛放试样的容器上方，并使称量瓶倾斜过来。右手用小纸片捏住称量瓶盖的尖端，打开瓶盖，并用它轻轻敲击瓶口，使试样慢慢落入容器内，注意不要撒在容器外，当倾出的试样接近所要称取的质量时，把称量瓶慢慢竖起。同时用称量瓶盖继续轻轻敲瓶口上部，使黏附在瓶口上的试样落下，然后盖好瓶盖，再将称量瓶放回天平盘上称量，记录或打印，两次称量之差即为样品质量。

② 准备滤膜：用扁嘴无齿镊子夹取滤膜放于事先恒重的称量瓶中，打开瓶盖，移入烘箱中于 103～105℃烘干 0.5h 后取出置于干燥器内冷却至室温，称其质量。反复烘干、冷却，称量，直至两次称量的质量差≤0.2mg。将恒重的滤膜正确地放在滤膜过滤器的滤膜托盘上。加盖配套的漏斗，并用夹子固定好，以蒸馏水湿润滤膜，并不断吸滤。

③ 抽滤、烘干：量取充分混合均匀的试样 100mL 抽吸过滤，使水分全部通过滤膜，再以每次 10mL 蒸馏水连续洗涤三次，继续吸滤以除去痕量水分。停止吸滤后，仔细取出载有悬浮物的滤膜放入恒重的称量瓶里，移入烘箱中于 103～105℃烘干 1h 后移入干燥器中，使冷却到室温，称其质量。反复烘干、冷却、称量，直至两次称量的质量差≤0.4mg 为止。

④ 计算：

$$\rho(SS) = \frac{(m_2 - m_1) \times 10^6}{V} \tag{9-1}$$

式中　$\rho(SS)$——SS 浓度，mg/L；

　　　m_2——悬浮物＋滤膜＋称量瓶质量，g；

　　　m_1——滤膜＋称量瓶质量，g；

　　　V——水样体积，mL。

（2）光学法　ZY-7200 在线悬浮物 SS 测定仪，如图 9-2 所示，配合各种远红外线探头测量水中悬浮固体物含量。探头附有一个 880nm 的红外线发光二极管（light-emitting diode，LED）光源，在单次的测量中，探头通过比较由 LED 放射的光线和由光电二极管接受的光线来得到固体悬浮物的值，此仪器主要用于污水处理最终排放悬浮性固体测定等，测量范围为 0～200mg/L、0～1500mg/L、0～10000mg/L、0～30000mg/L。

7110-MTF 悬浮固体/浊度分析仪如图 9-3 所示。连续在线分析测量悬浮固体浓度/浊度，利用光吸收或散射光技术，2 个光电检测器分别检测并相互进行分析，可对传感器的污垢和光源老化进行补偿。

图 9-2　ZY-7200 在线悬浮物 SS 测定仪　　　　图 9-3　7110-MTF 悬浮固体/浊度分析仪

9.3.2　色度的测定

污水常常是有颜色的，当污水中的溶解氧降低至零，污水所含有机物腐烂，则水色变为黑褐色，并产生异味。有色污水排入环境后会使天然水随之变色，导致水的透光性降低，影响水中生物的生长。所以色度也是一项重要的污水物理指标，其具体检验方法如下所述。

首先将水样静置，待其澄清后取上清液，或用离心法去除悬浮物，待水样中的大颗粒悬浮物沉降后，取上清液测定。然后采用稀释倍数法定量分析水的色度。即将水样按一定的稀释倍数用纯水稀释至接近无色时，记录稀释倍数，以此表示该水样的色度（colority），单位为倍。

具体操作方法：首先，制备光学纯水：将 $0.2\mu m$ 滤膜在 100mL 蒸馏水或去离子水中浸泡 1h，用它过滤 250mL 水或去离子水，弃去最初的 250mL，作为稀释水。取 100～150mL 澄清水样置于烧杯中，以白色瓷板为背景，观测并描述其颜色种类。然后分取澄清的水样，用光学纯水稀释成不同倍数。分取 50mL 置于 50mL 比色管中，管底部衬一白瓷板，由上向下观察稀释后水样的颜色，并与纯水相比较，直至刚好看不出颜色，记录此时的稀释倍数。

9.3.3　pH 值的测定

水的 pH 值低于 6 或者超过 9，饮用后将会对人、畜造成危害，使用会对管渠、设备等产生腐蚀作用，在水处理时也会影响处理效果。

其测定方法是以玻璃电极为指示电极，以 Ag/AgCl 等为参比电极或以饱和甘汞电极为参比电极，组成 pH 复合电极，放入电解液中。由于指示电极及参比电极之间的电动势的变化随着氢离子浓度的变化而变化，故可用电池或复合电极电动势发生偏移来表征水样的 pH 值。在 25℃ 时，每单位 pH 值标度相当于 59.1mV 电动势变化值，pH 值与电动势的关系可用下式表示：

$$E = K + 0.059 \text{pH} \tag{9-2}$$

通常用于测定 pH 值的设备为 pH 计，pH 计有温度补偿装置，可以校正由于温度变化对电极电位产生的影响。常数 K 需用仪器来定位或校准求出。需用标准缓冲液来校准，为提供精确性，可用 pH 值与水样接近的标准缓冲溶液来校准仪器。pH 计常用的标准缓冲溶液有：邻苯二甲酸氢钾溶液、磷酸二氢钾和磷酸氢二钠溶液、四硼酸钠溶液。

具体操作方法如下所述。

(1) 标准溶液的配制　用于校准仪器的标准缓冲溶液，按表 9-1 规定的数量称取试剂，溶于 25℃ 水中，在容量瓶内定容至 1000mL。水的电导率应低于 2μS/cm，临用前煮沸数分钟，赶走二氧化碳，冷却。取 50mL 冷却的水，加 1 滴饱和氯化钾溶液。测量 pH 值，如 pH 值在 6～7 之间即可用于配制各种标准缓冲溶液。

表 9-1　标准溶液配制

标准物质	pH 值/25℃	每 1000mL 水溶液中所含试剂的质量/25℃
邻苯二甲酸氢钾	4.008	10.12g $KHC_8H_4O_4$
磷酸二氢钾＋磷酸氢二钠	6.865	3.388g KH_2PO_4(1)＋3.533g $Na_2HPO_4$①,②
四硼酸钠	9.180	3.80g $Na_2B_4O_7 \cdot 10H_2O$②

① 标准物质需在 100～130℃ 烘干 2h。

② 用新煮沸过并冷却的无二氧化碳水配制。

(2) 校正仪器　开机预热 30min，进行调零、温度补偿及满刻度校正等。

(3) pH 定位　仪器开启 30min 预热后，进行 pH 值定位，将水样与标准溶液调到同一温度，记录测定温度，把仪器温度补偿调至该温度处。选用与水样 pH 值相差不超过 2 个 pH 单位的标准溶液校准仪器。从第一个标准缓冲溶液中取出电极，彻底冲洗，并用纸轻轻吸干。重复校准 1～2 次，再浸入第二个标准溶液中，其 pH 值约与前一个相差 3 个 pH 单位。如测定值与第二个标准溶液 pH 值之差大于 0.1pH 值时，就要检查仪器、电极或标准溶液是否有问题，当三者均无异常情况时方可测定水样。当水样 pH＜7 时，使用邻苯二甲酸氢钾标准缓冲溶液定位，以另外两种标准缓冲溶液复定位；如果水样 pH＞7.0 时，则用四硼酸钠标准缓冲溶液定位，以邻苯二甲酸或混合磷酸盐标准缓冲溶液复定位。如发现三种缓冲液的定位值不成线性，应检查玻璃电极的质量。

(4) 水样的测定　先用蒸馏水仔细冲洗电极数次，再用水样冲洗 6～8 次，然后将电极浸入水样中，小心搅拌或摇动使其均匀，待读数稳定后记录 pH 值。

9.4　有机物综合指标的测定

生活污水与工业废水中含有的大量各类有机物排入水域后，在水体微生物的作用下分解时消耗大量溶解氧（dissolved oxygen，DO），从而破坏水体中氧的平衡，使水质恶化，因缺氧造成鱼类及其他水生生物死亡，需氧有机物腐败发臭，并放出氨、甲烷、硫化氢等。

生活污水所含有机物主要来源于人类排泄物及生活活动产生的废弃物、动植物残片等，主要成分是碳水化合物、蛋白质与尿素、脂肪。由于尿素分解很快，故在城市污水中很少发现尿素。碳水化合物和蛋白质属于生物降解有机物，对微生物无毒害与抑制作用。食品加工、饮料等工业废水中有机物成分与生活污水基本相同，其他工业废水所含有机物种类繁多。

生化需氧量（biochemical oxygen demand，BOD）代表了可生物降解有机物的数量，BOD_5 间接表示有机物污染的程度，是污水处理中的一项重要参数，用来衡量生化处理过程中的净化效率。

9.4.1　生化需氧量的测定

生化需氧量是指在有氧条件下，微生物分解水中某些可氧化物质，特别是有机物所进行的生物化学过程中消耗 DO 的量。目前国内外普遍规定（20±1）℃培养 5 天，测定五日生化需氧量，即 BOD_5。取水样使其中含足够的 DO，将该样品同时分为两份，一份测定当日 DO 的浓度，另一份放入（20±1）℃培养箱内培养五日后再测其 DO 的浓度，二者之差即为 BOD_5 值，以氧的含量（mg/L）表示。

生化需氧量的测定方法通常采用稀释接种法。对大多数工业废水或生活污水，因含有较多的有机物，需要稀释后再培养测定，以降低其浓度和保证有充足的溶解氧，生活污水本身含有微生物，不需要接种微生物，对于不含或少含微生物的工业废水，在测定 BOD_5 时应进行接种，以引入能分解废水中有机物的微生物。当废水中存在不能被生活污水中的一般微生物以正常速度降解的有机物时，或者废水中含有剧毒物质时，应在水样中引入驯化后的微生物进行接种。对于污水或者是工业废水，通常需做三个稀释比。稀释的程度应使培养中所消耗的溶解氧大于 2mg/L，而剩余溶解氧在 1mg/L 以上。在两个或三个稀释比的样品中，凡消耗溶解氧大于 2mg/L 和剩余溶解氧大于 1mg/L，计算结果时，应取其平均值。若剩余的溶解氧小于 1mg/L 甚至为零时，应加大稀释比。溶解氧消耗量小于 2mg/L，有两种可能，一种是稀释倍数过大，另一种可能是微生物菌种不适应，活性差，或含毒性物质浓度过大，这时可能出在几个稀释比中，稀释倍数大的消耗溶解氧反而较多。水样稀释倍数超过 100 倍时，应先在容量瓶中用水初步稀释后，再取适量进行最后稀释培养。

经过特制的、用于稀释水样的水称为稀释水。为了保证水样稀释后有足够的溶解氧，稀释水通常要通入空气进行曝气（或通入氧气），使稀释水中溶解氧接近饱和，这样才能为五天内微生物氧化分解有机物提供充足的氧。

稀释水中还应加入磷酸盐调节 pH＝6.5～8.5，适合好氧微生物活动的最佳 pH 值为 7.2，加入钙、镁、铁盐等微量营养盐以维持微生物正常的生理活动。

为抑制硝化过程，可在每升稀释水样中加入 1mL 浓度为 500mg/L 的丙烯基硫脲（ATU，$C_4H_8N_2S$）或一定量固定在氯化钠上的 2-氯代-6-三氯甲基吡啶（TCMP），使 TCMP 在稀释样品中的浓度大约为 0.5mg/L。

本方法适用于测定 BOD_5 大于或等于 2mg/L，最大不超过 6000mg/L 的水样。当水样 BOD_5 大于 6000mg/L，会因稀释带来一定的误差。

测定溶解氧的方法称容量分析法，即滴定分析法（titrimetric method），根据标准溶液消耗量求得化学物质的浓度。用来求被测物质质量浓度的溶液称为标准溶液（已知准确浓度的溶液）。滴定终点可根据与指示剂反应生成颜色的变化来判定，也可从电位改变来判定。滴定分析仪器主要有滴定管、容量瓶、移液管及吸量管等。本方法利用碘的还原性和氧化性来求得溶解氧的质量浓度，这种方法称为碘量法，溶解氧测定常采用碘量法及其修正法。

水样中亚硝酸盐氮含量高于 0.05mg/L，二价铁低于 1mg/L 时，用 $Na_2S_2O_3$ 滴定水样时，到终点立即返回蓝色，水中可能有亚硝酸盐氧化 I^- 使之又变为 I_2，加入叠氮化钠使亚硝酸盐转化为氮气释放，修正亚硝酸盐的影响，此法适用于多数污水及生化处理水。水样中二价铁高于 1mg/L，二价铁会被空气中的氧氧化，产生干扰，采用高锰酸钾修正法修正。用吸管于液面下加入 0.7mL 硫酸、1mL 6.3g/L 的高锰酸钾溶液、1mL 400g/L 氟化钾溶液，盖好瓶盖，颠倒混匀，放置 10min，如红紫色褪尽，需再加入少许高锰酸钾溶液使 5min 内紫红色不褪，然后用吸管于液面下加入 2‰草酸钾溶液，盖好瓶盖，颠倒混合几次，至红色褪尽。生成 Fe^{3+} 的干扰通过加入氟化钾生成络离子除去。水样有色或有悬浮物，利用硫酸铝钾水解产生的氢氧化铝吸附作用，去除干扰。方法为：于 1000mL 具塞细口瓶中，用虹吸法注满水样并溢出 1/3 左右。用吸管于液面下加入 100mL 硫酸铝钾溶液，加入 1～2mL 浓氨水，盖好瓶塞，颠倒混匀，放置 10min。待沉淀物下沉后，将其上清液虹吸至溶解氧瓶内。含有活性污泥悬浊物的水样，于 1000mL 具塞细口瓶中，用虹吸法注满水样并溢出 1/3 左右。用吸管于液面下加入 10mL 硫酸铜-氨基磺酸抑制剂，盖好瓶塞，颠倒混匀。静置、絮凝沉淀后，吸出清液进行稀释和测定溶解氧。

具体操作方法如下所述。

(1) 采样与保存　测定生化需氧量的水样，采集时应充满并密封于瓶中，在 0～4℃下进行保存，一般应在 6h 内进行分析，若需要远距离转运，在任何情况下，储存时间不应超过 24h。采样时，要注意不使水样曝气或有气泡残存在采样瓶中，可用水样冲洗采样瓶后，沿瓶壁直接倾注水样或用虹吸法将细管插入采样瓶底部，注入水样至溢流出瓶容积的 1/3～1/2。

(2) 水样预处理　水样的 pH 值若超过 6.5～7.5 范围时，可用硫酸或氢氧化钠稀释溶液调节 pH 值近于 7，但用量不要超过水样体积的 0.5%。若水样的酸度或碱度很高，可改用高浓度的碱或酸液进行中和。

(3) 测定

① 不经稀释水样的测定。溶解氧含量较高、有机物含量较少的地面水，可不经稀释，而直接以虹吸法，将约 20℃ 的混匀水样转移入两个溶解氧瓶内，转移过程中应注意不能产生气泡。以同样的操作使两个溶解氧瓶充满水样后溢出少许，加塞。瓶内不应留有气泡。其中一瓶随即测定溶解氧，另一瓶的瓶口进行水封后，放入培养箱中，培养 5d。在培养过程中注意添加封口水。从开始放入培养箱算起，经过五昼夜后，弃去封口水，测定剩余的溶解氧。

② 经稀释水样的测定。直接稀释法是在溶解氧瓶内直接稀释。在已知两个容积相同（其差小于 1mL）的溶解氧瓶内，用虹吸法加入部分稀释水（或接种稀释水），再加入根据瓶容积和稀释比例计算出的水样量，然后用稀释水（或接种稀释水）使其刚好充满，加塞，勿留气泡于瓶内。

连续稀释法是先从稀释倍数小的配起，继用第一个稀释倍数的剩余水，再注入适量稀释用水配成第二个稀释倍数，以此类推。

稀释操作：将水样小心混匀，注意勿产生气泡，根据确定的稀释比例，取出所需体积的水样，沿筒壁移入量筒中，然后细心地用虹吸管将配好的稀释水或接种稀释水加至刻度，用特制的搅拌棒在水面以下缓缓上下搅动 4～5 次，立即将筒中稀释水样用虹吸法注入两个预先编号的培养瓶，注入时使水沿瓶口缓缓流下，以防产生气泡。水样注满后，塞紧瓶塞，于瓶口凹处注满稀释水，此为第一稀释度。

在取出水样的量筒中尚剩有水样，根据第二个稀释度需要再用虹吸法向筒中注入稀释水或接种稀释水，以下分析步骤重复第一稀释度的操作，即为第二稀释度。同样可做第三个稀释度。另取两个编号的溶解氧瓶，用虹吸法注入稀释水或接种稀释水，塞紧瓶盖后用稀释水封口作为空白。

检验各瓶编号，从空白及每一个稀释度水样瓶中各取 1 瓶放入 (20±1)℃ 的培养箱中培养 5d，剩余一瓶测定培养前溶解氧。

每天检查瓶口是否保持水封，经常添加封口水及控制培养箱温度：培养 5d

后取出培养瓶，倒尽封口水，立即测定培养后的溶解氧。

BOD$_5$测定中，一般采用叠氮化钠改良法测定溶解氧，见"溶解氧的测定"部分。如遇干扰物质，应根据具体情况采用其他测定方法。

③ 溶解氧的测定。水样采集后，为防止溶解氧的变化，应立即加固定剂于样品中，并存于冷暗处，同时记录水温和大气压力。

用吸管插入溶解氧瓶的液面下，加入 1mL 硫酸锰溶液、2mL 碱性碘化钾（或碱性碘化钾-叠氮化钠）溶液，盖好瓶塞，颠倒混合数次，静置。待棕色沉淀物降至瓶内一半时，再颠倒混合一次，待沉淀物下降到瓶底。此固定溶解氧操作一般在取样现场进行。轻轻打开瓶塞，立即用吸管插入液面下加入 2.0mL 硫酸，小心盖好瓶塞，颠倒混合摇匀至沉淀物全部溶解为止，放置暗处 5min，析出碘。移取 100.0mL 上述溶液于 250mL 锥形瓶中，用硫代硫酸钠溶液滴定至溶液呈淡黄色，加入 1mL 淀粉溶液，继续滴定至蓝色刚好褪去为止，记录硫代硫酸钠溶液用量。

含有少量游离氯的水样，一般放置 1~2h，游离氯即可消失。对于游离氯在短时间内不能消散的水样，可加入硫代硫酸钠溶液，以除去之。其加入量由下述方法决定：取已中和好的水样 100mL，加入（1+1）乙酸 10mL，100g/L 碘化钾溶液 1mL，混匀，以淀粉溶液为指示剂，用硫代硫酸钠溶液滴定游离碘，由硫代硫酸钠溶液消耗的体积计算出水样中应加硫代硫酸钠溶液的量。

（4）结果计算

$$\rho(O_2) = (cV_2 \times 8 \times 1000)/V \tag{9-3}$$

式中　$\rho(O_2)$——水中溶解氧的浓度，mg/L；

　　　　c——硫代硫酸钠溶液的浓度，mol/L；

　　　　V_2——硫代硫酸钠溶液的用量，mL；

　　　　8——与 1.00mL 硫代硫酸钠标准溶液$[c(Na_2S_2O_3)=1.000mol/L]$

　　　　　　相当以毫克（mg）表示的溶解氧的质量；

　　　　V——水样体积，mL。

① 不经稀释直接培养的水样：

$$\rho(BOD_5) = \rho_1 - \rho_2 \tag{9-4}$$

式中　ρ_1——水样在培养前的溶解氧浓度，mg/L；

　　　　ρ_2——水样经培养后，剩余溶解氧浓度，mg/L。

② 经稀释后培养的水样

$$\rho(BOD_5) = [(\rho_1-\rho_2)-(\rho_3-\rho_4)f_1]/f_2 \tag{9-5}$$

式中　$\rho(BOD_5)$——水样五日生化需氧量的浓度，mg/L；

　　　　ρ_1——水样培养液在五天前的溶解氧浓度，mg/L；

　　　　ρ_2——水样培养液在五天后的溶解氧浓度，mg/L；

ρ_3——稀释水（或接种稀释水）在五天前的溶解氧浓度，mg/L；

ρ_4——稀释水（或接种稀释水）在五天后的溶解氧浓度，mg/L；

f_1——稀释水（或接种稀释水）在培养液中所占的比例；

f_2——水样在培养液中所占的比例。

注：f_1、f_2的计算，例如培养液的稀释比为 3%，即 3 份水样，97 份稀释水，则 $f_1=0.97$，$f_2=0.03$。

$\rho_3-\rho_4$ 为校正项，对无有机物或极少量有机物的稀释水进行 5d 培养，消耗的溶解氧应为较小的值，若较大，则测定过程有误差。

9.4.2 化学需氧量的测定

化学需氧量（chemical oxygen demand，COD）指标反映有机物的总量。即在催化剂作用下用强氧化剂重铬酸钾加热氧化分解有机物，因为使用重铬酸钾作氧化剂，所以化学需氧量又表示为 COD_{Cr}，此方法氧化的有机物种类多，氧化率高，可将有机物氧化 80%～100%。水质比较容易被有机物污染，如果污水中存在较高浓度的难生物降解有机物，此时以 BOD_5 作为有机物的浓度指标，则可能出现测定的结果误差较大的情况，若某些工业废水不含微生物生长所需的营养物质，或者含有抑制微生物生长的有毒有害物质，尽管能够稀释和驯化接种，但仍然影响测定结果，而用 COD_{Cr} 指标来表征污水中有机物的浓度，将弥补上述缺点。因此 COD_{Cr} 是目前我国实施排放总量控制的主要指标，控制 COD_{Cr} 的排放对改善水环境具有重要意义。

化学需氧量测定有几种不同的方式，如库仑滴定法、快速密闭催化消解法、节能加热法、氯气校正法和 HJ 828—2017 重铬酸盐法等，其中 HJ 828—2017 重铬酸盐法为 2017 年 5 月 1 日起执行的国家标准分析方法。国外也有用高锰酸钾、臭氧、羟基作氧化剂的方法体系。如果使用，必须与重铬酸钾法做对照实验，做出相关系数，以重铬酸钾法上报监测数据。

HJ 828—2017 重铬酸盐法 COD_{Cr} 测定时，利用一定量的重铬酸钾标准溶液在强酸性溶液中的强氧化性，首先氧化水样中还原性被测物质，剩余的重铬酸钾以试亚铁灵作指示剂，用硫酸亚铁铵标准溶液返滴定使两者按计量化学反应结束，最后根据标准溶液的浓度和消耗的体积计算被测物质的含量。试亚铁灵为氧化还原型指示剂，在重铬酸钾溶液中呈氧化态，显淡蓝色，在过量的重铬酸钾溶液中观察不到，滴定操作前溶液颜色为黄色，当硫酸亚铁铵与过量的重铬酸钾反应完成时，稍加过量的硫酸亚铁铵使试亚铁灵为还原态（红色），重铬酸钾颜色消失，溶液由黄色经过蓝绿色转变为红色，借此可判断滴定是否完成。

重铬酸钾和硫酸亚铁铵溶液反应式

$$Cr_2O_7^{2-}+6Fe^{2+}+14H^+\longrightarrow 2Cr^{3+}+6Fe^{3+}+7H_2O$$

化学需氧量是一个条件性指标，氧化剂的种类及浓度、是否使用催化剂、反应溶液的酸度、反应温度和时间均为水样的化学需氧量的影响因素，因此，必须严格按操作步骤进行。$K_2Cr_2O_7$与还原性物质的反应需要加热、使用催化剂和密闭的加热回流装置，使水样中有机物在强酸性溶液中被重铬酸钾氧化。

重铬酸钾在酸性溶液中具有强氧化性，一般被有机物还原为Cr^{3+}。COD_{Cr}是在强酸并加热条件下，用重铬酸钾作为氧化剂处理水样时所消耗氧化剂的量，以氧的毫克数来表示（O_2，mg/L）。酸性重铬酸钾氧化性很强，可氧化大部分有机物，加入硫酸银作催化剂，直链脂肪族化合物可完全被氧化，但是挥发性直链脂肪族化合物、苯等有机物存在于蒸气相，不能与氧化剂接触，氧化不明显，且一些芳香族及杂环化合物也不能被氧化，因此化学需氧量不能反映多环芳烃、多氯联苯（PCB）、二噁英和吡啶等污染物的状况。化学需氧量主要反映水质受还原性物质污染的程度，废水有机物的含量远多于无机还原性物质的量，COD_{Cr}主要反映有机物量，除有机物外，还包括亚硝酸盐、亚铁盐和硫化物等。

具体检测方法如下所述。

（1）仪器　回流装置：带250mL锥形瓶的全玻璃回流装置（图9-4，如取样量在30mL以上，采用500mL锥形瓶），变阻电炉加热。

（2）试剂　重铬酸钾标准溶液[$c(1/6K_2Cr_2O_7)=$0.2500mol/L]：称取预先在120℃烘干2h的基准或优级纯重铬酸钾12.258g溶于水中，移入1000mL容量瓶中，稀释至标线，摇匀。

试亚铁灵指示剂：称取1.458g邻菲啰啉（$C_{12}H_8N_2 \cdot H_2O$，1,10-邻菲啰啉），0.695g硫酸亚铁（$FeSO_4 \cdot 7H_2O$）溶于水中，稀释至100mL，储于棕色瓶内。

硫酸亚铁铵标准溶液{$c[(NH_4)_2Fe(SO_4)_2 \cdot 6H_2O]\approx0.1mol/L$}：称取39.5g硫酸亚铁铵溶于水中，边搅拌边缓慢加入20mL浓硫酸，冷却后移入1000mL容量瓶中，加水稀释至标线，摇匀。由于二价铁离子溶液在空气中不能稳定存在，所以临用前，用重铬酸钾标准溶液标定。标定方法：准确吸取10.00mL重铬酸钾标准溶液于500mL锥形瓶

图9-4　回流冷凝装置

中，加水稀释至110mL左右。缓慢加入30mL浓硫酸，混匀。冷却后，加入3滴试亚铁灵指示液，用硫酸亚铁铵溶液滴定，溶液的颜色由黄色经蓝绿色至红褐色即为终点。

$$c[(NH_4)_2Fe(SO_4)_2]=\frac{0.2500\times10.00}{V_1} \qquad (9-6)$$

式中　c——硫酸亚铁铵标准溶液的浓度，mol/L；

　　　V_1——硫酸亚铁铵标准滴定溶液的用量，mL。

硫酸-硫酸银溶液（10g/L）：于 2500mL 浓硫酸中加入 25g 硫酸银，放置 1～2d，不时摇动使其溶解（如无 2500mL 容器，可在 500mL 浓硫酸中加入 5g 硫酸银）。

硫酸汞：结晶或粉末。

（3）水样的保存　水样采集后，应加入硫酸将 pH 调至<2，以抑制微生物活动。样品应尽快分析，必要时应在 4℃冷藏保存，并在 48h 内测定。

（4）水样取用量和试剂用量　水样加热回流后，溶液中重铬酸钾剩余量应是加入量的 1/5～4/5，以保证水样中有机物在强酸性溶液中被 $K_2Cr_2O_7$ 氧化完全，加热回流后的溶液应为黄色，是重铬酸钾的颜色。对于化学需氧量高的废水样，可先取上述操作所需体积 1/10 的废水样和试剂，于 15mm×150mm 硬质玻璃试管中，摇匀，加热后观察是否变成绿色。如溶液显绿色，再适当减少废水取样量，直到溶液不变绿色为止，从而确定废水样分析时应取用的体积。稀释时，所取废水样量不得少于 5mL，稀释倍数小于 10 倍，如果化学需氧量很高，则废水样应多次逐级稀释。

水样取用体积可在 10.00～50.00mL 范围内，但试剂用量及浓度需按表 9-2 进行相应调整，也可得到满意的结果。

表 9-2　水样取用量和试剂用量

水样体积/mL	$K_2Cr_2O_7$溶液/mL	H_2SO_4-Ag_2SO_4溶液/mL	$HgSO_4$/g	$(NH_4)_2Fe(SO_4)_2$/(mol/L)	滴定前/mL
10.00	5.00	15	0.2	0.050	70
20.00	10.00	30	0.4	0.100	140
30.00	15.00	45	0.6	0.150	210
40.00	20.00	60	0.8	0.200	280
50.00	25.00	75	1.0	0.250	350

本标准适用于各种类型的含 COD 值大于 30mg/L 的水样，对未经稀释的水样的测定上限为 700mg/L。

（5）测定及结果　取 20.00mL 混合均匀的水样（或适量水样稀释至 20.00mL）置 250mL 磨口的回流锥形瓶中，准确加入 10.00mL 重铬酸钾标准溶液及数粒洗净的玻璃珠或沸石，连接磨口回流冷凝管，从冷凝管上口慢慢地加入 30mL 硫酸-硫酸银溶液，轻轻摇动锥形瓶使溶液混匀，自开始沸腾时计时，加热回流 2h。

注意：回流冷凝管不能用软质乳胶管，否则容易老化、变形、冷却水不通畅。用手摸冷却水时不能有温感，否则测定结果偏低。

为避免指示剂失去作用，反应后需用蒸馏水稀释，以降低酸性。另外，加水稀释也可降低产物浓度，否则产物中 Cr^{3+} 绿色太深，会影响判断终点颜色。

冷却后，用 90mL 水从上部慢慢冲洗冷凝管壁进行稀释，取下锥形瓶，溶液总体积不得少于 140mL。

溶液再度冷却后，加 3 滴试亚铁灵指示液，用硫酸亚铁铵标准溶液滴定，溶液的颜色由黄色经蓝绿色至红褐色即为终点，记录硫酸亚铁铵标准溶液的用量。滴定时不能激烈摇动锥形瓶，瓶内试液不能溅出水花，否则影响结果。

测定水样的同时，以 20.00mL 重蒸馏水，按同样操作步骤做空白试验，记录滴定时硫酸亚铁铵标准溶液的用量。空白试验，可校正试剂中还原性物质的量，减小误差。

也可于空白试验滴定结束后的溶液中，准确加入 10mL 0.2500mol/L 重铬酸钾溶液，摇匀，然后用硫酸亚铁铵标准溶液进行标定，利用前面的公式求得硫酸亚铁铵的浓度，室温较高时尤其应注意其浓度的变化。

结果计算

$$l\,(COD_{Cr}) = \frac{c\,(V_0 - V_2) \times 8 \times 1000}{V} \tag{9-7}$$

式中　$l\,(COD_{Cr})$——水样化学需氧量的浓度，mg/L；

　　　　c——硫酸亚铁铵标准溶液的浓度，mol/L；

　　　　V_0——滴定空白时硫酸亚铁铵标准溶液用量，mL；

　　　　V_2——滴定水样时硫酸亚铁铵标准溶液用量，mL；

　　　　V——水样的体积，mL；

　　　　8——氧（1/2 O）摩尔质量，g/mol。

9.4.3　在线有机物的测定

在线有机物测定是指采用在线有机物分析仪（如图 9-5 所示）对污水处理过程中有机污染物总量在线监测和控制。此过程不需要任何试剂，样品也无需预处理，采用紫外吸收技术，通过双光束系统，实现浊度自动补偿，将结果输送到微处理器中，用光吸收系数（SAC）、COD、BOD 和 TOC（总有机碳）来显示结果，实现快速、无污染溶解性有机物测定，应用日益广泛。

光吸收系数（SAC）即通过测量对紫外光有吸收作用的有机物溶液的紫外光吸收程度，可以表征有机物的含量。通常含有共轭双键或多环芳烃的有机物溶液对紫外光有吸收作用。SAC 对可溶有机物含量是个重要的测量参数，它与常规的 COD、BOD 和 TOC 测量值具有相关性。

光吸收系数（SAC）为吸光度值 A 与池厚（光程）L（mm）之比，单位为 m^{-1}。紫外吸收仪的种类有单波长、多波长和扫描紫外吸收仪，按安装方式有采水型和浸入型。单波长紫外吸收仪利用 254nm 作为检测光直接透过水样进行检

图 9-5 UVASsc 在
线有机物测定仪

测，多波长紫外吸收仪在紫外光谱区内以多个紫外波长作为检测光源，扫描型紫外吸收仪对水样进行可见和紫外区域扫描。采水型紫外吸收仪将水样采集到仪器内部后，用吸收池或水流自然落下的方式进行检测。浸入型紫外吸收仪将仪器的检测部分直接浸入水样中进行检测。水样中浊度和色度会干扰紫外吸收仪测定。因此，所有紫外吸收仪须具有可见光光路，用于消除浊度和色度的影响。

具体操作方法如下所述。

（1）仪器　在线有机物分析仪，测量单元由光源、吸收池、检测器组成。

光源：由光源灯及其电源装置构成。单波长检测一般用低压汞灯作光源，提供 254nm 的光。多波长检测一般采用氘灯、氙灯和钨灯等。

吸收池：能使光源发出的光透过水样，并具有一定光程长的空间（池）。吸收池须具有自动稀释和自动清洗功能，能自动清除附着在池表面上遮挡光路的污物。

检测器：光电系统接受透过吸收池的辐射光照射后产生电信号的装置，必要时可由透镜、光学滤膜等组合而成。

数据显示单元是将 UV 值按比例转换成直流电压或电流输出，并将测定值显示或记录下来。数据处理和传输单元是具有数据采集、换算、数据输出、传输功能的装置。

（2）试剂

① 纯水：重蒸馏水（于蒸馏水中加入少许高锰酸钾进行重蒸馏）或确认无紫外吸收的水。

② 邻苯二甲酸氢钾：优级纯，在 120℃的温度下干燥 1h，放置在干燥器中冷却后备用。

③ 零点校正液：纯水。

④ 量程校正储备液：准确称取 1.000g 邻苯二甲酸氢钾，用纯水溶解后全量转入到 1000mL 的容量瓶中，再加纯水定容至标线，备用。

⑤ 量程校正液：按所需的倍数将量程校正储备液进行稀释。

⑥ 量程中间溶液：将量程校正液的浓度用纯水稀释一倍，至量程校正液浓度的 1/2。

（3）校正　将仪器通电后，预热仪器，使仪器的各部分稳定运行。按仪器说明书的校正方法，用零点和量程校正液进行零点校正和量程校正。

（4）试验方法　测定重复性、零点漂移、量程漂移。

直线性试验：零点和量程校正后，测定量程中间溶液。当仪器显示值稳定后读取量程中间溶液的测定值（SAC），计算此值与量程中间溶液对应的 SAC 参考值之差相对于量程值的百分比。

邻苯二甲酸氢钾校正液在 25℃的条件下，在 254nm 紫外波长处的 SAC 可参考表 9-3。校正液的光吸收系数在 5～30℃之内的温度特性为$(4.5 \times 10^{-3})/℃$。

表 9-3　量程校正液及其光吸收系数（单波长 254nm 检测方式）

邻苯二甲酸氢钾校正液浓度 /(mg/L)	25℃时的 SAC	邻苯二甲酸氢钾校正液浓度 /(mg/L)	25℃时的 SAC
50	44	200	174
100	87		

9.5　氮、磷化合物的测定

9.5.1　氨氮

排水中的氨主要来自新陈代谢和工业的加工处理，氨的存在说明水质可能受细菌、污水和动物排泄物污染，而且其存在可能转化为亚硝酸盐和硝酸盐，鱼类对水中的氨比较敏感，当氨氮（ammonia-nitrogen）浓度高时会导致鱼类死亡。近年来，氨氮是水主要的污染物之一，通过污水处理和检验，进而控制其排放具有重要意义。

氨氮常用分光光度法测定，有些污水处理厂已实现了氨氮在线检测。

碘化汞和碘化钾的碱性溶液与氨反应生成淡红棕色胶态化合物，此颜色在410～425nm 较宽波长范围内有强烈吸收，吸光度与氨浓度成正比，通过测量吸光度，制作校准曲线确定氨的浓度。能与被测物质生成有色化合物的试剂称为显色剂，生成有色化合物的反应称为显色反应。

为准确测量水样中的氨氮，需要水样无色、澄清且不含干扰物质。因此，在测量前需要对水样进行预处理。对较清洁的水，可采用絮凝沉淀法进行预处理，先在水样中加入一定量的硫酸锌，再加入氢氧化钠使水样呈碱性，生成氢氧化锌沉淀，再经过滤除去颜色和浑浊等。对于污染严重的水，则用蒸馏法进行预处理，先将水样的 pH 值调节至 6.0～7.6 之间，再加入一定量的氧化镁于水样中，使其呈微碱性，最后用硼酸溶液吸收蒸馏释放出的氨。自动在线测定系统通常使用滤膜过滤法去除水样中的干扰因素。水中常见的钙、镁、铁等离子能在测定过程中生成沉淀，可加入酒石酸钾钠掩蔽。

具体操作方法如下所述。

（1）试剂　本法所有试剂均需用不含氨的纯水配制，无氨水可用下面两种方法制备。

蒸馏法制备无氨水：每升蒸馏水中加 0.1mL 硫酸（$\rho_{20}=1.84g/mL$），在全玻璃蒸馏器中重蒸馏，弃去 50mL 初馏液，接取其余馏出液于具塞磨口瓶，密塞保存。每升馏出液加 10g 强酸型阳离子交换树脂，进一步交换铵离子除铵（酸性溶液中，NH_3 转化为 NH_4^+）。

离子交换法制备无氨水：使蒸馏水通过强酸型阳离子交换树脂柱，将馏出液收集在带有磨口玻璃塞的玻璃瓶内，每升馏出液加 10g 同样的树脂，以利用于保存，电导率$\leqslant0.7\mu S/cm$。

轻质氧化镁：将氧化镁在 500℃下加热，以除去碳酸盐。

溴百里酚蓝指示液（0.5g/L）；氢氧化钠溶液（40g/L、250g/L）；防沫剂，1mol/L 盐酸溶液。

硼酸吸收溶液（20g/L）：称取 20g 硼酸溶于水，稀释至 1L。

硫酸锌溶液（100g/L）：称取 10g 硫酸锌（$ZnSO_4\cdot7H_2O$），溶于少量纯水中，并稀释至 100mL。

酒石酸钾钠溶液（500g/L）：称取 50g 酒石酸钾钠溶于 100mL 纯水中，加热煮沸至不含氨为止，冷却后再用纯水补充至 100mL。

纳氏试剂：称取 16g 氢氧化钠，溶于 50mL 水中，充分冷却至室温。另称取 7g 碘化钾和 10g 碘化汞（HgI_2）溶于水，然后将此溶液在搅拌下缓慢注入氢氧化钠溶液中，用水稀释至 100mL，储于聚乙烯瓶中，密塞保存。

注：配制试剂时应注意勿使碘化钾过剩，过量的碘离子将影响有色配合物的生成，使颜色变浅，储存已久的纳氏试剂，使用前应先用已知量的氨氮标准溶液显色，并核对吸光度，加入试剂后 2h 内不得出现浑浊，否则应重新配制。

氨氮标准储备溶液[$\rho(NH_4^+\text{-}N)=1.00mg/mL$]：将氯化铵置于烘箱内，在 105℃下烘烤 1h，冷却后称取 3.8190g，溶于纯水中于容量瓶内定容至 1000mL。

氨氮标准使用液[$\rho(NH_4^+\text{-}N)=10.00\mu g/mL$]：临用时配制，吸取 10.00mL 氨氮标准储备溶液，用纯水定容到 1000mL。

（2）仪器　全玻璃蒸馏器；具塞比色管（50mL）；分光光度计。

Odyssey DR/2500 分光光度计光路见图 9-6，其结构如下。

① 碘钨灯（W）、UV 灯（UV）、3 个 LED 灯（D_1、D_2、D_3）光源。

② 斩光器（BS）将 50%的光线送到样器光路，将另 50%的光线送到参比光路。参比光路确保实验结果稳定、重复、准确。

③ 经过样品（CV）的光线由棱镜（L_4 和 L_5）聚焦。

④ 光导纤维（F_1 和 F_2）分别将参比光束和样器光束传输至分光计入口狭缝。

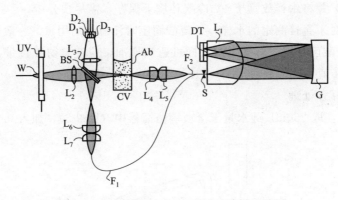

图 9-6　Odyssey DR/2500 分光光度计光路图

⑤ 参比光束与样品光束以不同的角度从入口狭缝（S）进入到分光计中。

⑥ 参比光束与样品光束在分光计内由固定光栅（G）衍射，以减小内部反射。

⑦ 阵列式样品及参比固体半导体检测器（DT），分别检测样品光线及参比光线，并将其转换成数字信号，这项技术与高级数码相机采用的技术相同，可以通过显示屏幕看到以数字形式表示的实验结果。

图 9-7　DR/4000UV-VIS 紫外可见光分光光度计

DR/2500 波长范围 365～880nm，DR/4000VIS 波长范围 320～1100nm，DR/4000 UV-VIS 紫外可见光分光光度计波长范围 190～1100nm（图 9-7）。使用波长扫描功能，可以在所需要的波长范围测量样品的吸收谱图或透射率谱图。利用光标导航模式查看扫描细节，跟踪整个扫描谱带。放大功能查看详细数据，可以在扫描谱图中快速定位峰值或峰谷。仪器根据被测参数，自动选择正确波长，保证波长精度为±1nm，减少人为误差。多波长分析可以同时在多达 4 个不同波长下测量样品的浓度、吸光度、透射率。软件根据用户选样的方式，计算并显示复合多波长测量结果。

DR/4000 储存 100 多个日常分析的校准曲线，并自动选择校正曲线。

时间扫描程序可以在用户定义的时间间隔内，测量样品在单波长下的吸光度谱图或透射率谱图，以便确定样品颜色形成的速度、样品的稳定性、样品的衰竭周期等。

（3）水样保存　水样中氨氮不稳定，采样时每升水样加 0.8mL 硫酸（$\rho_{20} =$

1.84mg/L），并将水样放置于4℃冷藏环境下保存，需尽快分析。

注意：对于直接测定的水样，加硫酸固定时注意酸的用量。一般水样，每升加0.8mL硫酸已足够，碱度大的水样可适当增加，应注意勿使过量，以免使加显色剂后pH值不能控制在10.5～11.5。

（4）水样预处理

① 蒸馏：取250mL纯水量于全玻璃蒸馏器中（图9-8），加入0.25g轻质氧

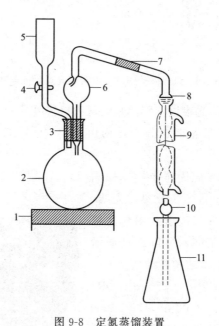

图9-8 定氮蒸馏装置

1—电炉（1kW）；2—蒸馏瓶（圆底烧瓶1000mL）；
3—橡皮塞；4—活塞；5—筒形漏斗（50mL）；
6—定氮球；7—橡皮管；8—球形磨砂接口或皮塞；
9—冷凝管；10—球泡；11—接收器（锥形瓶250mL）

化镁及数粒玻璃珠，加热蒸馏，直至馏出液用纳氏试剂检不出氨为止，稍冷后倾出并弃去蒸馏瓶中残液，量取250mL水样（或取适量，加纯水稀释至250mL）于蒸馏瓶中，用氢氧化钠溶液或盐酸溶液调节水样至pH=7左右。加入0.25g轻质氧化镁和数粒玻璃珠立即连接氮球和冷凝管，导管下端插入吸收液液面下，加热蒸馏，用250mL锥形瓶为接收瓶，内装50mL硼酸溶液作为吸收液，待蒸出150mL左右，使冷凝管末端离开液面，继续蒸馏以清洗冷凝管，最后用纯水稀释至刻度，摇匀，供比色用。

② 混凝沉淀：取100mL水样，加入1mL硫酸锌溶液混匀，加入0.1～0.2mL氢氧化钠溶液（250g/L），至pH=10.5静置数分钟，倾出上清液供比色用。经硫酸锌和氢氧化钠沉淀的水样，静置后一般均能澄清，如必须过滤时，应

注意滤纸中的铵盐对水样的污染，必须预先用无氨纯水将滤纸反复淋洗，至用纳氏试剂检查不出氨后再使用。

(5) 检验与结果　取 50mL 比色管 7 支，分别加入氨氮标准使用溶液 0mL、0.50mL、1.00mL、3.00mL、5.00mL、7.00mL 和 10.00mL，用纯水稀释至50mL。加入 1mL 酒石酸钾钠溶液，混匀，加 1.5mL 纳氏试剂，混匀，放置10min 后，于 420nm 波长下，用 2cm 比色皿，以纯水作参比，测定吸光度。由测得的吸光度减去零浓度空白吸光度后，得到校正吸光度，以氨氮的质量（μg）为横坐标、校正吸光度为纵坐标绘制校准曲线。

分取适量经絮凝沉淀预处理的水样（使氨氮含量不超过 0.1mg），加入50mL 比色管中，稀释至标线，加 1.0mL 酒石酸钾钠溶液，以下同校准曲线绘制。

分取适量经蒸馏预处理后的馏出液，加入 50mL 比色管中，加一定量 40g/L 氢氧化钠溶液以中和硼酸，稀释至标线。加 1.5mL 纳氏试剂，混匀。放置10min 后，同校准曲线步骤测量吸光度。

空白试验：以无氨水代替水样，做全程序空白试验。

由水样测得的吸光度减去空白试验的吸光度后，从校准曲线上查得氨氮含量。水样中氨氮的浓度为

$$l(\mathrm{NH_4^+ \text{-} N}) = \frac{m}{V} \tag{9-8}$$

式中　　$l(\mathrm{NH_4^+ \text{-} N})$——水样氨氮的浓度（以 N 计），mg/L；

　　　　m——从标准曲线上查得的样品管中氨氮的质量，μg；

　　　　V——水样体积，mL。

【AMTAX sc 分析仪测定】

AMTAX sc 分析仪如图 9-9 所示，采用气敏电极测量氨离子浓度，适用于饮用水、地表水、工业生产过程用水、污水处理工艺过程中氨氮浓度的检测以及废水排放口氨氮浓度监测。

氨气敏电极（GSE）在紧贴 pH 玻璃电极的敏感膜处有一层憎水性气透膜聚四氟乙烯，只允许被测定的气体氨气通过而不允许溶液中的离子通过。进入气透膜的氨气引起中间溶液氯化铵的电离平衡发生移动，改变了氢离子浓度，使得指示的玻璃电极电位发生变化。电池电动势与氨浓度对数呈线性关系，进行定量。

图 9-9　AMTAX sc
分析仪

(1) 仪器　Sc1000 多参数通用控制器；带 5m 加热用软管的过滤式探头；AMTAX sc 分析仪用氨氮电极；AMTAX sc 分析仪用空气

泵泵头；Filterprobe sc 用过滤膜组件。

（2）试剂　2000mL、10mg/L、50mg/L、500mg/L 氨氮标准溶液；2500mL 28944-52 AMTAX sc 试剂；11mL 61825-00AMTAX sc 电解液；250mL 28942-46 AMTAX sc 清洗液。

（3）预处理、校正与维护　NH_4^+-N 分析仪具有可供选配的先进采样预处理系统，具有自动清洗和自动标定功能、即插即用型全功能数字控制器，最低检测限 0.05mg/L，测量范围为0.05～1000mg/L，在不同浓度范围有不同准确度。

【Amtax^{TM} inter2 自动在线监测】

Amtax^{TM} inter2 氨氮在线分析仪如图 9-10 所示，在催化剂亚硝基铁氰化钠的作用下，在pH＝12.6的碱性介质中，氨与次氯酸根离子和水杨酸盐离子反应，生成蓝色化合物，在波长 697nm 具有最大吸收，在仪器测量范围内，其颜色改变程度和样品中的 NH_4^+ 浓度成正比，因此，通过测量颜色变化的程度，就可以计算出样品中 NH_4^+ 的浓度。

Amtax^{TM} inter2 在线分析仪用来测量水溶液（污水、过程水和地下水）中 NH_4^+ 的量，测量值（如果是双通道模式，则有两个测量值）以 mg/L NH_4^+-N 的形式显示。通过参比光束的测量，仪器消除了样品中浊度、电源的波动等因素对测量结果的干扰。

图 9-10　Amtax^{TM} inter2 氨氮在线分析仪　　　图 9-11　Filtrax 采样预处理系统

（1）预处理　使用 Filtrax 采样预处理系统（图 9-11）进行样品预处理。系统采用能过滤 $0.15\mu m$ 颗粒、由特殊高分子材料制成的超滤膜 A 和 B，安放在同一个不锈钢容器中，并被直接浸入到采样水中，由各自的样品吸入传输管，与控制器中的蠕动泵 A 和蠕动泵 B 相连。两个蠕动泵轮流交替工作，在某一蠕动泵工作期间，样品经过相应滤膜的过滤，被抽提到控制器中，进而被传输到后续的水质在线分析仪中。在样品预处理系统的整个工作过程中，控制器内部的空气压缩机连续不断地工作，产生的压缩空气经过两根空气传输管被传送到每个滤膜底部的排气孔处，在其中一个蠕动泵停止工作期间，吸附在相应滤膜表面上的悬浮颗粒从滤膜表面上被清除掉，使样品预处理系统连续工作，采样管可以加热使用。

（2）试液　零点标液；标准溶液 5mg/L；清洗溶液（2×250mL）；试剂（A、B和添加剂）。

（3）校正与维护　具有自动校准和自动清洗等功能，内置冰箱，保证试剂的储存温度。测量范围为 0.02～80mg/L NH_4^+-N。用户可以使用零点及标准溶液选择手动或自动校正；备有清洗溶液。测量周期：5min、10min、15min、20min、30min（可选）。

9.5.2　总氮

总氮（total nitrogen，TN）是水体中有机氮和无机氮（NH_4^+ + NO_2^- + NO_3^-）含量总和，是国际公认的衡量水体富营养化程度的重要指标之一，城镇污水采用厌氧/好氧法生物处理减少 TN 排放，总氮是污水处理的一个重要指标。

总氮测定方法有碱性过硫酸钾消解-紫外分光光度（alkaline potassium persulfate digestion UV spectrophotometric method）经典分析法（HJ 636—2012）、气相分子吸收光谱法、离子色谱法和离子选择电极-流动注射法等，紫外分光光度法是应用最广泛的方法之一。

在 60℃ 以上的水溶液中，过硫酸钾按如下反应式分解，生成氢离子和氧。

$$K_2S_2O_8 + H_2O \longrightarrow 2KHSO_4 + 1/2O_2$$

$$KHSO_4 \longrightarrow K^+ + HSO_4^-$$

$$HSO_4^- \longrightarrow H^+ + SO_4^{2-}$$

加入氢氧化钠用以中和氢离子，使过硫酸钾分解完全。在 120～124℃ 的碱性介质条件下，用过硫酸钾作氧化剂，不仅可将水样中的氨氮和亚硝酸盐氧化为硝酸盐，同时将水样中大部分有机氮化合物氧化为硝酸盐。利用 NO_3^- 对 220nm 波长处紫外光选择性吸收来定量测定硝酸盐氮，即为总氮含量。溶解的有机物在 220nm 处也会有吸收，而硝酸根离子在 275nm 处没有吸收。因此在 275nm 处做另一次测量，以校正硝酸盐氮值。测量时，用紫外分光光度计分别于波长 220nm 与 275nm 处测定其吸光度，按 $A = A_{220} - 2A_{275}$ 计算硝酸盐氮的吸光度值，从而计算总氮的含量。

上述方法采用灭菌器消解，消解时间长、操作复杂，而且要求用重蒸馏无氨水，在重蒸馏过程中易受二次污染，采用微波消解紫外吸光光度法快速测定水中总氮，可以大大加快消解速度，提高分析效率。

微波是一种频率范围在 $300\sim300000MHz$ 的电磁波，用来加热的微波频率通常是 2450MHz，即微波产生的电场正负信号每秒钟可以变换 24.5 亿次。水或酸都有极性，这些极性分子在微波电场的作用下，以 24.5 亿次的速率不断改变其正负方向，使分子发生高速的碰撞和摩擦，产生高温；同时一些无机酸类物质溶于水后，电离成离子，在微波电场作用下，离子定向流动，形成离子电流，离子在流动过程中与周围的分子和离子发生高速摩擦和碰撞，使微波能转化成热能，微波加热就是通过分子极化和离子导电两个效应对物质直接加热。

与传统的加热方法干灰化、湿加热和熔融法不同，微波消解法不是利用热传导使试样从外部受热分解，而是直接以试样和酸的混合物为发热体，从内部进行加热，由于其热量几乎不向外部传导，消除了由电热板、空气、容器壁热传导的热量损失。在微波消解时，样品处于密闭容器中，通过微波的快速加热，使样品在高温高压下，表面层搅动、破裂，不断产生新的样品表面与溶剂接触，将试样充分混合，激烈搅拌，加快了试样的分解，缩短了消解时间，提高了消解效率。方法快捷、简便，能满足大量样品快速检测的需要，也避免了待测元素的损失、样品的玷污、难溶元素不易消解提取及环境污染，回收率高、准确性好。

具体操作方法如下：

【过硫酸钾氧化-紫外分光光度经典分析法（HJ 636—2012）】

(1) 仪器与试剂

紫外-分光光度计，具 10mm 石英比色皿；高压蒸汽灭菌器，最高工作压力不低于 $1.1\sim1.4kgf/cm^2$（1kgf＝9.80665N，下同），最高工作温度不低于 $120\sim124℃$；微波消解器；25mL 具塞磨口玻璃比色管；一般实验室常用仪器和设备。

除非另有说明，分析时均使用符合国家标准的分析纯试剂，实验用水为无氨水。

无氨水：每升水中加入 0.1mL 浓硫酸蒸馏，收集馏出液于具塞玻璃容器中。也可使用新制备的去离子水。

浓盐酸：$\rho(HCl)＝1.19g/mL$。

盐酸溶液：1+9。

浓硫酸：$\rho(H_2SO_4)＝1.84g/mL$。

硫酸溶液：1+35。

氢氧化钠溶液：$\rho(NaOH)＝200g/L$，称取 20g 氢氧化钠（含氮量应小于 0.0005％），溶于少量水中，稀释至 100mL。氢氧化钠溶液：$\rho(NaOH)＝20g/L$，量取200g/L的氢氧化钠溶液 10mL，用水稀释至 100mL。

碱性过硫酸钾溶液：称取 40g 过硫酸钾（含氮量应小于 0.0005％）溶于 600mL 水中（可置于50℃水浴中加热至全部溶解）；另称取 15g 氢氧化钠（含氮

量应小于0.0005%），溶于300mL水中。待氢氧化钠溶液温度冷却至室温后，混合两种溶液定容至1000mL，溶液存放在聚乙烯瓶内，可储存1周。

硝酸钾标准储备液[ρ(N)＝100mg/L]：称取0.7218g经105～110℃烘干2h的优级纯硝酸钾（KNO_3），在干燥器中冷却至室温，将其溶于适量水中，移至1000mL容量瓶中，用水稀释至标线，混匀。加入1～2mL三氯甲烷作为保护剂，在0～10℃暗处保存，可稳定6个月。也可直接购买市售有证标准溶液。

硝酸钾标准使用液[ρ(N)＝10mg/L]：量取10.00mL硝酸钾标准储备液至100mL容量瓶中，用水稀释至标线，混匀，临用现配。

（2）样品 样品的采集及保存，参照HJ/T 91和HJ/T 164的相关规定采集样品，将采集好的样品储存在聚乙烯瓶或硬质玻璃瓶中，用1.84g/mL浓硫酸调节pH值至1～2，常温下课保存7d。贮存在聚乙烯瓶中，－20℃冷冻，可保存1个月。

试样的制备：取适量样品用20g/L的氢氧化钠溶液或（1＋35）硫酸溶液调节pH值至5～9，待测。

（3）测定

① 校准曲线的绘制。

a. 灭菌器消解法。分别量取0.00mL、0.20mL、0.50mL、1.00mL、3.00mL、7.00mL硝酸钾标准使用液于25mL具塞磨口玻璃比色管中，其对应的总氮（以N计）含量分别为0.00μg、2.00μg、5.00μg、10.0μg、30.0μg和70.0μg。用水稀释至10mL。再加入5mL碱性过硫酸钾溶液，塞紧管塞，用纱布及线绳扎紧管塞，以防弹出。将比色管置于高压蒸汽灭菌器中，加热至顶压阀吹气，关阀，继续加热至120℃开始计时，保持温度在120～124℃之间30min。自然冷却，开阀放气，移去外盖，取出比色管并冷却至室温，按住管塞将比色管中的液体颠倒混匀2～3次。若比色管在消解过程中出现管口或管塞破裂，应重新取样分析。

每个比色管分别加入1.0mL（1＋9）盐酸溶液，用水稀释至25mL标线，盖塞混匀。使用10mm石英比色皿，在紫外分光光度计上，以水作参比，分别于波长220nm和275nm处测定吸光度。零浓度的校正吸光度$A_b＝A_{b220}－2A_{b275}$，其他标准系列的校正吸光度$A_s＝A_{s220}－2A_{s275}$及其差值$A_r＝A_s－A_b$进行计算。以总氮（以N计）含量（μg）为横坐标，对应的A_r值为纵坐标，绘制校准曲线。

b. 微波消解法。吸取一系列硝酸盐氮溶液作为标准使用溶液，用水稀释至10mL，用氢氧化钠溶液或硫酸（体积比1∶35）调节水样pH5～9，加入碱性过硫酸钾溶液5mL，用密封带密封瓶口，橡皮筋系紧，置于微波炉内转盘上，于高挡功率微波加热 8min，端出转盘，冷至室温，将消化液完全转移到 25mL 比色管中，加（1+9）盐酸 1mL，用无氨水稀释至刻度，混匀，澄清。吸取上层清液至 1cm 石英比色皿，在紫外分光光度计上，以水作参比，和上述方法同样测定，并绘制校准曲线。

② 样品测定

a. 样品测定：取 10mL 试样于 25mL 具塞磨口玻璃比色管中，按校准曲线绘制步骤进行测定。试样中的含氮量超过 70μg 时，可减少取样量并加水稀释至 10mL。

b. 空白试验：用 10mL 水代替试样，按照样品测定步骤测定。

③ 计算。然后依据前面所述方法计算试样校正吸光度和空白试验校正吸光度差值 A_r，样品中总氮的质量浓度 ρ（mg/L）按公式(9-9)计算总氮含量。

$$\rho = \frac{A_r - af}{bV} \qquad (9-9)$$

式中 ρ——样品中总氮（以 N 计）的浓度，mg/L；

A_r——试样的校正吸光度与空白试验校正吸光度的差值；

a——校准曲线的截距；

b——校准曲线的斜率；

f——稀释倍数；

V——试样体积，mL。

【自动总氮分析仪 TNW-201 总氮测定】

TNW-201（图 9-12）用于测量河流、湖泊以及工业废水中的总氮浓度，以防止封闭性水域的富营养化。水样在耐蚀性密闭容器中，通过过硫酸钾加热处理，调整 pH 值后，采用紫外吸光光度法自动测量试样中总氮浓度。试料通过内藏加热分解槽 120℃加压加温处理，所以能够有效地进行总氮浓度测量。每次测量自动校正零点，采用双波长方式进行浊度校正，测量稳定，可靠性高，脉冲灯系统可延长光源灯寿命。内置自动校正功能，可以通过程序控制和开关操作进行自动校正。可保存一个周期内 14d 的所有测量数据，在需要时可以随时调出，使用一个触摸屏使操作简便。自动监测仪器需定期检定、维护和保养，所用试剂需及时配制。

监测时，先将仪器置于标定挡，用标准样品标定仪器，标定好后将仪器置于测量挡待机。启动控制系统后，开始采集水样并启动仪器进行测定，给出测定结果。测定结束后，数据采集系统自动将测定数据读入并存储，中央控制系统可以通过卫星或电话线路将测定结果下载。

【QuickTONb® 总结合氮（TNb）在线测量系统】

QuickTONb®（图 9-13）在超过 1200℃温度下工作，所有氮化合物可以有效快速地被氧化。

图 9-12　TNW-201 自动总氮分析仪　　　　　图 9-13　总氮分析仪（LAR）

样品注入体积大小由一个注射系统来控制，特定体积的样品由取样针吸入并插入反应器再注入，确保进样体积的精确。由于使用超过 1200℃ 的高温燃烧氧化，QuickTONb 能在空气中将 N 完全燃烧，无需花费昂贵的催化剂费用，在高温下氨氮、硝氮及亚硝氮全部转变为 NO。燃烧后的气体由反应器流经一个 2 路 4℃ 气体冷却器后进入 IR（红外）分析器。NO 气体分析由 NDIR（非分散红外）分析仪完成，并以 NO 峰值量来表示，这一过程由内置计算机程序进行，Quick-TONb 的软件包控制 QuickTONb 的所有操作与测量过程，并能以串联或并联方式与检测中心通信，传输测量的结果。采样系统 Flow Sampler 无过滤采样，从样品流中间反方向抽取。即使有固体颗粒吸入，也可通过均质器以减小颗粒大小，再泵入样品槽。样品槽设有连续搅拌器以保持样品均匀，且具有代表性。样品注射体积由一个 xy 注射器进样系统控制，然后样品能全部注入炉子中。在高温下，氨和硝酸盐的转化率非常高。

9.5.3　总磷

生活污水中的洗涤废水和工业废水中都含有磷，磷是植物和微生物的主要营养物质，当这些含磷废水排入受纳水体，使水体中磷含量过高，会引起受纳水体的富营养化，促进各种水生生物（主要是藻类）的活性，刺激它们的异常增殖，造成一系列的危害。因此，污水和废水需要除磷后排放。

由于水中磷的存在形态复杂，所以在分析测定之前，需要进行适当的预处理，利用强氧化剂过硫酸钾或氧化性酸硝酸-硫酸氧化消解的方法把各种形态的磷（总磷，total phosphorus，TP）转化为容易测定的形态（正磷酸盐）。在酸性条件下，正磷酸与钼酸铵、酒石酸锑氧钾反应，生成磷钼杂多酸，被还原剂抗坏血酸还原，变成蓝色配合物（磷钼蓝），吸收 700nm 波长的光，利用分光光度法进行测定。

本方法适用于测定地表水、生活污水及化工、磷肥、金属表面磷化处理、农药、钢铁、焦化等行业工业废水中的磷酸盐分析。

具体操作如下所述。

(1) 实验室测定

① 仪器与试剂。操作所用的玻璃器皿，可用（1＋5）盐酸溶液浸泡 2h，或用不含磷酸盐的洗涤剂刷洗。

比色皿用后应以稀硝酸或铬酸洗液浸泡片刻，以除去吸附的钼蓝有色物。

医用手提式高压蒸汽消毒器或一般民用压力锅，1～1.5kgf/cm²；电炉，2kW；调压器，2kV·A，0～220V；50mL（磨口）具塞刻度管。

过硫酸钾溶液（50g/L）：溶解 5g 过硫酸钾于水中，并稀释至 100mL。

磷酸盐储备溶液：将优级纯磷酸二氢钾（KH_2PO_4）于 110℃干燥 2h，在干燥器中放冷。称取 0.2197g 溶于水，移入 1000mL 容量瓶中。加（1＋1）硫酸 5mL，用水稀释至标线。此溶液为每毫升含 50.0μg 磷（以 P 计）。

磷酸盐标准溶液：吸取 10.0mL 磷酸盐储备液于 250mL 容量瓶中，用水稀释至标线，此溶液每毫升含 2.00μg 磷，临用时现配。

钼酸盐溶液：溶解 13g 钼酸铵[$(NH_4)_6Mo_7O_{24}·4H_2O$]于 100mL 水中。溶解 0.35g 酒石酸锑氧钾[$K(SbO)C_4H_4O_6·1/2H_2O$]于 100mL 水中。在不断搅拌下，将钼酸铵溶液徐徐加到 300mL（1＋1）硫酸中，加酒石酸锑氧钾溶液并且混合均匀，储存在棕色的玻璃瓶中于 4℃保存，至少稳定两个月。

抗坏血酸溶液（10g/L）：溶解 10g 抗坏血酸于水中，并稀释至 100mL。该溶液储存在棕色玻璃瓶中，在约 4℃可稳定几周，如颜色变黄，则弃去重配。

（1＋1）硫酸溶液。

浊度-色度补偿液：混合两份体积的（1＋1）硫酸和一份体积的 100g/L 抗坏血酸溶液，此溶液当天配制。

② 检测。样品采集后加硫酸酸化至 pH＜1 的酸性环境下保存。

在检测前需要对水样进行预处理，对于用酸固定的水样，需将水样调至中性再用过硫酸钾消解。

取混合水样（包括悬浮物），经下述强氧化剂分解，测得水中总磷含量。

吸取 25.0mL 混匀水样（必要时，酌情少取水样，并加水至 25mL，使含磷量不超过 30μg）于 50mL 具塞刻度管中，加过硫酸钾溶液 4mL，加塞后管口包一小块纱布并用线扎紧，以免加热时玻璃塞冲出。将具塞刻度管放在大烧杯中，置于高压蒸汽消毒器或压力锅中加热，待锅内压力达 1.1kgf/cm²（相应温度为 120℃）时，调节电炉温度使保持此压力 30min 后，停止加热，待压力表指针降至零后，取出放冷。如溶液浑浊，则用滤纸过滤，洗涤后定容。

试剂空白和标准溶液系列也经同样的消解操作。

当不具备压力消解条件时，亦可在常压下进行，操作步骤如下。

分取适量混匀水样于150mL锥形瓶中，加水至50mL，加数粒玻璃珠，加1mL（3＋7）硫酸溶液，5mL过硫酸钾（50g/L）溶液，置电热板或可调电炉上加热煮沸，调节温度使保持微沸30～40min，至最后体积为10mL。放冷，加2滴酚酞指示剂，滴加氢氧化钠溶液至刚呈微红色，再滴加1mol/L硫酸溶液使红色褪去，充分摇匀。如溶液不澄清，则用滤纸过滤于50mL比色管中，用水洗锥形瓶及滤纸，一并移入比色管中，加水至标线，供分析用。

校准曲线的绘制。取数支50mL具塞比色管，分别加入磷酸盐标准使用液0mL、0.50mL、1.00mL、3.00mL、5.00mL、10.0mL和15.0mL，加水至50mL。向比色管中加入1mL 10％抗坏血酸溶液，混匀。30s后加2mL钼酸盐溶液充分混匀，放置15min。用10mm或30mm比色皿，于700nm波长处，以零浓度溶液为参比，测量吸光度。

样品测定。取消解后的水样加入50mL比色管中，用水稀释至标线。以下按绘制校准曲线的步骤进行显色和测量，减去空白试验的吸光度，并从校准曲线上查出含磷量。

计算

$$l(TP)=\frac{m}{V} \tag{9-10}$$

式中　$l(TP)$——水样总磷的浓度（以P计），mg/L；

　　　m——根据校准曲线计算出的氮量，μg；

　　　V——取样体积，mL。

（2）总磷/磷酸盐在线监测　总磷在线分析仪（图9-14）应用于工艺自动控制时，可以降低运行成本，提高经济效益。

多磷酸盐和一些含磷的化合物在高温、高压的酸性环境中水解，生成正磷酸根，剩余稳定的磷化物被强氧化剂——过硫酸钠氧化成正磷酸根。正磷酸根离子在含钼酸盐的强酸溶液中，能和锑形成一种化合物，此化合物又被抗坏血酸还原成磷钼酸盐，并呈现出蓝色。在测定范围内，其颜色强度和样品中正磷酸根离子浓度成正比，因此，通过测量颜色变化的程度，可以测量样品中总磷的浓度。

在测量模式下，仪器首先用样品冲洗比色池，然后在比色池内加入试剂A和经过预处理的样品。两者混合后，在高温、高压下进行反应，然后立即被冷却。为了测量经过反应而得到的所有正磷酸盐的浓度，试剂泵同时向比色池内加入试剂C和D，并混合均匀。反应结束后，LED光度计测量溶液的吸光度，并

图 9-14 总磷在
线分析仪

且和反应前测量得出的结果进行比较，从而计算出总磷的浓度值。

在比色池内加入试剂 A。经过加热，氧化剂被破坏，转化成硫酸。冷却后，蠕动泵再往比色池内加入样品、试剂 C 和试剂 D。样品和试剂经过混合、反应后，由 LED 光度计测量生成溶液的吸光度，并与反应前测得的结果进行比较，从而计算出正磷酸盐的浓度。

总磷在线分析仪的面板前方，特意设置一块安全防爆玻璃，该玻璃通过 3 个支撑螺栓固定，只有当反应器内部处于常温、常压、没有样品时，该防爆玻璃才能通过服务菜单打开，操作人员的安全得到了有效保护。

（3）总氮、总磷、COD 自动监测仪 自动监测仪用于市政污水、工业废水、环保领域的在线仪器监测。

① 用过硫酸钾做氧化剂，在 120℃条件下加温消解 30min，最后用紫外分光光度法检测 TN；用过硫酸钾做氧化剂，在 120℃条件下加温消解 30min，最后用磷钼蓝分光光度法检测 TP；用 254nm 紫外光照射，通过测量吸光度检测 COD。

② 测量范围分别为：TN，0～2mg/L 至 200mg/L；TP，0～0.5mg/L 至 20mg/L；COD（UV），0～20mg/L 至 500mg/L。

③ 干扰及消除。砷含量大于 2mg/L 有干扰，可用硫代硫酸钠除去。硫化物含量大于 2mg/L 有干扰，在酸性条件下通氮气可以除去。六价铬大于 50mg/L 有干扰，用亚硫酸钠除去。亚硝酸盐大于 1mg/L 有干扰，用氧化消解或加氨磺酸均可以除去。铁浓度为 20mg/L，使结果偏低 5%；铜浓度达 10mg/L 不干扰；氟化物小于 70mg 也不干扰。水中大多数常见离子对显色的影响可以忽略。

④ 安全操作。使用压力蒸汽消毒器时，冷却后放气要缓慢，应定期校核压力表。

9.6 重金属的测定

汞、镉、铅、铬、砷及其化合物，称为"五毒"，它们来源于采矿和冶炼过程、工业废弃物、制革废水、纺织厂废水、生活垃圾。重金属可以沉积在河底、海湾，通过水生食物链或供水系统进入人体，降低酶类活性，引起急慢性中毒，致使细胞畸变或引发癌变甚至死亡。因此，工业废水进入城市排水管道或直接排放受纳水体，必须经过处理，汇入工业废水的城市污水也应当控制一类污染物总汞、总镉、总铅、总铬、六价铬、总砷、烷基汞的浓度。

在酸性溶液中，六价铬（hexadic chromium）与二苯碳酰二肼反应，生成紫红色化合物，其最大吸收波长为 540nm，铁、汞和钼也和显色剂反应生成有色化合物，水中含有氧化性及还原性物质、水样有色或浑浊时，对测定均产生干扰，须进行预处理。

具体操作如下所述。

（1）试剂

二苯碳酰二肼丙酮溶液（2.5g/L）：称取 0.25g 二苯碳酰二肼，溶于 100mL 丙酮中，盛于棕色瓶中置冰箱内可保存半月，颜色变深时不能再用。

硫酸溶液（1+7）：将 10mL 硫酸（$\rho_{20} = 1.84g/mL$）缓缓加入 70mL 纯水中。

六价铬标准溶液 $[\rho(Cr) = 1\mu g/mL]$：称取 0.1414g 经 105～110℃ 烘至恒量的重铬酸钾，溶于纯水中，并于容量瓶中用纯水定容至 500mL，此浓溶液 1.00mL 含 100μg 六价铬，吸取此溶液 10.0mL 于容量瓶中，用纯水定容至 1000mL。

氢氧化锌共沉淀剂由硫酸锌溶液和氢氧化钠溶液组成。

硫酸锌溶液（80g/L）：称取硫酸锌（$ZnSO_4 \cdot 7H_2O$）8g，溶于水并稀释至 100mL。

氢氧化钠溶液（20g/L）：称取氢氧化钠 24g，溶于新煮沸放冷的水至 120mL，和硫酸锌溶液混合。

丙酮；（1+1）硫酸溶液；（1+1）磷酸溶液。

（2）仪器　所有玻璃仪器都要求内壁光滑，不能用铬酸洗涤液浸泡，可用合成洗涤剂洗涤后再用浓硝酸洗涤，然后用自来水、纯水淋洗干净。

具塞比色管，50mL；分光光度计。

（3）色度校正　如水样有色但不太深，另取一份水样，在待测水样中加入各种试液进行同样的操作时，2mL 丙酮代替显色剂，最后以此代替水样为参比来测定待测水样的吸光度。

如水样有颜色时，另取 50mL 水样于 100mL 烧杯中，加入 2.5mL 硫酸溶液（1+7），于电炉上煮沸 2min，使水样中的六价铬还原为三价，溶液冷却后转入 50mL 比色管中，加纯水至刻度后再多加 2.5mL 二苯碳酰二肼溶液，摇匀，放置 10min，于 540nm 波长用 3cm 比色皿，以纯水为参比测量空白吸光度。

对浑浊、色度较深的水样可用锌盐沉淀分离预处理。取适量水样（含六价铬少于 100μg）置 150mL 烧杯中，加水至 50mL，滴加 2g/L 氢氧化钠溶液，调节溶液 pH=7～8。在不断搅拌下，滴加氢氧化锌共沉淀剂至溶液 pH=8～9，将此溶液转移至 100mL 容量瓶中，用水稀释至标线。用慢速滤纸过滤，弃去 10～20mL 初滤液，取其中 50mL 滤液供测定。

（4）校准曲线的绘制　向一系列 50mL 比色管中分别加入 0mL、0.20mL、0.50mL、1.00mL、2.00mL、4.00mL、6.00mL、8.00mL 和 10.00mL 铬标准溶液，用水稀释至标线，加入（1＋1）硫酸溶液 0.5mL 和（1＋1）磷酸溶液 0.5mL，摇匀。加入显色剂 2mL，摇匀。5～10min 后，于 540nm 波长处，用 10mm 或 30mm 的比色皿，以水作参比，测定吸光度并做空白校正，绘制吸光度对六价铬含量的校准曲线。

（5）取适量无色透明或经预处理的水样，置于 50mL 比色管中，用水稀释至标线，然后按照和校准曲线同样的测定步骤操作。测得的吸光度经空白校正后，从校准曲线上查得六价铬的质量，用下式计算六价铬的浓度。

$$l(\mathrm{Cr}^{6+})=\frac{m}{V} \tag{9-11}$$

式中　$l(\mathrm{Cr}^{6+})$——水样中六价铬的浓度，mg/L；

　　　m——由校准曲线查得的铬量，μg；

　　　V——水样体积，mL。

9.7　粪大肠菌群的测定

冠状病毒的广泛传播和顽强存活能力使人们意识到消毒的重要性，尤其是对接纳病人排泄物的污水处理厂的尾水消毒成为防止疫情扩散的重要防线。

2003 年 5 月 4 日，原国家环境保护总局要求"城镇污水处理厂出水应结合实际采取加氯或紫外线、臭氧等消毒灭菌处理，出水水质粪大肠菌群数（fecal coliform）小于 10000 个/升"，由此可见污水处理厂尾水消毒的必要性和紧迫性。为了保护人类的健康、生命以及水环境和水资源，世界许多国家和地区（北美、欧盟、日本、韩国、中国台湾等）都要求对城市污水在排放前进行消毒处理。污水消毒也是保护饮用水源的第一道防线。原国家环境保护总局和国家质量监督检验检疫总局于 2002 年 12 月 24 日颁布的《城镇污水处理厂污染物排放标准》（GB 18918—2002）中首次将微生物指标列为基本控制指标，要求城市污水必须进行消毒处理，从而使污水处理的病理指标与国际接轨。

测定方法同水源水耐热大肠菌群发酵法，城市原污水接种量会更小，甚至小到 10^{-3}mL、10^{-4}mL、10^{-5}mL。排放污水可按如下稀释度：10mL、1mL 和 0.1mL，1mL、0.1mL 和 0.01mL 或 0.1mL、0.01mL、0.001mL，然后从 MPN 表中乘以 10 倍或 100 倍计算结果。

10

水处理剂生产设备

10.1　反应设备

反应设备是用于完成介质的物理、化学反应的设备，如反应器、反应釜、分解锅、分解塔、蒸煮锅、蒸球、蒸压釜等。反应设备普遍应用于化工生产过程，如用来完成磺化、硝化、氢化、烃化、聚合、缩合等工艺过程，以及生产化工产品及其中间体的许多其他工艺过程。

由于工艺条件和反应介质不同，反应设备的材料和结构也不一样。但其基本组成是相同的。反应设备一般包括传动装置（电机、减速机）、釜体（上盖、筒体、釜底）、工艺接管等。为了强化反应过程，在设备结构上通常装有必要的换热和搅拌装置。其材料普遍采用钢制（或衬里）、铸铁或搪玻璃。其中搅拌器在后面部分有专门叙述，在此不再赘述。

反应设备一般应单独设计。对间歇式单台设备，可根据操作压力、操作温度、介质性质、生产能力、换热面积、容积大小等条件来选择合适的结构形式、工艺参数、材质、容积、换热面积以及搅拌功率等。为了正确地选用和操作反应设备，本章重点介绍反应设备的分类和结构。

根据操作情况，反应设备通常可分为间歇式反应器和连续式反应器两大类。

10.1.1　间歇式反应器

参加反应的物质一次性投入，反应完毕后产品以一次性卸出的反应器称为间歇式反应器。带有搅拌装置的釜式反应器（亦称反应锅或反应釜）是小化工产品生产中使用最普遍的一种间歇反应器，其结构如图 10-1 所示。

间歇过程的所有操作阶段发生在同一设备装置上的不同时间。此种反应器装

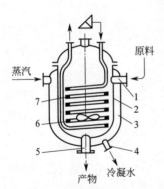

图 10-1 间歇式反应器

1，4，5—连管；2—锅壁；
3—夹套；6—搅拌器；7—蛇管

置简单，操作方便，互换性大，基本投资低，常用来进行低级数的、低转化率下进行操作的化学反应过程。小化工的产量和规模较小，因而大多采用间歇式反应器。

间歇式反应釜的材质一般为钢制、铸铁和搪玻璃三类。

（1）钢制（或衬瓷板）反应釜　最常用的反应釜材料为 Q235-A（或其他容器钢）和不锈钢。设计时选用的操作压力、温度为反应过程最高压力和最高温度。装有夹套的壳体依照外压容器计算。附属零（部）件和人孔、手孔、工艺接管等，通常设置在釜盖上。

要求采取防腐措施的设备，可将耐酸瓷板用配制好的耐酸胶泥牢固地黏合在釜的内表面并经固化处理。经衬瓷板的反应釜可耐任何浓度的硝酸、硫酸、盐酸及低浓度的碱液等介质，是有效的防腐蚀的方法。

钢制反应釜制造工艺简单，造价费用较低，维护检修方便，使用范围广泛，因而得到普遍采用。

（2）铸铁反应釜　铸铁反应釜对于碱性物料有一定的抗腐蚀能力。当用于壁温低于 25℃，内压力低于 0.6MPa 时，最大直径达 1000mm，当铸铁牌号提高时，最大直径可达 3000mm。铸铁设备在磺化、硝化、缩合、硫酸增浓等反应过程中使用较多。

（3）搪玻璃反应釜　是用含高二氧化硅的玻璃，经高温灼烧而牢固地结合于金属设备的内表面上。它具有玻璃的稳定性和金属本身强度高的优点，光滑、耐腐蚀、耐磨，具有一定的稳定性，目前已广泛地应用于化工产品生产过程。搪玻璃反应釜的性能如下。

① 耐腐蚀性。能耐各种浓度的无机酸、有机酸、有机溶剂及弱碱的腐蚀，但对氢氟酸及含氟离子的介质，温度大于 180℃ 的浓磷酸和强碱不耐腐蚀。

② 耐热性。允许在 −30～+240℃ 范围内使用，耐热温差小于 120℃，耐冷温差小于 110℃。

③ 耐冲击性。耐冲击性较小，为 $10.6J/cm^2$，故使用时应避免硬物冲撞。

④ 搪玻璃设备不宜用于下列介质的储存和反应，否则将会因腐蚀而较快地损坏。如任何浓度和温度的氢氟酸，含氟离子的其他介质；pH＞12 且温度大于 100℃ 的碱性介质；温度大于 180℃，浓度大于 30％ 的磷酸；以及酸碱交替的反应过程。

在运输和安装时，要防止碰撞，加料时严防重物搅拌入容器内，使用时应缓慢加压升温，防止剧变。图 10-2 为反应釜结构。

10.1.2 连续式反应器

图 10-3 所示为连续过程装置流程。原料不断地加入设备，在加热器 1 中加热，在带有搅拌器的反应器 2 内搅拌并反应，并在冷却器 3 内冷却，成品则不断地自冷却器卸出。

与间歇过程相比，连续过程有很多优点，如设备生产能力大，过程稳定，成品质量均一，有利于实现过程控制等。以下简要介绍化工生产中常用的几种连续反应装置。

（1）塔式反应器　精细化工中最常用的连续式反应器为塔式反应器，如填充塔、板式塔、转盘塔等。填充塔反应器的装置简单，容积效率高。但由于这种装置不适用于有固体或杂质存在的场合，对于互不相溶的液-液系统，填充塔的径向混合很差，此时就应选用转盘塔，转盘塔内由于搅拌器的剧烈搅拌，加强了径向混合，但逆向混合相应地要比填充塔大，容积效率比填充塔小。

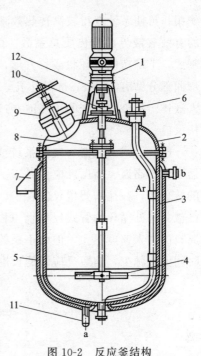

图 10-2　反应釜结构

1—传动装置；2—釜盖；3—釜体；4—搅拌装置；5—夹套；6—工艺接管；7—支座；8—联轴器；9—人孔；10—密封装置；11—蒸汽接管；12—减速机支架

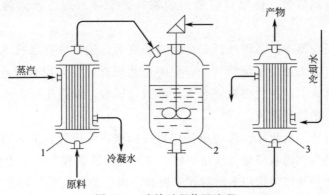

图 10-3　连续过程装置流程

1—加热器；2—带有搅拌器的反应器；3—冷却器

（2）鼓泡床反应器　精细化工中，连续式的气液相反应较多采用气液相鼓泡反应器。此反应器的主要优点是结构简单，没有转动部件，无密封问题。根据需要可采用蛇管或其他换热装置，单位体积的传热面积很大，同时由于气体的鼓泡作用，可使系统获得较高传热效率。如能适当选择、安排鼓泡装置，可获得较大的有效气液界面及传质总系数。鼓泡器一般是由一根直径为 25～50mm 的管子制成，下部弯曲成环状或长方形，搁置在器底上，管的顶端焊死，而在底面上的弯曲部分钻有 $\phi3$～8mm 的小孔，以能使超过管子阻力及液柱阻力的压缩空气通入液体。从细孔出来的小气泡穿过全部液体进行强烈地鼓泡搅拌和混合，促进加快反应。

（3）管式反应器　气体系统或均相液-液系统可采用管式反应器。管式反应器适宜于高温、高压反应。对于一些反应速率不大的液相反应，为了达到所要求的转化率，往往需要很长的管子，这就限制了这类反应器的广泛应用，这个缺点已被具有外循环的管式反应器（图 10-4 所示）所克服。在这样的装置内，虽然原料的加入速度不大，但由于泵的强制循环作用使反应强化，从而有可能使反应时间大大减少，缩短反应管的长度。

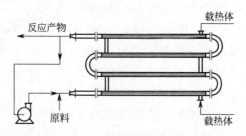

图 10-4　具有外循环的管式反应器

对于生产能力较大的场合，采用大口径管道来进行反应是不适宜的。这时可选用列管式反应装置，使每根管道内的物料处于接近理想推流的条件下进行反应。

在管式反应器中，必须选择合适的物料流速，这里存在着技术经济分析问题。速度小，动力及经常维持费小，但不易达到充分径向混合的效果；流速过大，则压力降太大。在大多数场合下，需通过试验，以便在 0.1～1.0m/s 的范围内选择适宜的物料流速。

（4）固定床、流化床、移动床反应器　如果在反应管内装入固体颗粒催化剂，使通过的气相物料转变为气相产物，这样的装置就称为固定床催化反应器。根据不同的生产规模可选用不同的管子根数。为了保证气流均匀通过每根管子，催化剂床层的阻力必须基本相同。因此催化剂的粒度应该均匀，且各管装入量相等。加好催化剂后，测定各管的压力降，要求各管压力降与最大值差额小于 3%。

反应器的管间采用载热体进行冷却或加热。对于高温强放热反应，合理地选择载热体是控制反应温度，保持反应器操作稳定的关键。通常用作载热体的有冷却水、沸腾水、加压水、溶盐、熔融金属等。载热体在管间可以采用内循环或外循环两种方式。

在固定床反应器中，催化剂表面的利用受到限制，当反应热较大时，由于床温分布不均匀，不能保证反应器各部分在最适宜的温度条件下进行，这就降低了催化剂的效率。如果气体自下而上地流过装有微小固体粒子的床层，当气体流速加大而产生的压力降足以克服粒子本身受到的重力时，固体粒子层即行膨胀，同时在固体粒子间产生剧烈的相对运动和不断混合（但固体粒子不被气体从容器内带出）。这种呈沸腾状态的固体层即称为流化床（或称沸腾床）。但如把气体流速增得太大时，则固体粒子在器内产生向上的位移而被带出，这种状态的固体粒子层就叫移动床。无论是流化床还是移动床，都大大增加了气固相的接触，并改善了床内的温度分布。在有机合成工业中采用流化床的实例很多。

固体粒子的大小和气体流速的选择对流化床的正常工作起着十分重要的作用。

10.2　分散与混合设备

化工生产中，一些固-液、固-液-气非均相化学反应、生物酶催化反应，均要求固体以较细的粒度分散于液体之中，制剂中的许多剂型，如混悬剂、片剂、冲剂等，从生产工艺或生物利用的角度也要求固体有足够小的粒度。因此将大粒径的固体粉碎，将大小不同粒径的固体加以筛分，不同固体物料的均匀混合，有时将混合均匀的固体粉末制成一定大小的颗粒，以保证混合固体的稳定性，这就需要用到分散与混合设备。此外，在小化工产品生产过程中复配技术应用非常广泛，复配单元操作也主要应用的是分散与混合设备。下面主要介绍小化工生产中最常用的几种粉碎设备和混合设备。

10.2.1　粉碎设备类型与结构

（1）球磨机　粉碎是利用外加机械力，将固体颗粒破碎，粒径减小，其方法有单独粉碎、混合粉碎、干法粉碎、湿法粉碎和低温粉碎等。

球磨机可以间歇操作，也可连续操作。除适用于一般物料的粉碎外，对有毒、刺激性、挥发性物料可以密封操作，也可采用干法或湿法磨碎。为了缩小产物的粒度分布范围，可采用棒磨机（以棒代球作研磨体），该机中大颗粒的粉碎机会比小颗粒的粉碎机会要多些。

锥形球磨机结构如图10-5所示。回转筒体内装有一定数量的研磨球，筒体可以是圆锥形或圆柱形，筒体轴线可以是水平的，也可与水平面呈一个小的倾斜角度。筒体内表面常衬以耐腐蚀的材料，如锰钢等。研磨球的材料可为钢、陶

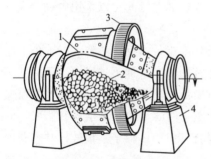

图 10-5 锥形球磨机
1—锥形筒体；2—研磨球；
3—大齿轮；4—支承部

瓷、花岗岩等，装填量占研磨机容积的30%～50%。所用球的直径变动范围为12～125mm，最适宜的直径大约与进料粒度的平方根成正比，比例常数是物料性质的函数。

筒体绕水平轴线回转时，筒体内的研磨球被带至一定高度后抛落，产生球与料，料与料，料与壁以及球、料与壁之间的撞击、研磨，导致物料粉碎。

影响物料粉碎的因素有：进料速度、物料性质、球的质量、直径、球磨机的倾斜角度、球磨机转速、球磨机中物料的装填高度等。

（2）O形气流粉碎机 O形气流粉碎机属超细粉碎设备，其结构如图 10-6 所示。粉碎机主要的工作腔是一个环形管道。干粉自加料口经压缩空气吹入后，立即受到高压喷嘴射出的高速气流的冲刷，使粉料相互碰撞、剪切、撕裂。细粉粒离心力较小而沿管道的小径（内侧边）回转，进入排出口，再经惯性分离而过滤收集。大的颗粒沿管道外侧继续回转，多次粉碎，达到一定细粒度时，才能排出收集。

（3）靶式气流粉碎机 靶式气流粉碎机结构如图 10-7 所示。物料在喷管中与输入的气流相混合，并得到加速。混合气流经喷嘴射出后，冲击到前方安置的冲击靶上而被粉碎。同时气流把粉碎的产物送到分级器中，细料排出，粗料继续反复粉碎，达到所要求的细粒度时，再排出。

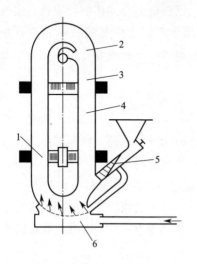

图 10-6 O形气流粉碎机
1—粉碎腔；2—分级口；3—物料口和气体出口；
4—循环管；5—文丘里送料器；6—喷嘴

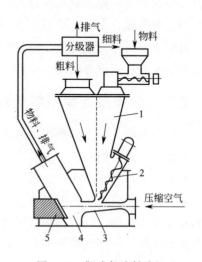

图 10-7 靶式气流粉碎机
1—料斗；2—进料螺旋；3—喷嘴；
4—粉碎腔；5—靶

（4）胶体磨　胶体磨由彼此具有一定间隙的一对相配回转体构成，如图 10-8 所示。转子高速转动后，液体介质形成高速流体，产生剪切力，使悬浮在液体中的固态物料得到研磨和分散的一种粉碎机械。

（5）液体能研磨机　它仍属于气流粉碎机械，称喷射粉碎机。粉碎作用发生在一个浅的圆筒形室中，室的周边上按等距离切线方向安装一些喷嘴，这些喷嘴的轴线与假想的公共圆相切。固体抛向室的外壁，并在流体速度差的作用下产生剪切使物料粉碎，粒度可达 $1\sim10\mu m$。该机械主要用来生产 $20\mu m$ 或更细的不能用筛子分级的粉末，在制剂生产中很重要。

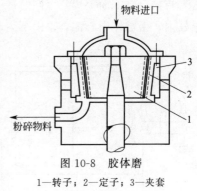

图 10-8　胶体磨
1—转子；2—定子；3—夹套

10.2.2　混合设备类型与结构

混合的目的在于使各种性质不同的粉碎物组成均匀一致的混合物。物料粉粒的混合与粉粒形状、密度、粒度大小和分布范围以及表面效应有直接影响。

目前常用的混合方法有三种：搅拌混合、研磨混合和过筛混合。

（1）混合筒　混合筒的形状有圆柱形、方形、双圆锥形和 V 字形（如图 10-9 所示）等。通过电机，传动机械驱动轴旋转运动，粉碎物在筒内翻动，达到混合目的。混合效率取决于转速，其实际操作转速应小于临界转速。

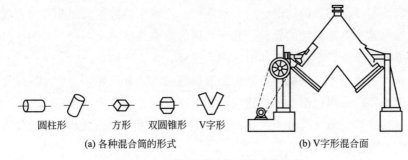

圆柱形　方形　双圆锥形　V字形

(a) 各种混合筒的形式　　　　　　　(b) V字形混合面

图 10-9　各种形式的混合筒结构示意

（2）槽形混合机　槽形混合机如图 10-10 所示，主机由混合槽、盖、轴、搅拌桨传动机构等组成。电机 1 通过三角皮带 2 使带轮 3 连接处的蜗杆 4 旋转，蜗杆又带动蜗轮 5 上的主轴 6 及搅拌桨 7 回转，使槽中的物料混合。桨叶的旋转，可使槽中颗粒发生剪切混合，而槽内局部还发生扩散混合等综合作用。

（3）双螺旋锥形混合机　双螺旋锥形混合机主要由锥体、螺杆转臂、传动部分等组成，如图 10-11 所示。操作时筒体不转动，电机带动传动装置使中心轴转动，并驱使双螺杆既自转又绕中心轴公转，两螺杆进行自转搅拌并提升物料，快速自转将物料自下而上提升，同时锥体内的物料不断地混掺错位，并汇集在螺柱形物料柱内，由锥体中心汇合再向下运动，使物料在短时间内达到高效率的混合。

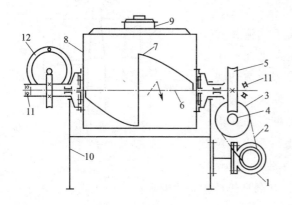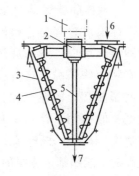

图 10-10　槽形混合机
1—电机；2—三角皮带；3—带轮；4—蜗杆；
5—蜗轮；6—主轴；7—搅拌桨；8—混合槽；
9—槽盖；10—机架；11—轴承；12—手轮

图 10-11　双螺旋锥形混合机
1—电机减速系统；2—转臂传动系统；
3—锥形筒体；4—螺旋杆部件；
5—拉杆部件；6—加料口；7—出料口

10.3　分离设备

　　混合物可分为均相体系和非均相体系两大类。均相混合物指物系内各处物料性质均匀，不存在相界面的混合物，如空气、乙醇水溶液等。而非均匀相混合物则指物系内部有隔开两相的界面，界面两侧的物质性质完全不同。如固体颗粒与液体组成的悬浮液、不互溶液体组成的乳浊液、含尘气体等。

　　在非均相物系中，某相物质处于分散状态的称为分散相，如悬浮液或含尘气体中的固体颗粒。而包围着分散物质的处于连续状态的称为连续相。

　　连续相按其状态又可分为气态和液态。非均相混合物相应地被称为气态非均相混合物和液态非均相混合物。

　　化工生产中，许多工艺要求把均相混合物中的某一组分或全部组分分离出来，常采用的方法是吸收、蒸馏等单元操作。也有许多工艺要求把作为分散相的固体颗粒与作为连续相的气体或液体分离开来。由于两相物理性质（如密度、粒度等）有显著差异，故可用机械方法将其分离。从工作原理来看，根据混合物两相的密度差异，在受外力作用时，两相间产生相对运动而达到分离的方法称沉降。从所受作用力的形成来看，沉降可分为重力沉降和离心沉降。根据混合物粒度的差异，使两相在外力推动和带孔介质和截留综合作用下达到分离的方法称过滤，实现过滤的外力可以是重力或离心力，也可以是介质两侧的压力差。

固液分离设备。过滤是在外力作用下，悬浮液流过多孔物质，其中液体穿过多孔物质，固体颗粒被截留下来而实现固液分离的操作过程。

工业上使用的过滤设备一般称为过滤机。按操作方式可分为间歇式和连续式，按过滤动力性质可分为压差式（含压力和真空）和离心式。

（1）板框过滤机　板框过滤机的结构如图 10-12(a) 所示。主要由尾板、滤板、滤框、头板、主梁和压紧装置等组成。在头板和尾板之间，依次交替排列着滤板和滤框。板框之间夹有滤布。板框上的支耳架在主梁上，通过压紧装置的压力，将各板框联结成整体。

滤板和滤框构造如图 10-12(b) 所示，外形多为正方形，在板和框的两个上角开有小孔，叠合后构成供滤浆或洗水的通道。滤框的两侧覆以滤布，框架与滤布围成容纳滤浆和滤饼的空间。滤板为支撑滤布而做成实板，为形成流出滤液的通道而在滤板上刻有凹槽。滤板又有洗涤板和一般滤板之分，结构略有不同。为易于识别，在板、框外侧制有小钮或其他标志。滤板为一钮，滤框为二钮，洗涤板为三钮，如图 10-12(b) 组合时，按钮数次 1，2，3，2，1…的顺序排列。所需板框数目由生产能力和滤浆浓度等因素来确定。

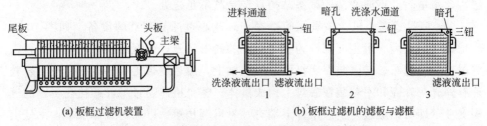

图 10-12　板框过滤机的装置及滤板与滤框的构造
1—滤板；2—滤框；3—洗涤板

过滤时，悬浮液在一定压力下，经滤浆孔道由滤框角上的暗孔进入框内，滤液分别穿过框两侧滤布，至相邻滤板沟槽流出液出口排出。固体被截留在框内空间，形成滤饼，待滤饼充满框内，过滤操作结束。

洗涤时，需先将悬浮液进口阀和洗涤板下方滤液出口阀关闭，将洗水压入水通道，经由洗涤板角上的暗孔进入板面与滤布之间，洗水横穿第一层滤布及滤框内的滤饼层，再穿过第二层滤布，最后由过滤板下方的滤液出口排出。

洗涤后，旋松压紧装置，将各板、框拉开，卸下滤饼，清洗滤布，整理板框，重新装好以进行下一个操作循环。

用各种金属、木材或工程塑料等不同材料制成的板框，可适用不同性质的滤浆。视滤液暴露在空气中的污染要求，板框过滤机的排液部分有明、暗流之分。板框过滤机的操作单力不超过 1MPa。

板框过滤机结构简单，制造方便，附属设备少，对不同性质的滤浆适应性好，广泛应用于精细化工中。它的缺点是装卸、清洗皆为手工操作，劳动强度大，滤布损耗较大。近年来发展各种自动板框过滤机，大大减轻了劳动强度。

（2）转鼓真空过滤机　转鼓真空过滤机是利用压差作推动力的连续式过滤设备。主体为圆筒形转鼓，转鼓表面打有许多孔，并包有铁网和滤布。转鼓内部分成若干不相通的扇形格室，各室经空心主轴内的通道与分配头的转动盘上的扇形孔一一相通。转鼓水平放置，下部浸在料液槽中，滤液穿过过滤介质进入扇形格室，流至分配头转动盘上的扇形孔内，固体颗粒被截留在滤布上形成滤饼。

转鼓真空过滤机的另一个重要部件是分配头。

在工作的某一瞬间，转鼓各扇形格室分别处在过滤、吸干、洗涤、吹松、卸料、复原等几个操作状态，因而实现了连续工作。

转鼓真空过滤机的转筒直径为 0.3~4.5m，长度为 0.3~6m，转鼓表面积为 5~50m²，浸入料液中的转鼓表面积为全部表面积的 30%~40%，操作真空度为 $(3.3~8.6) \times 10^4$ Pa，滤饼含水量为 30% 左右，滤饼厚度为 40mm，消耗功率为 0.4~4kW。

转鼓真空过滤机具有连续操作、处理量大、对料液性质的适应性好等优点。滤饼含水量高，不便清洗，设备结构复杂是其不足之处。

（3）三足式离心机　该机属间歇操作，离心过滤悬浮液的设备。如图 10-13 所示，三足式离心机主要部件为一带底部的筒形转鼓，鼓壁上开有许多小孔，内壁覆有袋状滤布，转鼓装在底盘中心的主轴上，通过皮带传动与电机相连。转鼓外有外壳，外壳和主轴装在底盘上构成机体。整个机体通过吊杆悬挂在机座的三根支柱（即所谓三足）上。吊杆上端有螺母可调长短，以保持机体水平，吊杆上套有压缩弹簧，以减少转鼓工作时造成的震动。这种支承方法在转鼓因装料不均而处于不平衡状态时能自动调整，从而减轻主轴和轴承的动力负荷。

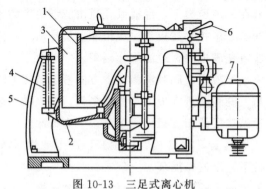

图 10-13　三足式离心机

1—转鼓；2—机座；3—外壳；4—拉杆；5—支脚；6—手制动器；7—电机

三足式离心机可视具体情况停车装好或边转动边装料，力求装得均匀。转鼓高速转动，受离心力的作用，滤液通过滤布和转鼓壁上的小孔抛至外壳上，汇集于底盘，自底盘上出液口排出，固体颗粒被截留在转鼓滤布之内形成滤饼，滤饼的含湿量达到要求后，停车人工卸料，清洗滤布准备下一次操作。需洗涤时，可在适当时候，向转动着的转鼓内加洗涤水，待洗涤液被甩干后再停车。

三足式离心机结构简单，操作平稳，转鼓转速高，过滤推动力大，过滤速率快，滤饼可洗涤且含湿量较低，过滤时间根据对滤饼湿含量的要求来控制。适用于小批量、多品种的生产过程，对结晶状或纤维状固体的物料脱水效果尤其好，广泛地应用于精细化工行业。三足式离心机的缺点是从转鼓上方人工卸料，劳动强度大。

10.4　干燥设备

干燥设备按加热方式可分为对流式、传导式、辐射式和介电加热干燥；根据干燥介质的类别，可分为空气、炉气或其他干燥介质；按操作压力可分为常压式和减压式；按操作方式可分为连续式和间歇式，前者适用于生产能力大而种类单纯的情况，后者适用于处理物料的数量不多而种类复杂的场合。下面分别对常用干燥设备进行简单介绍。

10.4.1　间歇式干燥器

（1）盘架式干燥器　盘架式干燥器为典型的间歇式常压干燥设备，图 10-14 所示为常用的盘架式干燥器的简图。干燥器做成厢式，其外部用绝热材料保温，以减少热量损失。干燥器内有多层框架，作安放物料盘之用。干燥所用空气从干燥器右上角引入，在与加热管相遇而经预热后，循箭头方向依次横经框架，和物料接触后成为废气由废气出口 4 排出干燥器外。在空气的出口与入口处都装有风门，若干燥器中介质的温度过低，可将此风门略开，使部分潮湿废气回至干燥箱中循环使用。

（2）间歇式减压干燥器　当物料不能耐高温或在高温下易于氧化，可在减压下进行干燥。对于在干燥时容易产生粉末或有爆炸危险的物料，以及排出的蒸汽必须回收的物料，都采用此类干燥器。减压干燥器虽然结构比较复杂，投资和运转费用都较大，但仍广泛应用于精细化工生产中。

减压干燥器设备包括干燥器本身、冷凝器及真空泵。由于需要密封，大型减压干燥设备不易实现连续操作，一般采用间歇式减压盘架式干燥器、耙式减压干燥器以及连续式滚筒干燥器。其构造与在常压下的相似，但必须有密闭的外壳，以维持减压状态。图 10-15 所示为减压耙式干燥器，其中外壳 1 装有蒸汽夹套，2 内通蒸汽以供给热量，水平搅拌器 3 由器外齿轮传动装置 4 所带动。在干燥第

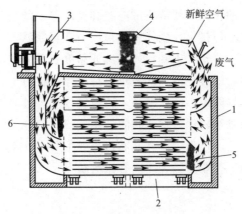

图 10-14 盘架式干燥器

1—干燥室；2—送风机；3—空气预热器；4—废气出口；5—空气出口；6—调节风门

一阶段，水分排出迅速，同时物料温度接近于在减压下水的沸点。在干燥的第二阶段，物料的温度上升，接近于加热间壁的温度，在静止状态下物料可能发生过热现象。为了避免此种危险，通常在中心轴上装有桨耙以搅动物料。其操作属间歇式，开始时将物料加入，启动真空泵，再进行干燥，经过适当时间后停泵，破坏真空，开启门盖，使已干物料被泵耙推移而卸出。

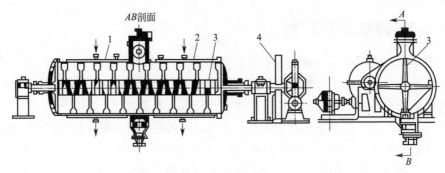

图 10-15 减压耙式干燥器

1—外壳；2—蒸汽夹套；3—水平搅拌器；4—传动装置

10.4.2 回转式干燥器

回转式干燥器亦称转筒式干燥器，其主要部件为稍作倾斜而转动的长筒。此类干燥器广泛地应用于颗粒、块状物料的干燥。干燥介质最常用的是热空气，也可用烟道气或其他可供利用的热气体。根据干燥介质与被干燥物料是否直接接触而分为直接加热干燥器和间接加热干燥器。

图 10-16 所示为直接加热回转干燥器，系用煤或柴油在炉灶 1 中燃烧后的烟道气直接加热，而烟道气与湿物料的运动方向并流。如果湿物料不耐高温或不允

许被污染时，可改用经预热后的空气为干燥介质。

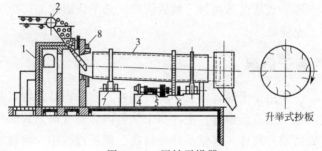

图 10-16　回转干燥器

1—炉灶；2—加料器；3—转筒；4—电动机；5—减速箱；

6—传动齿轮；7—支撑托轮；8—密封装置

转筒内所装分散物料的装置称为抄板，其作用是将物料翻起，使其均匀地分布在转筒截面的各部分，以与干燥介质很好地接触，增大干燥的有效面积。抄板的形式很多，它对干燥的技术指标有很大影响。

由于转筒内的物料处于不断翻动状态，容积干燥强度 $[kgH_2O/(m^3 \cdot h)]$ 比盘架式干燥器大，干燥均匀，对不同的物料适应性强，操作稳定可靠，机械化程度较高，故而被广泛采用。其缺点是设备笨重，结构复杂，钢材消耗量多，投资大，制造、安装、检修麻烦。对粉状和粒状物料，究竟采用回转式干燥器还是气流和沸腾干燥器，应结合能量消耗全面均衡考虑。

10.4.3　常压滚筒式干燥器

被干燥的物料是稠厚的液体，可采用滚筒式干燥器，图 10-17 所示为双滚筒式干燥器示意。滚筒内通有加热蒸汽，滚筒可部分地浸没在稠厚的悬浮液中，即浸没加料；亦可将稠厚的悬浮液喷洒到滚筒表面，称为溅洒加料。当滚筒缓慢地回转时，被干燥物料呈薄膜状附着于滚筒外面而被干燥。当滚筒回转 3/4～7/8 转时，物料应已达到干燥要求，于是利用刮刀将干料刮下。滚筒的转速应视干燥所用时间而定。干物料的厚度用两滚筒间的空隙来控制，空隙愈大则物料层愈厚，同时干燥器的产量也愈大，但干燥后物料中的含水率可能增大。对于料液是溶

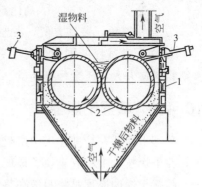

图 10-17　双滚筒式干燥器

1—外壳；2—滚筒；3—刮刀

解度较低或有晶体析出的悬浮液，也可采用溅洒法加料。

干燥设备一般应根据被干燥物料的进出口湿含量、处理量、干燥介质进出口

温度等参数作物料衡算、热量衡算，决定干燥设备的生产能力。根据干燥成品的物性要求决定干燥形式和设备用材。然后按照所选干燥形式去选择适合工艺要求和生产能力的干燥设备。

10.4.4 气流干燥器

气流干燥器主要用于干燥晶体和小颗粒物料。此干燥器的特点是颗粒悬浮在高温干燥介质（热空气或烟道气）中，当干燥管内热空气向上的流速大于颗粒的沉降速度时，物料随热气体一起流动并被输送。输送过程中，物料与干燥介质之间进行传热和传质。

气流干燥器的简单流程如图 10-18 所示。料由加料斗 1 经螺旋加料器 2 送入

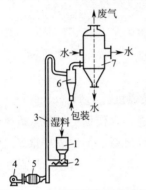

图 10-18 气流干燥器简单流程

1—加料斗；2—螺旋加料器；
3—干燥管；4—风机；5—预热器；
6—旋风分离器；7—湿式除尘器

气流干燥管 3 的下部。空气由风机斗吸入，经预热器 5 加热至一定温度后送入干燥器。已干燥的物料颗粒经旋风分离器 6 分离后，固体产品由排出口卸出，废气通过湿式除尘器 7 后放空。干燥管长度一般为 10～20m，物料停留时间只有几秒。干燥管内热气体的流速取决于湿颗粒的大小和密度，一般为 10～20m/s。

气流干燥器具有以下特点：

① 适用于干燥热敏性物料。湿物料均匀分散和悬浮在热气流中，气固相接触面积大，强化了传热、传质过程，使物料在干燥管内仅需极短的时间（几秒钟）即达到干燥的要求。因而，即使干燥介质的入口温度高达 600℃以上，固体物料的温度也很少超过 60℃。

② 结构简单，装卸方便，占地面积小。

③ 在干燥过程的同时，对物料有破碎作用，因而对粉尘的回收要求较高，否则物料损失大，还会污染环境。

10.4.5 喷雾干燥器

喷雾干燥器在精细化工中广泛应用，特别适用于热敏性物料，如药品、染料等，在干燥技术中占有重要的地位。

喷雾干燥的原理是将料液在热气流中喷成细雾以增大气液两相的接触面积。例如将 $1cm^3$ 的液体雾化为 $10\mu m$ 的球形雾滴，其表面积将增加 6000 倍。使雾滴在极短时间内被干燥成粉状或细颗粒状，因此极大地提高了干燥速度。干燥器有塔式和卧式两种，其中以塔式应用较为广泛。

与前述干燥方法相比，喷雾干燥在高温介质中干燥过程进行较快，而颗粒表

面温度仍接近介质的湿球温度，故干燥成品品质好，干燥热敏性物质不易变质，能得到速溶的粉末或空心细颗粒。另外，可由浆状液直接获得符合要求的产品，从而省去蒸发、结晶、分离、粉碎等工序。并且易于连续化生产，实现自动控制和避免干燥过程中粉尘飞扬，改善劳动条件。但喷雾干燥方法干燥强度小，热效率低，能耗大。

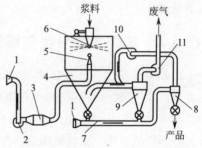

图 10-19　喷雾干燥器流程

1—空气过滤器；2—送风机；3—预热器；
4—干燥室；5—热空气分散器；6—雾化器；
7—产品输送及冷却管道；8—1 号分离器；
9—2 号分离器；10—气流输送用的风机；
11—抽风机

喷雾干燥器流程如图 10-19 所示。被干燥物料由泵送入干燥室 4 前经雾化器 6 雾化成微滴分散在热气流中，料滴与干燥室的内壁接触以前，其中的水分已迅速汽化而变成干料，成为微粒或细粉落到锥形器底部，利用气流输送到 1 号分离器 8，干料从气沉流中分离出来，由 1 号分离器底部排出。气体则进入 2 号分离器 9 分离出其中所夹带的粉末，废气经过抽风机排出。

喷雾干燥器中的关键设备是雾化器，因为雾化的好坏不但影响干燥速度，而且对产品品质有很大影响。例如喷雾不均匀时，大液滴可能尚未达到干燥要求就落到器底，使产品结固而达不到标准。

10.5　搅拌器

搅拌作为化工单元操作，广泛应用于精细化工行业。大多数间歇式反应设备和乳化设备都装有不同类型的搅拌装置。搅拌能使物料的质点相互接触，特别对液-液非均相系统，更能扩大反应物间的接触面积，从而加速反应的进行。搅拌还能使反应介质充分混合，消除局部过热和局部反应。搅拌能提高热量的传递速度。搅拌在吸附、结晶过程中能增加表面吸附作用，利于析出均匀的结晶等。

精细化工生产中应用搅拌器的场合主要为液-液互溶系统、液-液不互溶系统、固-液系统以及气-液系统的搅拌。根据不同的情况，所要求的搅拌强烈程度不一样。造成系统介质的流动形态也不一样，如层流、湍流、轴向流和径向流。

搅拌器造成的流动形态不仅与搅拌器本身的形状、大小、转速有关，而且与被搅拌介质的物性参数如黏度、密度有关，还与搅拌反应器内影响流动的构件有关。例如小直径、高转数、平直叶（桨叶平面与桨叶运动方向垂直）的搅拌器容易产生径向流；黏度高的液体易产生层流状态水平环向流；加上挡板（搅拌反应器壁上的竖条板）有利于破坏圆柱状回转区、产生轴向循环流。由于搅拌器造成的液体流动形态比较复杂，所以说某种搅拌器是径流的或轴流的都是就其主要的流动来描述。

10.5.1　搅拌器的分类与结构形式

（1）桨式搅拌器　桨式搅拌器是搅拌器中最简单的一种。其制造方便，适用黏度小或固体悬浮物含量在 5% 以下的液体，以及仅需保持缓和混合的场合。桨式搅拌器转速慢时剪切作用不大，轴向运动小，适用于黏度高达 15Pa・s、密度达 2000kg/m³ 的非均一系统液体的搅拌。尤其适用于流动性液体的混合，纤维状或结晶状固体物质的溶解、固体的熔化，保持较轻固体颗粒呈悬浮状态等场合。

平桨式搅拌器的主要缺点是不易产生轴向液流，但只要选择合适的尺寸及转速，或在容器壁上增加挡板，桨式搅拌器仍不失为一种有效的搅拌器。应用于液-液互溶系统的混合或可溶性固体的溶解时，平桨的直径一般选为容器直径的 0.7 倍，叶端圆周速度维持在 90～120m/min，液体的深度与容器的直径相等。如欲使较轻的不溶性固体均匀地悬浮于液体中，平桨的直径大致等于容器直径的 1/3～1/2，桨叶宽度为桨叶直径的 1/6～1/4，桨叶下方边缘离容器底部的距离等于桨叶的宽度。为了达到较剧烈的湍流以制止固体物下降的倾向，桨叶的圆周速度可以高于 90～120m/min，但以不超过 180m/min 为宜。实际上，桨式搅拌器在高转速下已起到涡轮式搅拌器的作用。图 10-20 所示为桨式搅拌器。

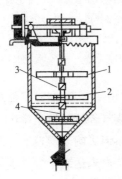

图 10-20　桨式搅拌器

1—桨叶；2—键；

3—轴环；4—竖轴

（2）框式及锚式搅拌器　这两种搅拌器主要用于搅拌不太强烈，性状全部为液体的场合，以及用于搅拌含有相当多固体的悬浮物，而固体和液体的相对密度相差不大者。运转时，雷诺数一般不超过 1000，否则表面生成旋涡，对混合不利。故叶片端部圆周速度较低，一般为 30～90m/min。

锚式搅拌器曾成功地用于黏度接近 1000Pa・s 的液体（相当于糖蜜）的分批混合操作，在 40r/min 下锚式搅拌器能够混合 40Pa・s 的液体，而桨式搅拌器只能混合不超过 15Pa・s 的液体。

液体黏度在 0.1～1Pa・s 时可以用没有中间横挡的锚式搅拌器。黏度在 1～10Pa・s 时可以加横挡，即为框式搅拌器。黏度越大，中间的横挡应越多。

锚式搅拌器边缘到容器壁的距离通常为 30～50mm，在必须防止形成残留物时，距离可以更小（小到 5mm）。

框式搅拌器的框架大小一般为反应器直径的 2/3～9/10。框式、锚式搅拌器结构分别见图 10-21 和图 10-22。

（3）推进式搅拌器 推进式搅拌器有 2～4 片短桨叶（一般为 3 片），桨叶是弯曲的，呈螺旋推进器形式，犹如轮船上的推进器（见图 10-23）。

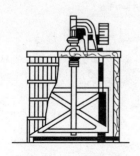
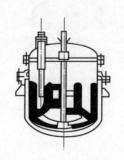

图 10-21 框式搅拌器　　　　图 10-22 锚式搅拌器　　　　图 10-23 推进式搅拌器

推进式搅拌器的叶端线速度往往可达 1500m/min。搅拌桨叶与运动方向的水平面成一定倾斜角度，整个桨叶的直径为容器直径的 1/4～1/3。由于这样的构造，推进式搅拌器主要是产生轴向液流。在高速旋转时，它能从一面吸进液体，而从另一面推出液体。当转速高时，剪切作用较大，并产生强烈的湍动，因此它容积循环率高。由于它能产生大的液流速度，且能持久而波及远方，因而对黏度在 2Pa·s 以下而密度达 2000kg/m³ 的各种液体的搅拌都有良好的效果，但不适用于高黏度液体。

为了增进搅拌效果，必须消除推进式搅拌器在高速旋转下产生的旋涡和圆形液流，可采取在容器侧安装垂直挡板或容器底安装十字形挡板，或加装导流筒，或将搅拌轴依一定的角度（15°～30°）斜插入液体中，或从容器壁水平地伸入液体。

在用于液体较深的场合，推进式搅拌器常常装有 2 排或 3 排的桨叶，最下一排桨叶离锅底的距离为设备直径的 1/9～1/7。

此搅拌器的叶端线速度一般为 300～600m/min，适用于容积在 2m³ 范围之内的场合。

（4）涡轮式搅拌器 涡轮式搅拌器和离心泵相似。高速旋转，液体的径向流速较高，冲击在内壁上，变成沿壁上下流动，基本上形成比较有规律的循环作用。由于这种搅拌器能最剧烈地搅拌液体，因而它主要应用在混合黏度差较大的两种液体，气体在液体中的扩散过程，混合含有较高浓度固体微粒的悬浮液，混合相对密度相差较大的两种液体。涡轮式搅拌器适用于黏度为 2～25Pa·s，密度达 2000kg/m³ 的液体介质。

涡轮式搅拌器分为开式、闭式两种。以开式居多，闭式的涡轮搅拌器制造复杂，造价较高。最常用的开式涡轮搅拌器有平叶圆盘涡轮、弯叶圆盘涡轮、箭叶圆盘涡轮、平叶涡轮、45°斜叶涡轮和弯叶涡轮。其结构示意如图 10-24 所示。

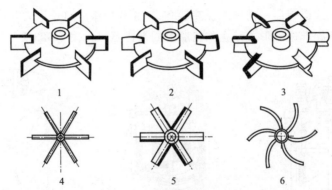

图 10-24　开式涡轮式搅拌器

1—平叶圆盘涡轮；2—弯叶圆盘涡轮；3—箭叶圆盘涡轮；

4—平叶涡轮；5—45°斜叶涡轮；6—弯叶涡轮

平叶圆盘涡轮及弯叶涡轮这两种搅拌器广泛地应用于传热过程，溶解或悬浮操作以及气-液搅拌，其混合的有效程度与闭式涡轮相仿，但结构比较简单，造价较低。

（5）螺带式搅拌器和行星搅拌器　图 10-25 所示为螺带式搅拌器，常用扁钢按螺旋形绕成，直径较大，常做成与釜壁间隙很小，搅拌时能不断地将粘于釜壁的沉积物刮下来。对黏稠物可采用行星传动搅拌器，如图 10-26 所示。该搅拌器的搅拌强度很高，缺点是结构复杂。

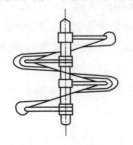

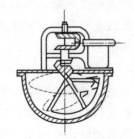

图 10-25　螺带式搅拌器　　　　　　　图 10-26　行星搅拌器

10.5.2　搅拌器选型

搅拌作用是由旋转着的桨叶所产生的，因此桨叶的形状、尺寸、数量以及转速就影响着搅拌器的功能。同时，搅拌器的功能还与搅拌介质的特性以及搅拌器的工作环境有关，诸如黏度高低、搅拌罐的形状、容积大小、挡板的设置情况等，这些条件以及搅拌器在槽内的安装位置和方式都会影响搅拌器的使用效果。

搅拌器的选型不仅要考虑搅拌过程的目的，也要考虑动力消耗的问题。在达到同样的搅拌效果时，动力消耗越低越好。

影响搅拌过程的因素很多而且复杂，基于不同条件的选型方法也很多，一种考虑比较全面的选型经验方法是根据搅拌目的、流型、釜容积、转速和介质黏度等因素选型，目前搅拌器的选型方法首先是根据介质特性、搅拌目的等条件，选择习惯应用的桨形，然后再决定搅拌器的各种参数。也有通过小型试验，取得数据，进行比拟放大的设计方法。最简单的初步选型方法是根据介质的黏度来决定。图 10-27 所示为供初步选型用的各种类型搅拌器适用的黏度范围。

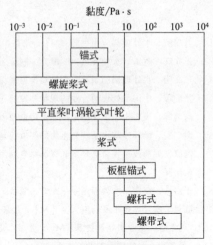

图 10-27　各种类型搅拌器适用
的黏度范围

比较全面的选型要从搅拌过程的种类、特点，结合搅拌器所造成的流型来选择。搅拌过程难度很大，生产要求很高条件下选定搅拌器，应通过小型模拟实验取得数据，再做放大设计。

参考文献

[1] 严瑞瑄. 水处理剂应用手册 [M]. 北京：化学工业出版社，2003.

[2] 张立珠，赵雷. 水处理剂——配方·制备·应用 [M]. 北京：化学工业出版社，2011.

[3] 朱文明. 水处理剂的现状与发展对策思考 [J]. 常州信息职业技术学院学报，2004，3 (4)：18-21.

[4] 严瑞瑄. 中国水处理剂行业的现状和发展 [J]. 精细化工，2012，3 (29)：209-213.

[5] 冯瑞卿，康明生. 焦化循环冷却水污染原因分析及对策 [J]. 河北化工，2002，4：39-40.

[6] 谢仁安. 循环冷却水系统微生物的污染控制 [J]. 云南电力技术，1994，3：32-35.

[7] 国家发展和改革委员会环境和资源综合利用司. 中国工业用水与节水概论 [M]. 北京：中国水利水电出版社，2004.

[8] 张立珠，赵雷. 水处理剂——配方·制备·应用 [M]. 北京：化学工业出版社，2010.

[9] 陈复. 水处理技术及药剂大全 [M]. 北京：中国石化出版社，2000.

[10] 周本省. 工业水处理技术 [M]. 北京：化学工业出版社，1997.

[11] 严莲荷. 水处理药剂及配方手册 [M]. 北京：中国石化出版社，2003.

[12] 李博，张欣. 用于金属设备的循环冷却水处理剂 [P]：CN，201310649071. X.

[13] 洪龙峰，陈婷. 一种钼系冷却水处理剂 [P]：CN，201310587063. 7.

[14] 王连新. 复合水处理药剂 [P]：CN，200810179506. 8.

[15] 郑俊毅，韩寒，陈颖. 含高卤素离子循环冷却水系统用高效缓蚀阻垢剂 [P]：CN，201410055005. 4.

[16] 杨芳灼，李洪社，喻果. 一种含有多氨基多醚基亚甲基膦酸的缓蚀阻垢剂 [P]：CN，201510833952. 6.

[17] 沈志昌. 一种用于工业冷却水系统的缓蚀阻垢剂 [P]：CN，200410066828. 3.

[18] 何猛. 一种聚天冬氨酸和二乙烯三胺五亚甲基膦酸复配阻垢剂 [P]：CN，201410678989. 1.

[19] 王金山. 多功能锅炉水处理阻垢剂 [P]：CN，201510082031. 0.

[20] 刘继玲. 冷却水设备阻垢缓蚀剂 [P]：CN，201310585373. 5.

[21] 丁丽. 一种亚乙基二胺四甲叉膦酸钠复合型阻垢剂的配制方法 [P]：CN，201210160051. 1.

[22] 徐苹，张欣. 一种硅酸盐系冷却水处理剂 [P]：CN，201310587300. X.

[23] 何猛. 一种聚天冬氨酸和多元醇磷酸酯复配阻垢剂 [P]：CN，201410679168. X.

[24] 何猛. 一种聚天冬氨酸和多氨基多醚基甲叉膦酸复配阻垢剂 [P]：CN，201410678921. 3.

[25] 丁丽. 一种二亚己基三胺五亚甲基磷酸复合型阻垢剂的配制方法 [P]：CN，201210160055. X.

[26] 丁丽. 一种次氮基三亚甲基磷酸复合型阻垢剂的配制方法 [P]：CN，201210160053. 0.

[27] 丁丽. 一种二乙烯三胺五甲叉膦酸钠复合型阻垢剂的配制方法 [P]：CN，201210160054. 5.

[28] 魏从莲. 一种多氨基多醚基甲叉膦酸复合型阻垢剂的配制方法 [P]：CN，201210164042. X.

[29] 王金山. 高效阻垢缓蚀剂 [P]：CN，201510170936. 3.

[30] 王金山. 一种阻垢分散剂 [P]：CN，201410017701. 6.

[31] 胡益明，段杨萍，冯振坤，等. 一种水处理药剂配方 [P]：CN，02139625. 6.

[32] 王珂. 新型水处理除垢分散剂 [P]：CN，201310588990. 0.

[33] 陈百桂，李洪社，喻果. 一种循环水高效缓蚀阻垢剂的制备与应用 [P]：CN，201610611477. 2.

[34] 洪龙峰，童乐. 一种腐植酸类水质稳定剂 [P]：CN，201310643523. 3.

[35] 张英伟，郭瑞彬，牛建波，等. 一种用于循环冷却水处理的复合缓蚀阻垢剂 [P]：CN，201410682861. 2.

[36] 傅宇晓. 一种环保型冷却水处理剂 [P]：CN，201510400060. 7.

[37] 朱伯第. 一种用于循环水的无磷复合缓蚀阻垢剂 [P]：CN，201410264952. 4.

[38] 朱志平,乔越,代陈林,等.一种适用于铜铁共用体系的绿色高效水处理剂[P]:CN, 201510318672.1.

[39] 谢晓安,晏志军,魏学宏.一种用于循环冷却水的缓阻垢蚀剂[P]:CN, 201310550823.7.

[40] 林海,钟庆东,王超,等.用于处理循环冷却水的复配阻垢剂及其制备方法[P]:CN, 200910048317.1.

[41] 王炜.工业循环冷却水复合水处理剂[P]:CN, 200510026892.3.

[42] 邱振华,王明祥.用于循环冷却水的复合杀菌灭藻剂及其制备方法[P]:CN, 201510582880.2.

[43] 陆忠跃.冷却水处理设备用化学清洗剂[P]:CN, 201010282906.9.

[44] 张红涛.冷却水处理设备用清洗剂[P]:CN, 201010279030.2.

[45] 刘文峰,胡新霞,高云峰,等.工业循环水溶垢缓蚀剂及制备方法[P]:CN, 201210237781.7.

[46] 沈志昌.工业冷却循环水系统的清洗剂[P]:CN, 200410066827.9.

[47] 沈志昌.一种用于工业冷却循环水系统的缓蚀剂[P]:CN, 200410066824.5.

[48] 胡九富.冷却水处理设备用钝化剂[P]:CN, 201010280180.5.

[49] 徐亚萍.冷却水处理设备用化学钝化剂[P]:CN, 201010276754.1.

[50] 王新东.冷却水处理设备用预膜剂[P]:CN, 201010275810.X.

[51] 沈志昌.一种工业冷却水系统用浓缩型预膜剂[P]:CN, 200410066841.9.

[52] 朱锦棠.一种新型复合水处理剂[P]:CN, 98113264.2.

[53] 刘宇程,陈明燕.新疆油田开发区域地下水资源污染现状分析与预防措施[J].水资源与工程学报,2010,21(4):75-83.

[54] 井鹏,李晓岩,等.油田污水膜法处理工艺优化及膜污染分析[J].中国环保产业,2014,11:38-41.

[55] 李冰冻,李嘉,李克锋,等.二滩水库坝前及下泄水体水温分布现场观测与分析[J].水利水电科技进展,2009,29(4):21-23.

[56] 匡少平,吴信荣.含油污泥的无害化处理与资源化利用[M].北京:化学工业出版社,2009.

[57] 张光华.水处理化学品[M].北京:化学工业出版社,2005.

[58] 康玉彬.一种油用无机颗粒絮凝剂的制备方法[P]:CN, 201410568357.X.

[59] 邓文燕,陈敏,庞凌云.一种含油废水专用絮凝剂及其制造方法[P]:CN, 201110426145.4.

[60] 苏慧敏,马自俊.一种阳离子净水剂及其在油田化学驱采出液中的应用[P]:CN, 201310097085.5.

[61] 李景全,彭森,郑亚妮,等.用于复合驱采出液的破乳净水剂及其制备方法[P]:CN, 201610323636.9.

[62] 张晓冬,李洪社,喻果.一种复配型油田回注水杀菌剂及其制备方法[P]:CN, 201410206266.1.

[63] 王中华.油田化学品[M].北京:中国石化出版社,2001.

[64] 杨荣,毛东燕,唐晓庆.一种油田注水杀菌剂及其制造方法[P]:CN, 201110426154.3.

[65] 张国礼,秦立峰,张峙,等.一种油田杀菌剂及其制备方法[P]:CN, 201510495023.9.

[66] 孙豪杰,李洪社,喻果.油田用非氧化性杀菌剂[P]:CN, 201510916380.8.

[67] 郑猛,闫峰,何强,等.一种适合化学驱的杀菌剂及其制备方法与应用[P]:CN, 201410737745.6.

[68] 薛瑞,姚光源,滕厚开.油田杀菌剂研究现状与展望[J].工业水处理,2007,27(10):1-4.

[69] 任呈强,周计明,刘道新,等.油田缓蚀剂研究现状与发展趋势[J].精细石油化工进展,2002,33-37.

[70] 张勃,王华,郭军,等.一种油田专用杀菌缓蚀剂[P]:CN, 201410719937.4.

[71] 郭学辉,王成达,刘立,等.一种用于油田生产注水系统污水腐蚀控制的注水缓蚀剂[P]:

CN，201410294109.0.

[72] 高乾善，段丽菊，迟斌.油田回注水专用固体缓蚀阻垢剂［P］：CN，201410001812.8.

[73] 王香增，杜素珍，刘立，等.一种新型杀菌缓蚀剂［P］：CN，201410234679.0.

[74] 张勃，王华，郭军，等.一种油田专用缓蚀阻垢剂［P］：CN，201410720188.7.

[75] 王俊谕，李洪社，喻果.一种油田回注水用缓蚀剂［P］：CN，201510868590.4.

[76] 张冰如，李风亭，弯昭锋，等.一种抗油井金属设备腐蚀的缓蚀剂、制备方法及其使用方法［P］：
CN，201010169230.2.

[77] 尹先清，朱米家.油田注水除氧剂的研究进展［J］.广州化工，2010，37（3），21-22.

[78] 刘志超，刘云铎，刘博文，等.油田结垢及阻垢剂研究进展［J］.广州化工，2016，44（8），
33-34.

[79] 王冬华.油田阻垢剂的研究进展［J］.广州化工，2011，39（15），25-27.

[80] 张洪君，王浩，郑猛，等.一种耐高温淀粉基阻垢剂及其制备方法与应用［P］：CN，201310349428.2.

[81] 张晓冬，李宏社，喻果.一种油田回注水阻垢剂及其制备方法［P］：CN，201410206260.4.

[82] 龙海丽，奚俊俊，宁秀梅，等.一种油田系统用阻垢缓蚀剂［P］：CN，201510395879.9.

[83] 潘小翠，彭森，杨东伟，等.一种油田三元复合驱用阻垢剂及其使用方法［P］：CN，201510584014.7.

[84] 李慧芝，庄海燕，许崇娟，等.一种无磷绿色环保型阻垢剂的制备方法［P］：CN，201110276188.9.

[85] 陈洁，杨东方.锅炉水处理技术问答［M］.北京：化学工业出版社，2002.

[86] 丘伟.初级锅炉工［M］.北京：机械工业出版社，2008.

[87] 葛亚平.无机离子交换剂［P］：CN，201010276786.1.

[88] 刘建荣，樊致娟，姚能平，等.一种大孔强碱性离子交换树脂的制备方法［P］：CN，201510405080.3.

[89] 黄启祥.锅炉水软化技术发展现状浅析.城市建设理论研究，2014，4（19）.

[90] 王俊谕，程晓婷，孙晓丹，等.锅炉除氧剂的研究与进［J］.广州化工，2016，44（5），14-16.

[91] 王俊谕，李洪社，喻果.一种环保型锅炉除氧剂［P］：CN，201510634496.2.

[92] 王俊谕，李洪社，喻果.一种食品级锅炉除氧剂［P］：CN，201510634541.4.

[93] 沈志昌.多组分锅炉除氧剂［P］：CN，200510025384.3.

[94] 王珂.一种除氧阻垢剂［P］：CN，201310474013.8.

[95] 王仲贤，沈红新.锅炉给水用有机除氧剂［P］：CN，201110000457.9.

[96] 沈志昌.防腐蚀的锅炉水除氧剂［P］：CN，200510025380.5.

[97] 杨荣和，贾强，杨丽军，等.热水锅炉pH值调节剂；CN，201010571873.X.

[98] 谭蔚.锅炉水处理中高效阻垢剂的研究［D］.天津：天津大学，2005.

[99] 薛剑平.锅炉阻垢剂［P］：CN，201110131224.2.

[100] 隋虹.锅炉阻垢剂及生产方法［P］：CN，201310677933.X.

[101] 胡九富.锅炉阻垢剂［P］：CN，201010280184.3.

[102] 龚晓红.锅炉阻垢剂［P］：CN，200910032323.8.

[103] 牟军平，朱娜，刘晓，等.一种用于锅炉循环水的阻垢剂［P］：CN，201410564855.7.

[104] 王金山.多功能锅炉水处理阻垢剂［P］：CN，201510082031.0.

[105] 祁先森.一种锅炉设备阻垢剂［P］：CN，201410372617.6.

[106] 许崇娟，李慧芝，庄海燕，等.一种冬季取暖锅炉水阻垢剂［P］：CN，201210344162.8.

[107] 徐炜.一种蒸汽锅炉水处理阻垢剂［P］：CN，201210538636.2.

[108] 徐亚萍.电厂锅炉阻垢剂［P］：CN，201010276761.1.

[109] 张红涛.锅炉用阻垢剂［P］：CN，201010279048.2.

[110] 梅其政．两种环境友好型酸洗缓蚀剂的复配和性能研究 [D]．长沙：长沙理工大学，2009.

[111] 冯智勇．一种高效的燃煤锅炉缓蚀剂 [P]：CN，201410147762.4.

[112] 李向红，邓书端，付惠．一种高效复配缓蚀剂及其制备方法与应用 [P]：CN，201410029051.7.

[113] 刘志刚，王丽莉，杨鸿鹰，等．工业锅炉蒸汽冷凝水缓蚀剂 [P]：CN，201310169853.3.

[114] 杨荣，唐卫东，葛老伟，等．一种锅炉用缓蚀剂及其制造方法 [P]：CN，201110426142.0.

[115] 牟军平，朱娜，刘晓，等．一种用于锅炉水的复合缓蚀剂 [P]：CN，201410565226.6.

[116] 李长海，杨昌柱，濮文虹，等．锅炉清洗剂 [J]．应用化工，2006，35 (1)，7-9.

[117] 潘雪菲．一种新型高性能锅炉清洗剂及其制备方法 [P]：CN，201610042723.7.

[118] 陆晓星．一种生物质锅炉内壁污染物清洗剂 [P]：CN，201610042723.7.

[119] 陈维忠，李洪社，喻果．锅炉用低腐蚀清洗剂 [P]：CN，201510373357.9.

[120] 程晓婷，李洪社，喻果．一种含有吗啉的专用于新建锅炉的新型碱性清洗剂及制备方法 [P]：CN，201510475947.2.

[121] 程晓婷，李洪社，喻果．一种用于去除锅炉硅垢的清洗剂 [P]：CN201410372222.6.

[122] 胡权智．热交换器除垢清洗剂 [P]：CN，201410227338.0.

[123] 凌雪木．一种去除铬离子吸附剂的制备方法 [P]：CN，201610618407.X.

[124] 董凤良，王征，刘腾蛟，等．一种重金属离子吸附剂及制备方法和应用 [P]：CN，201610439333.3.

[125] 郑德库，胥育龙．絮凝剂在造纸废水处理中的应用 [J]．黑龙江造纸，2003，31 (3).

[126] 史瑞明．制浆造纸废水深度处理技术及应用 [D]．济南：山东大学，2008.

[127] 万金泉．马邕文．废纸造纸及其污染控制 [M]．北京：中国轻工业出版社，2004.

[128] 劳嘉葆．造纸工业污染控制与环境保护 [M]．北京：中国轻工业出版社，2006.

[129] 李亚峰，等．废水处理实用技术及运行管理．第 2 版 [M]．北京：化学工业出版社，2015.

[130] 胡冲，张红岩，邹学圣，等．生物活性磷替代传统磷营养盐在制浆造纸废水处理中的应用中试 [J]．中华纸业，2014，(4).

[131] 李明朗，刘晓明，廖琳芳．T-9002A 固体消泡剂在废水处理上的应用 [J]．中华纸业，2001，22 (9).

[132] 鲍先立，林佩静，关洪亮，等．"氧化·脱色·絮凝"协同处理造纸废水 [J]．科技创业月刊，2010，23 (7).

[133] 牟军平，刘晓．酸碱污水处理工艺 [P]：CN，201310670007.X.

[134] 牟军平，刘晓．一种酸碱污水处理方法 [P]：CN，201310671637.9.

[135] 杭州电子科技大学．一种用于造纸废水处理的药剂 [P]：CN，201510822389.2.

[136] 陈梅林．造纸废水处理剂 [P]：CN，201010280295.4.

[137] 孙传斌．工业污水处理剂及其应用方法 [P]：CN，96115916.2.

[138] 张安龙，郗文君，杜飞，等．一种用于造纸废水生化处理的生物促生剂 [P]：CN，201510295372.6.

[139] 雷春生，宋国．一种废弃蘑菇培养基制备造纸废水处理剂的方法 [P]：CN，201510476607.1.

[140] 吴朝东．一种复合型消泡剂及其制备方法 [P]：CN，201410063667.6.

[141] 常州大学．一种造纸废水的处理剂 [P]：CN，201210538640.9.

[142] 吴彦．一种含有淀粉磷酸酯的造纸废水处理剂 [P]：CN，201310375090.8.

[143] 黄瑞敏，林德贤，秦四海，等．一种脱色絮凝剂的制备方法 [P]：CN，200910193275.0.

[144] 中国轻工业长沙工程有限公司，西安交通大学．制浆造纸厂废水富铁污泥回收利用方法 [P]：CN，201510417572.4.

[145] 刘泽华．一种无磷缓蚀造纸废水处理剂 [P]：CN，201410739300.1.

[146] 吴学兵 . 造纸脱墨废水处理剂 [P]：CN，200910213201.9.

[147] 衣守志，贾青竹，刘凤琴，等 . 用耐火水泥-硫铁矿烧渣制备絮凝剂的方法 [P]：CN，03109710.3.

[148] 吴美云 . 再生造纸废水处理剂 [P]：CN，200910213199.5.

[149] 吴美云 . 造纸厂废水处理剂 [P]：CN，200910213200.4.

[150] 吴海霞 . 造纸工业废水处理剂 [P]：CN，200910213222.0.

[151] 颜启祯，张响蔺 . 一种造纸废水处理剂及其制备方法 [P]：CN，201510640675.7.

[152] 孙盼华，王海霞 . 一种造纸废水处理剂 [P]：CN，201410702270.7.

[153] 姚为 . 一种造纸废水处理剂及其制备方法 [P]：CN，201310731574.1.

[154] 王安祺，高慧娟，高峰 . 一种造纸废水处理剂及其使用方法 [P]：CN，201510118421.9.

[155] 广西南宁栩兮科技有限公司 . 一种蔗渣膨润土复合型废水处理剂 [P]：CN，201610596597.X.

[156] 许婷 . 一种造纸废水专用的高效污水处理剂及其制备方法 [P]：CN，201610378655.1.

[157] 刘军，罗超 . 一种污水处理剂 [P]：CN，201410444316.X.

[158] 孙静亚 . 一种水处理剂及其制备方法 [P]：CN，201510174655.5.

[159] 劳嘉葆，等 . 造纸工业污染控制与环境保护 [M]. 北京：中国轻工业出版社，1999.

[160] Julie S. The Water Crisis, Constructing solutions to freshwater pollution [M]. London：Earthscan Publications Ltd，1998：2.

[161] 王琳，王宝贞 . 优质饮用水净化技术 [M]. 北京：科学出版社，2000：3.

[162] 刘宏远，张燕 . 饮用水强化处理技术及工程实例 [M]. 北京：化学工业出版社，2005：3-4.

[163] 左金龙 . 饮用水处理技术现状评价及技术集成研究 [D]. 哈尔滨：哈尔滨工业大学，2007.

[164] Mez K，Hanselmann K，Preisig H R. Environmental conditions in high mountain lakes containing toxic bethic cyanobacteria [J]. Hydrobiologia，1998，36（8）：1-15.

[165] Vasconcelos V M，Sivonen K，Evans W R，et al. Hepatotoxic microcystin diversity in cyanobacterial blooms collected in Portuguese freshwaters [J]. Water Research，1996，30（10）：2377-2384.

[166] Lawton L A，Edwards C，Beattie K A，et al. Isolation and characterization of microcystins from laboratory cultures and environmental samples of microcystins aeruginosa and from an associated animal toxicosis [J]. Nat-Toxins，1995，3（1）：50-57.

[167] 柳七一 . 威斯康星州水体中蓝藻之急慢性毒性 [J]. 人民长江，1995，26（3）：56-58.

[168] 焦中志 . 饮用水水质安全中的若干保障技术的研究 [D]. 哈尔滨：哈尔滨工业大学，2005：3，96.

[169] 汤鸿霄 . 水体颗粒物与饮用水质处理 [C]. 世界水日-首届中国饮水与健康高层论坛，2001：25-39.

[170] Insaf Babiker B，Mohamed A A，et al. Assessment of groundwater contamination by nitrate leaching from intensive vegetable cultivation using geographical information system [J]. Environment International，2004，29（8）：1009-1017.

[171] Nolan B T，Ruddy B C，Hitt K J. A national look at nitrate contamination of ground water [J]. Water Condense Purification，1998，39（12）：76-79.

[172] 秦钰慧，凌波，张晓健 . 饮用水卫生与处理技术 [M]. 北京：化学工业出版社，2002：397.

[173] Deming D，Yarrow M N，Leonardw W L，et al. New evidence for the importance of Mn and Fe oxides [J]. Water Research，2000，34（2）：427-436.

[174] 王国荃，郑玉健，刘开泰，等 . 地方性砷中毒的干预实验及其效应分析 [J]. 地方病通报，2001，16（1）：16-20.

[175] Smith J T, Voitsekhovitch O V, Hakanson L, et al. A critical review of measures to reduce radioactive doses from drinking water and consumption of freshwater foodstuffs [J]. Journal of Environmental Radioactivity, 2001, 56 (1-2): 11-32.

[176] Parson S A, Daniels S J. The use of recovered coagulants in waste water treatment [J]. Environment Technology, 1999, 20 (9): 979-986.

[177] WHO. Guidelines for drinking water quality. Vol 2. 2nd. Geneva, 1996: 541.

[178] 李东光, 等. 150种净水剂配方与制作 [M]. 北京: 化学工业出版社, 2012.

[179] Jia H, Wu R-J, Huang J, et al. Review and forecast on biology treatment technology of intensive livestock waste water [J]. Technology of Water Treatment, 2008, 34 (7): 7-11 (in Chinese).

[180] Deng L-W. Review on treatment technology of intensive livestock wastewater [J]. Chinese Journal of Eco-Agriculture, 2006, 14 (2): 23-26 (in Chinese).

[181] Wang C, Gao W, Zhou F, et al. County-scale N_2O emission inventory of China's manure management system [J]. Chinese Journal of Applied Ecology, 2013, 24 (10): 2983-2992 (in Chinese).

[182] 刘伟才, 丁峰. 我国农业污水处理技术的现状与处理方式 [J]. 湖南生态科学学报, 2015, 2 (4): 40-45.

[183] 胡海燕. 水产养殖废水氨氮处理研究 [D]. 青岛: 中国海洋大学, 2007.

[184] 李绍海, 卫加全. 一种荸荠种植塘水处理剂及其制备方法 [P]: CN, 201510689558.X.

[185] 路金喜, 赵国先, 赵胜利, 等. 一种生态环保复合水处理剂 [P]: CN, 200710061454.X.

[186] 张本庆. 一种水产养殖废水处理剂 [P]: CN, 201610028311.8.

[187] 刘严蓬. 一种天然沸石水处理剂 [P]: CN, 201410131216.1.

[188] 王德林. 镧系水处理剂及其制备方法 [P]: CN, 200810304133.2.

[189] 王悦. 浅析水质检验的过程管理和控制 [J]. 山东工业技术, 2016, (18): 20.

[190] 马春香, 边喜龙, 等. 实用水质检验技术 [M]. 北京: 化学工业出版社, 2009.

[191] 王忠尧. 工业用水及污水水质分析 [M]. 北京: 化学工业出版社, 2010.

[192] 易建华, 朱振宝, 李仲谨. 精选实用化工产品300例——原料、配方、工艺及设备 [M]. 北京: 化学工业出版社, 2007.